统计方法与应用专著丛书

时间分数阶偏微分方程的混合元算法设计及误差分析

王金凤　杨益宁　刘洋　李宏　著

中国商务出版社
·北京·

图书在版编目（CIP）数据

时间分数阶偏微分方程的混合元算法设计及误差分析 / 王金凤等著 . — 北京 : 中国商务出版社 , 2023.9（2025.6 重印）

ISBN 978-7-5103-4836-5

Ⅰ . ①时… Ⅱ . ①王… Ⅲ . ①偏微分方程—数值计算—计算方法 Ⅳ . ① 0175.2

中国国家版本馆 CIP 数据核字 (2023) 第 182837 号

时间分数阶偏微分方程的混合元算法设计及误差分析

SHIJIAN FENSHUJIE PIANWEIFEN FANGCHENG DE HUNHEYUAN SUANFA SHEJI JI WUCHA FENXI

王金凤　杨益宁　刘洋　李宏　著

出　　版：中国商务出版社
地　　址：北京市东城区安外东后巷 28 号　　**邮　编**：100710
责任部门：教育事业部（010-64255862　cctpswb@163.com）
策划编辑：刘文捷
责任编辑：刘　豪
直销客服：010-64255862
总 发 行：中国商务出版社发行部（010-64208388　64515150）
网购零售：中国商务出版社淘宝店（010-64286917）
网　　址：http://www.cctpress.com
网　　店：https://shop595663922.taobao.com
邮　　箱：cctp@cctpress.com
排　　版：德州华朔广告有限公司
印　　刷：北京建宏印刷有限公司
开　　本：787 毫米 × 1092 毫米　1/16
印　　张：9.75　　**字　数**：175 千字
版　　次：2023 年 9 月第 1 版　　**印　次**：2025 年 6 月第 2 次印刷
书　　号：ISBN 978-7-5103-4836-5
定　　价：48.00 元

丛书编委会

序

党的十八大以来，党中央坚持把教育作为国之大计、党之大计，做出加快教育现代化、建设教育强国的重大决策，推动新时代教育事业取得历史性成就、发生格局性变化。2018年8月，中央文件提出高等教育要发展新工科、新医科、新农科、新文科，把服务高质量发展作为建设教育强国的重要任务。面对社会经济的快速发展和新一轮科技革命，如何深化人才培养模式，提升学生综合素质，培养德智体美劳全面发展的人才是当今高校面对的主要问题。

统计学是认识方法论性质的科学，即通过对社会各领域海量涌现的数据的信息挖掘与处理，于不确定性的万事万物中发现确定性，为人类提供洞见世界的窗口以及认识社会生活独特的视角与智慧。面对数据科学技术对于传统统计学带来的挑战，统计学理论与方法的发展与创新是必然趋势。基于此，本套丛书以经济社会问题为导向意识，坚持理论联系实际，按照“发现问题—分析问题—解决问题”的思路，尝试对现实问题创新性处理与统计方法的实践检验。

本套丛书是统计方法与应用专著丛书，由内蒙古财经大学统计与数学学院统计学学科一线教师编著，他们睿智勤劳，为统计学的教学与科研事业奉献多年，积累了丰富的教学经验，收获了丰硕的科研成果，本套丛书代表了他们近几年的优秀成果，共12册。本套丛书涵盖了数字经济、金融、生态、绿色创新等多个方面的热点问题，应用了多种统计计量模型与方法，视野独特，观点新颖，可以作为财经类院校统计学专业教师、本科生与研究生科学研究与教学案例使用，同时可为青年学者学习统计方法及研究经济社会等问题提供参考。

本套丛书在编写过程中参考与引用了大量国内外同行专家的研究成果，在此深表谢意。同时本套丛书的出版得到内蒙古财经大学的大力资助和中国商务出版社的鼎力支持，在此一并感谢。本套丛书作者基于不同研究方向致力于统计方法与应用创新研究，但受自身学识与视野所限，文中观点与方法难免存在不足，敬请广大读者批评指正。

丛书编委会

2023年8月10日

前言

分数阶微分方程在科学和工程应用领域发挥着重要的作用，备受学者的广泛关注。依据分数阶导数在时空方向的表现形式，分数阶微分方程主要可分为时间分数阶模型、空间分数阶模型、时空分数阶模型、分布阶分数阶模型等，其中分数阶导数的定义有Caputo型、Riemann-Liouville型、Grünwald-Letnikov型、Riesz型等多种类型。分数阶微分方程和分数阶导数的多样性，给相关的研究带来诸多困难和挑战。为了研究各类分数阶微分方程模型的性质及具有的物理意义等，很多学者已经出版和发表了关于分数阶微积分、分数阶微分方程及解法的相关图书和文章，但还需要从多个角度进一步补充。这里，基于课题组近几年关于时间分数阶偏微分方程模型的多种混合有限元方法的部分研究成果，并进行整理和扩充，编写成此书。

本书共有6章，以下将简要概述各章内容。

第1章对分数阶微积分的发展、分数阶微分方程模型的类别、分数阶微积分逼近公式及数值方法的研究、混合有限元方法的进展等方面进行概要介绍。

第2章提供了使用的Sobolev空间及不等式、分数阶微积分定义、分数阶逼近公式（包括$L1$公式、WSGD算子逼近公式、$L2\text{-}1_\sigma$逼近公式、一类位移卷积积分（SCQ）逼近公式、修正$L1$-逼近公式）。

第3章首先对H^1-Galerkin混合元方法的发展进行概述介绍，然后发展了两类非线性对流扩散模型（时间分数阶水波模型和非线性时间分数阶对流反应扩散模型）的H^1-Galerkin混合有限元方法误差估计和稳定性等数值理论。

第4章对分数阶波动方程模型的解析和数值方法研究情况进行简要介绍，并列举了一些分数阶波动方程模型。针对一类一维分数阶双曲波动方程模型提出基于两个变换的改进H^1-Galerkin混合元方法，时间上采用$L2\text{-}1_\sigma$公式结合一类二阶时间离散格式。给出全离散格式的稳定性和误差估计的详细证明；继续发展基于广义BDF2-θ的改进的全离散混合元格式，并给出稳定性分析和最优误差估计；对于多维非线性分数阶伪双曲波动方程提出基于WSGD算子逼近的时间二阶空间两重网格混合元算法，并对误差估计过程给出详细分析。

第5章首先研究分数阶Sobolev方程的基于二阶WSGD算子逼近公式的分裂混合有限元格式，分析格式的稳定性，证明最优误差估计；继续发展分数阶双曲方程的BDF2分裂混合有限元方法，给出稳定性的分析；最后，提出了求解分数阶双曲方程的简化分裂混合元方法，时间方向分别采用向后Euler差分格式、BDF2、Crank-Nicolson格式结合WSGD算子或$L1$公式进行离散，进一步研究方法的稳定性和误差估计等。

第6章对四阶分数阶微积分模型的发展情况进行简要介绍，也列出了文献中研究的部分四阶分数阶微积分方程模型。随后研究一种四阶分数阶双曲方程模型并考虑该模型的特征，提出基于修正$L1$公式的一类非线性混合有限元方法，给出稳定性和误差估计的证明；为了提升提出的非线性格式的计算效率，发展了两重网格混合有限元方法，并阐述了误差估计等数值理论研究。

本书的完成过程中得到了微分方程数值解团队老师和研究生的帮助，对他们的付出表示感谢。感谢出版社编辑为本书的出版给予的帮助和付出的辛苦。感谢国家自然科学基金项目（12061053，12161063）、内蒙古自然科学基金项目（2022LHMS01004）、内蒙古自治区高校创新团队项目（NMGIRT2413，NMGIRT2207）、“草原英才”工程青年创新创业人才项目对本书出版的支持。

由于作者水平有限，难免存在一些疏漏和错误，敬请读者批评指正。

作者

2023年8月于呼和浩特

目录

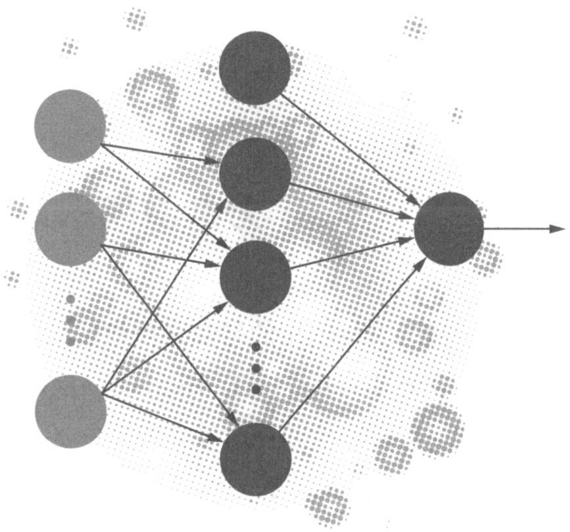

1 绪 论

1.1 分数阶微积分及其微分方程

通常情况下所使用的导数是整数阶的，那么是否存在非整数阶的情形呢？实际上早在1695年Leibniz与L' Hospital一次通信中就提到这个有趣的问题．后来被学者们称为分数阶导数并提出了一系列定义，主要包括Riemann-Liouville型、Caputo型、Grünwald-Letnikov型、Riesz型等多种定义方式，进一步发展了分数阶微积分理论．由于分数阶微积分具有非局部性质，因此对于某些实际问题而言，相应的分数阶微分方程模型能够描述比整数阶模型更加准确的物理现象．随着分数阶微积分方程的发展，已在粘弹性力学、生物、控制、统计、混沌等多个科学和工程领域发挥着重要作用．目前，很多学者开始关注并重视该领域的发展，出版了分数阶微积分理论和解法的相关书籍等文献资料[26–34]．根据定义方式、时空表现形式、物理意义等不同因素，分数阶微积分方程是多样化的，例如分数阶Fokker-Planck模型[35, 36]、分数阶FitzHugh-Nagumo单域模型[37]、分数阶Maxwell模型[39–41, 102]、分数阶波动模型[48–53, 179, 199, 228]，分数阶（对流）扩散模型[78, 87, 90, 188, 190]、分数阶水波模型[164, 168]、分数阶Allen-Cahn模型[79, 80]、分数阶Cahn-Hilliard方程[81]、分数阶Gray-Scott模型[82, 83]、分数阶Maxwell流体[84–86]、分数阶Cable方程模型[76, 117]、时间分数阶移动/非移动输运模型[77, 138]、时间分布阶Sobolev方程模型[58]、分数阶Schrödinger方程[59–63]、分数阶Burgers方程[64]、分数阶KdV方程[65]、分数阶最优控制模型[67–71]、分数阶Bloch-Torrey模型[66]、分数阶Ginzburg-Landau方程[72–75]．为了研究这些模型的性质，需要利用解析方法或者数值方法求出它们的解析解或数值解，然而由于方程中带有分数阶微积分等原因，多数模型需要通过数值方法求解，相关数值方法包括有限元方法[37, 38, 42–44, 87, 88]、弱Galerkin方法[45]、混合有限元方法[89, 90]、有限差分方法[54–56, 184, 194, 197]、谱方法[97, 101, 223]、有限体积（元）方法[91–93, 123]、配点法[46, 47]、局部间断Galerkin方法[94–96, 169]、无网格方法[57, 220, 221]、小波方法[222]等．构造求解时间依赖分数阶微分方程模型有效数值算法的关键在于分数阶微积分的逼近公式的设计．这里，简要介绍部分分数阶微积分逼近公式的发展情况．

在1974年，Oldham和Spanier在他们的文献[98]中给出了分数阶导数逼近的$L1$

公式. 2005年，Langlands和Henry在文献[99]中利用基于$L1$公式的有限差分方法数值求解分数阶扩散方程. 2006年，Sun和Wu在文献[100]中发展了基于$L1$逼近公式的有限差分方法数值求解了分数阶扩散波方程. 在2017年，Lin和Xu[101]利用谱方法结合$L1$公式数值求解分数阶扩散方程. 自从这两篇文献给出$L1$逼近公式截断误差的详细证明，该方法得到了学者的广泛关注. 2011年，Li等[102]针对分数阶Maxwell方程设计了基于$L1$公式的蛙跳全离散有限元法，给出理论分析，并通过数值例子验证方法的可行性. 2011年，Jiang和Ma[103]基于$L1$逼近公式结合有限元方法数值求解分数阶偏微分方程，给出最优误差估计. 2016，Jin等[104]基于带有非光滑数据的亚扩散模型给出了$L1$公式的相关分析. 为了解决分数导数的非局部性质导致的计算耗时问题，2017年，Jiang等[105]发展了$L1$逼近的快速计算方法. 在2018年，Liao等[106]研究了Caputo时间分数阶反应扩散方程的基于非一致网格$L1$逼近的稳定性和收敛性，文中建立一个重要的离散的Gronwall不等式.

在1986年，Lubich[107]发展了求解分数阶微积分的卷积积分（CQ）公式，基于生成函数方法产生三类分数阶逼近公式，在解有比较好的正则性情况下，具有高精度逼近结果，对于正则性较低情形，给出了一种校正方法，可以恢复收敛精度，并对稳定区域等理论进行讨论. 在文献[108]中，Jin等发展了分数阶导数的CQ时间逼近公式结合空间有限元方法数值求解分数阶扩散和扩散波方程，讨论了基于非光滑数据的误差估计，通过与其他分数阶逼近方法的计算结果对比验证算法计算效果. 在文献[109]，Jin等提出了求解分数阶发展方程的高阶BDF卷积积分校正方法. Chen等[110]研究了基于卷积积分逼近的ADI差分格式，通过数值求解一类分数阶发展方程给出数值理论及计算研究. 在文献[111]（也参见2019年早期在线版本）中，Yin等基于CQ逼近理论，提出了两族新的分数阶逼近公式，即FBN-θ公式和FBT-θ公式，并揭示了文献[107]提出的三大逼近公式的内在联系. 在文献[112]，Shi和Chen发展了高阶卷积积分校正格式数值求解分数阶Feynman-Kac模型. 在2022年，Zhang等在文献[113]中研究了非线性时间分数阶亚扩散方程的时间步长方法的收敛性，其中包括基于卷积积分（FBN-θ逼近等）的校正格式研究.

2015年（2012年早期在线版本），Deng的团队在文献[114]中，对Riemann-Liouville分数阶导数提出加权位移Grünwald差分（WSGD）算子逼近公式，该公式在较好的正则性情形下具有高阶逼近结果. 基于这个工作，Wang和Vong[115]将WSGD算子应用于时间分数阶导数逼近，并推广于分数阶积分形式，结合空间紧致差分格式数值求解线性修正反常亚扩散方程和分数阶扩散波方程，对误差估计理论和数值模拟结果给出详细讨论. 进而，WSGD算子公式被应用于很多的时间和空间分数阶微积分逼近. 2015年，Ji等[116]基于二阶WSGD算子逼近思想提出了三阶WSGD算子公式，并通过数值求解分数阶亚扩散方程给出误差分析和稳定性的估计. 在2016年，Liu等[117]证明了WSGD算子系数序列构成的无穷级数是绝对收敛的，并基于此性质，推导了基于两网格有限元方法的条件最优误差估计结果. 在文献[171]中，Li和Zhao发展了基于WSGD算子的差分格式，用于求解空间分数阶水波模型. 在2017年，Zeng等在文献[118]中讨论了多项分数阶模型的基于光滑和非光滑解的数值方法，发展了基于WSGL（即WSGD）算子的校正格式，恢复了由于解的较弱正则性导致的掉阶问题. 考虑文献[116]提出的三阶WSGD算子逼近公式，Liu等在文献[119]中研究了数值求解亚扩散模型的局部间断Galerkin方法，并给出误差理论及数值模拟结果. 2018 年，Cao等[121]利用有限元方法结合WSGI（分数阶积分形式）逼近的二阶Crank-Nicolson格式数值求解多维分数阶波模型，文中采用了不同于文献[117]中的分析技术给出最优误差估计证明，其中主要原因是WSGI算子系数序列构成的无穷级数是绝对发散的. 2019年，Liu等[120]发展了基于WSGD算子逼近的二阶θ方法，在不需要满足文献[117]的条件限制下，得到了无条件最优误差估计. 2020年，Wang等[122]基于WSGD算子逼近发展了高阶时间步长方法，讨论了误差估计等理论. Feng等2021年在文献[123]中采用无结构网格控制体积方法数值求解模拟输运过程的非线性时间反常扩散模型，分数阶导数采用WSGD算子逼近，也考虑了相关的校正格式. 杨在文献[125]中，基于WSGD算子结合快速时间两网格（TT-M）混合元方法数值求解了一类非线性分数阶伪双曲波方程，给出严格的误差估计理论及数值计算结果分析.

2015年，Gao等[126]给出了时间分数阶导数的超收敛逼近，并推导了α相关的二阶数值格式. 随后，在2016年，Wang等在文献[127]中发展了求解非线性时间分数阶Cable模型的二阶逼近格式，其中利用Taylor公式推导了非线性项的带有α参数的二阶逼近公式$g\left(v^{k-\frac{\alpha}{2}}\right)=\left(2-\frac{\alpha}{2}\right)g(v^{k-1})-\left(1-\frac{\alpha}{2}\right)g(v^{k-2})+O(\Delta t^2)$. 基于文献[126, 127]的思想，Liu等[128]2018年提出了求解四阶分数阶扩散模型的一类二阶逼近格式. 在2019年，Liu 等在文献[120]中发展了二阶θ格式，其中$\theta\in\left[0,\frac{1}{2}\right]$，避免了文献[126]中限制$\theta=\frac{\alpha}{2}=0$和$\frac{1}{2}$的情形.

2015年，Alikhanov[129]提出了具有$3-\alpha$阶精度的$L2-1_\sigma$逼近公式，由插值方法构建，部分性质相似于$L1$公式，因此使用起来比较灵活. 2016年，Sun等[130]将文献

[129]的方法推广应用于分数阶波方程模型. 2017年，Yan等[131]提出了基于$L2-1_\sigma$逼近公式的快速计算技术. 在文献[132]中，Liao等发展了数值求解时间分数阶Allen-Cahn模型的二阶非一致时间步长格式，给出了时间正则性相关的误差估计结果及详细证明，其中分数阶导数采用$L2-1_\sigma$公式逼近. 在2022年，Du等在文献[133]中基于高阶$L1-2$公式和$L2-1_\sigma$公式设计了数值求解变阶时间分数阶波方程的二阶差分格式，并详细讨论了相关理论及数值计算结果. Bai等[40]应用快速$L2-1_\sigma$逼近的差分格式数值求解多维时间分数阶Maxwell系统.

在2021年（也参见2019年早期版本），Liu等[137]提出了比卷积积分（CQ）理论更加广泛的带有位移参数的卷积积分（SCQ）理论，也就是说很多分数阶微积分逼近公式属于SCQ理论框架，但不属于CQ理论框架，进而可以通过SCQ理论采用生成函数方法设计分数阶微积分的在任意节点处的有效高阶逼近公式. 2020年，Yin等[138]基于SCQ理论，通过生成函数方法构建了分数阶导数的广义BDF2-θ，讨论了逼近系数正定性等重要性质，提出了位移参数所属范围下任意节点处的校正格式（其他文献提出的是在整数点处的校正格式，不能对分数点处的数值格式进行有效校正，如一些问题的Crank-Nicolson格式），进而解决了非光滑解等因素导致的掉阶问题. 2020年，Yin等[139]在SCQ理论框架下，提出了分数阶导数的二阶位移分数阶梯形公式（简记为SFTR），通过位移参数的适当选择，能够设计出避免非物理振荡现象的高效数值格式. 2021年，Yin等[140]基于SCQ理论，提出了一类分数阶微积分逼近公式，结合其他计算技术，形成有效的时间步长方法，推导了与解的正则性相关的误差估计结果，通过计算数据验证了算法的可行性和理论结果正确性. 2022年，Yin等[141]继续发展SFTR，提出了单步校正的有效数值格式，误差结果具有α鲁棒性. 2023年，在文献[41]中，Yin等发展了Crank-Nicolson时间离散的混合有限元方法数值求解Cole-Cole色散介质中的Maxwell方程，其中分数阶导数分别采用$L1$公式、分数阶BDF2、SFTR逼近，文中给出详细的数值理论分析及数值模拟结果. 2023年，Ren等在文献[142]中推广了广义BDF2-θ用于数值逼近分数阶积分，并结合有限元方法数值求解了非线性分数阶波模型，同时给出了能够恢复非光滑解导致掉阶问题的校正算法，数值结果验证了算法的可行性.

除了以上提及的分数阶微积分逼近方法，学者们还研究了其他有效的逼近方法. 在2017年，Ding等在文献[143]中基于生成函数方法提出了分数阶导数的二阶中点逼近公式，并结合四阶紧致格式给出理论分析和数值计算结果. 2017年，Zeng和Li在文献[144]中提出了逼近Riemann-Liouville分数阶导数的一类修正$L1$公式，结合有限元方法及Crank-Nicolson离散格式发展相关数值理论.

这里仅对分数阶微积分的部分逼近方法给出介绍，还有很多学者提出或应用了其他逼近方法，在这里我们不一一讨论. 本书的主要工作是基于这些分数阶逼近公式结合已有的和设计的混合有限元方法数值求解时间分数阶模型.

1.2 混合有限元方法

早在20世纪40年代，Courant等人首次采用有限元方法数值计算微分方程，后期，20世纪五六十年代，冯康院士和西方科学家各自独立奠定了有限元方法的理论基础. 相比有限差分方法，有限元方法具有很多优点：不受直交网格要求限制，可以使用矩形网格、三角网格（二维情形）等多种网格剖分；有限元方程结构简单，易于编制通用程序；几乎不受空间区域形状限制. 基于这些优势和计算机技术的发展，有限元方法在桥梁堤坝建设、船舶制造、一般机械和巨型建筑等工程领域发挥着重大作用. 然而有限元方法只能数值求解微分方程模型的未知纯量函数本身，不能直接计算出例如流通量等具有实际意义的物理量，为了解决这个问题，学者们发展了混合有限元方法. 该方法是通过引入一个或多个具有一定实际意义的中间辅助函数将原高阶模型方程转化为低阶耦合系统，进一步形成有限元方程组系统，即混合有限元系统. 20世纪六七十年代Babuška和Brezzi等[1, 2]发展了混合有限元方法的基础理论. 在1977年，Raviart和Thomas[3]，研究了椭圆问题的混合有限元方法. 在文献[4，5]中，Nedelec发展了$\mathbb{R}^3$空间的两类混合有限元方法. 在文献[6]中，Johnson和Thomée，研究了抛物问题的一些混合有限元方法的误差估计. 在文献[7]中，Brezzi等研究了三维空间二阶椭圆问题的混合元方法. 在文献[8]中，Arbogast和Wheeler发展了多孔介质中流动的退化抛物方程的非线性混合有限元方法. 在1998年，Chen和Huang[9]发展了非线性双曲方程的混合有限元超收敛结果. Luo和Liu在文献[10]中，详细讨论了正则长波方程的混合有限元方法数值理论. 在1999年，Jiang[11]考虑了抛物型积分微分方程的混合元法的$L^\infty(L^2)$和$L^\infty(L^\infty)$误差估计结果. Li在文献[12]中提出了奇异摄动问题的多块混合有限元方法. 在文献[13]中，Pani和Yuan考虑了强阻尼波方程的混合有限元方法. 在文献[14]中，Gao等基于两个变换提出数值求解黏弹性波方程的混合有限元方法，并给出误差估计等理论的详细讨论. 2006年，罗撰写了混合有限元方法基础及应用相关的专著[15]，其中基于很多物理模型提出混合有限元方法，并详细讨论误差估计、格式解的存在唯一性等数值理论. 2013年，Boffi等人出版了混合有限元方法相关的研究成果[16]. 除此之外，为了改进传统混合元方法，很多学者发展了非标准混合有限元方法，如扩展混合有限元方法、H^1-Galerkin混合有限元方法、非协调混合有限元方法、正定分裂（扩展）混合有限元方法等，相关工作参见文献[17–22，146]. 2015年，刘和李在专著[22]中考虑了多类发展型偏微分方程模型的非标准混合有限元方法的误差估计等数值理论及数值模拟结果. 2017年，Hou等在文献[136]中研究了时间分数阶耦合扩散系统的混合有限元方法，其中时间分数阶导数采用$L1$公式逼近. 2018年，王在文献[124]中研究了几类非线性时间分数阶偏微分方程的混合有限元方法. 2023年，杨在文献[125]中基于时间分数阶模型和整数阶模型发展了混合有限元方法. 还有很多其他学者开展了关于混合有限元方法的研究工作，我们不能一一列出.

本书将发展时间分数阶偏微分方程的已有的非标准混合有限元方法和改进的非标准混合有限元方法，推导这些方法的误差估计和稳定性等理论结果.

[illegible] Galerkin [illegible]

[illegible] 2014年，刘 [illegible]

[illegible] 2018年 [illegible]

[illegible] 2013年 [illegible]

了关于混合有限元方法的 [illegible]，我们不能一一列出。

[illegible]

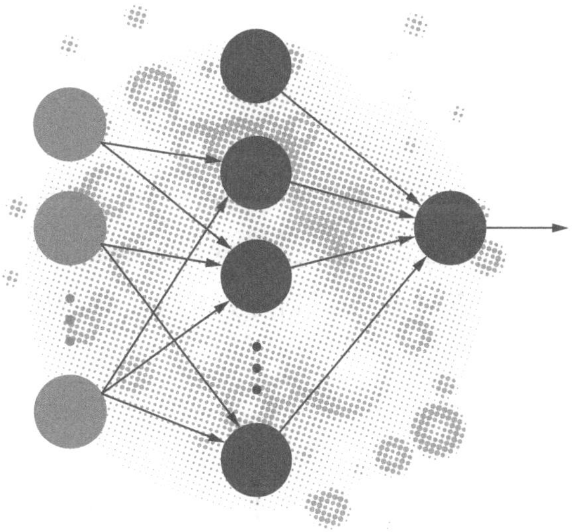

2　预备知识

本章给出常用的Sobolev空间、内积和范数定义，Hölder不等式、Cauchy-Schwarz不等式、Young不等式、Gronwall引理（不等式）（可以参见[15，22，23，25]等文献资料），分数阶导数定义、分数阶逼近公式等（参见[26，29，31-34]等资料）.

2.1 Sobolev空间及不等式

定义2.1.1 设m为整数，$1 \leqslant p \leqslant +\infty$为实数，则Sobolev空间$W^{m,p}(\Omega)$定义为

$$W^{m,p}(\Omega)=\{u \in L^p(\Omega) \mid |\alpha| \leqslant m,\ D^\alpha u \in L^p(\Omega)\},$$

其中$L^p(\Omega)=\left\{u \mid \int_\Omega |u|^p \mathrm{d}x < +\infty\right\}$，相应的范数定义为

$$\|u\|_{L^p}=\|u\|_{p,\Omega}=\left(\int_\Omega |u|^p \mathrm{d}x\right)^{\frac{1}{p}}$$

特别当$p=2$时，我们简记$\|u\|_{2,\Omega}=\|u\|$；当$m=0$时，我们有$W^{0,p}(\Omega)=L^p(\Omega)$.

定义2.1.2 在空间$W^{m,p}(\Omega)$上的范数定义为

（1）当$1 \leqslant p < +\infty$时，

$$\|u\|_{m,p,\Omega}=\left(\sum_{|\alpha| \leqslant m}\int_\Omega |D^\alpha u|^p \mathrm{d}x\right)^{\frac{1}{p}}$$

当$p=2$时，记空间$W^{m,2}(\Omega)=H^m(\Omega)$，相应的范数记作$\|u\|_{m,2,\Omega}=\|u\|_m$；特别当$m=0$，$p=2$时，记空间$H^0(\Omega)=L^2(\Omega)$，相应的范数为$\|u\|_{0,2,\Omega}=\|u\|_0=\|u\|$.

（2）当$p=+\infty$时，

$$\|u\|_{m,\infty,\Omega}=\sup_{|\alpha| \leqslant m}\left\{ess\ \sup_{x \in \Omega}|D^\alpha u|\right\}.$$

当$m=0$时，记$\|u\|_{0,\infty,\Omega}=\|u\|_\infty$.

定义2.1.3 在空间$W^{m,p}(\Omega)$上的半范数定义为：

（1）当$1 \leqslant p < +\infty$时，

$$|u|_{m,p,\Omega}=\left(\sum_{|\alpha|=m}\int_{\Omega}|D^{\alpha}u|^{p}\mathrm{d}x\right)^{\frac{1}{p}}$$

特别当$m=0$时，我们有$|u|_{0,p,\Omega}=\|u\|_{p,\Omega}$.

（2）当$p=+\infty$时，

$$|u|_{m,\infty,\Omega}=\sup_{|\alpha|=m}\left\{ess\sup_{x\in\Omega}|D^{\alpha}u|\right\}$$

引理2.1.1 （Poincaré不等式）设$\Omega\subset\mathbb{R}^n$为有界区域，$\Gamma\subset\partial\Omega$, $meas(\Gamma)>0$. 则存在常数$C=C(\Omega)>0$，使得

$$\|u\|_{1,p}\leqslant C\left(|u|_{1,p}+\left|\int_{\Gamma}u\mathrm{d}s\right|\right),\ u\in W^{1,p}(\Omega),1\leqslant p\leqslant\infty$$

特别当$u\in W_0^{1,p}(\Omega)$时，此不等式给出了$W_0^{1,p}(\Omega)$空间中范数$\|\cdot\|_{1,p}$和半范数$|\cdot|_{1,p}$的等价性，此时可有

$$\|u\|_{0,p}\leqslant C|u|_{1,p},u\in W_0^{1,p}(\Omega),\ 1\leqslant p\leqslant\infty$$

引理2.1.2 （Hölder不等式）设$1\leqslant p,\ q\leqslant+\infty$，且满足$1/p+1/q=1$，则对于任意的$f\in L^p(\Omega)$和任意的$g\in L^q(\Omega)$成立

$$\int_{\Omega}|fg|\,\mathrm{d}x\leqslant\left(\int_{\Omega}|f|^p\,\mathrm{d}x\right)^{\frac{1}{p}}\cdot\left(\int_{\Omega}|g|^q\,\mathrm{d}x\right)^{\frac{1}{q}}=\|f\|_{p,\Omega}\|g\|_{q,\Omega}$$

（1）特别当$p=q=2$时，我们有Cauchy-Schwarz不等式

$$\int_{\Omega}|fg|\,\mathrm{d}x\leqslant\left(\int_{\Omega}|f|^2\,\mathrm{d}x\right)^{\frac{1}{2}}\cdot\left(\int_{\Omega}|g|^2\,\mathrm{d}x\right)^{\frac{1}{2}}=\|f\|\|g\|$$

和

$$\|f^2\|^2=\int_{\Omega}f^2f^2\,\mathrm{d}x=\left[\left(\int_{\Omega}|f|^4\,\mathrm{d}x\right)^{\frac{1}{4}}\right]^4=\|f\|_{4,\Omega}^4$$

（2）除了满足引理条件，如果$r=\infty$，且满足$fg\in L^1(\Omega)$ 和$h\in L^{\infty}(\Omega)$，有

$$\int_{\Omega}|hfg|\,\mathrm{d}x\leqslant\|h\|_{\infty}\int_{\Omega}|fg|\,\mathrm{d}x\leqslant\|h\|_{\infty}\|f\|_{p,\Omega}\|g\|_{q,\Omega}$$

引理2.1.3 （Young不等式）设a，b为正实数和对任意的$\epsilon>0$，有

$$ab\leqslant\epsilon a^2+\frac{b^2}{4\epsilon}$$

特别地，对于$\epsilon=\frac{1}{2}$，有

$$ab\leqslant\frac{a^2}{2}+\frac{b^2}{2}$$

进一步，有

$$(a+b)^2\leqslant 2(a^2+b^2)$$

引理2.1.4 （基本不等式）设$a_i(i=1,2,3,\cdots,n)$为正实数列，有

$$(a_j-a_i)a_j\geqslant\frac{1}{2}\left[a_j^2-a_i^2\right]$$

$$(3a_k-4a_j+a_i)a_k\geqslant\frac{1}{2}\left[\left(a_k^2+(2a_k-a_j)^2\right)-\left(a_j^2+(2a_j-a_i)^2\right)\right]$$

和

$$\sum_{k=1}^{n}a_k^2\leqslant\left(\sum_{k=1}^{n}a_k\right)^2\leqslant n\sum_{k=1}^{n}a_k^2$$

证明：注意到

$$(a_j-a_i)a_j=\frac{1}{2}\left[a_j^2-a_i^2+(a_j-a_i)^2\right]\geqslant\frac{1}{2}\left[a_j^2-a_i^2\right] \tag{2.1.1}$$

即，第一个不等式成立.

由于

$$\begin{aligned}
&(3a_k-4a_j+a_i)a_k\\
&=\frac{1}{2}\left[6a_k^2-8a_ka_j+2a_ka_i\right]\\
&=\frac{1}{2}[(a_k^2+(2a_k-a_j)^2)-(a_j^2+(2a_j-a_i)^2)\\
&\quad+a_k^2+4a_j^2+a_i^2+2a_ka_i-4a_ka_j-4a_ja_i]\\
&=\frac{1}{2}\left[(a_k^2+(2a_k-a_j)^2)-(a_j^2+(2a_j-a_i)^2)+(a_k-2a_j+a_i)^2\right]\\
&\geqslant\frac{1}{2}\left[(a_k^2+(2a_k-a_j)^2)-(a_j^2+(2a_j-a_i)^2)\right],
\end{aligned} \tag{2.1.2}$$

第二个不等式成立.

第三个不等式由引理2.1.3中第三个不等式容易得到.

引理2.1.5 （离散Gronwall引理）设ψ_n是非负数列且满足

$$\psi_0\leqslant\alpha_0,\ \psi_n\leqslant\alpha_n+\sum_{j=0}^{n-1}\omega_j\psi_j,\ n\geqslant1$$

其中$\omega_j\geqslant0$, $\{\alpha_n\}$是非负的单调不减数列，则有

$$\psi_n\leqslant\alpha_n e^{\sum_{j=0}^{n-1}\omega_j},\ n\geqslant1$$

2.2 分数阶导数定义及其关系

在这里我们引入本文使用的两种重要的分数阶定义，即Riemann-Liouville型和Caputo型. 在这里我们仅考虑左侧分数阶导数，为了叙述方便，简称为Riemann-

Liouville分数阶导数和Caputo分数阶导数.

定义2.2.1[26, 32] (Riemann-Liouville分数阶导数)设γ是满足$n-1\leqslant\gamma<n\ (n\in\mathbb{N}^+)$的任意非负实数，$f(t)$是定义在$[a, b]$ (a，b可以分别取$-\infty$和$+\infty$) 上的函数，则称

$$ {}_a^RD_t^\gamma f(t)=\frac{1}{\Gamma(n-\gamma)}\frac{\mathrm{d}^n}{\mathrm{d}t^n}\int_a^t\frac{f(s)}{(t-s)^{\gamma+1-n}}\mathrm{d}s,\ \forall t\in[a, b] \tag{2.2.1}$$

为γ阶（左侧）Riemann-Liouville导数.

定义2.2.2 [26, 32] (Caputo分数阶导数)设γ是满足$n-1\leqslant\gamma<n\ (n\in\mathbb{Z}^+)$的任意非负实数，$f(t)$是定义在$[a, b]$ (a，b可以分别取$-\infty$和$+\infty$) 上的函数，则称

$$ {}_a^CD_t^\gamma f(t)=\frac{1}{\Gamma(n-\gamma)}\int_a^t\frac{f^{(n)}(\tau)}{(t-\tau)^{\gamma+1-n}}\mathrm{d}\tau,\ \forall t\in[a, b] \tag{2.2.2}$$

为γ阶（左侧）Caputo导数.

引理2.2.1[26, 32] Caputo分数阶导数与Riemann-Liouville分数阶导数存在关系式

$$ {}_a^RD_t^\gamma f(t)={}_a^CD_t^\gamma f(t)+\sum_{j=0}^{n-1}\frac{f^{(j)}(a)}{\Gamma(1+j-\gamma)}(t-a)^{j-\gamma},\quad n-1\leqslant\gamma<n \tag{2.2.3}$$

注2.2.1 在本书中为了具体问题叙述的方便，根据实际情况也使用如下分数阶导数的记号，如$\frac{\partial^\beta f}{\partial t^\beta}$，$\frac{\partial_{RL}^\gamma f}{\partial t^\gamma}$，$\frac{\partial_C^\gamma f}{\partial t^\gamma}$等. 这些符号在使用时有相应的说明.

注2.2.2 在本书中，对时间区间$[0, T]$上插入节点$t_n=n\Delta t\ (n=0,1,2,\cdots,N)$，这里$t_n$满足$0=t_0<t_1<t_2<\cdots<t_N=T$，且对任意的正整数$N$，步长为$\Delta t=T/N$. 对于区间$[0, T]$上的光滑函数$\phi$，记$\phi^n=\phi(t_n)$.

2.3 分数阶微积分逼近公式

本节中，我们将给出使用的几类分数阶微积分逼近公式（$L1$-逼近公式、WSGD算子逼近公式、$L2-1_\sigma$逼近公式、广义BDF2-θ、修正$L1$-逼近公式）及相关性质引理等内容.

1. $L1$-逼近公式

首先给出广泛使用的$L1$-逼近公式，该逼近公式由文献[100, 101]给出详细的理论证明.

引理2.3.1 对于分数阶参数$0 < \alpha < 1$，有如下$L1$公式成立

$$\begin{aligned}\frac{\partial^\alpha f(t_{n+1})}{\partial t^\alpha} &= \frac{1}{\Gamma(1-\alpha)}\int_0^{t_{n+1}} \frac{\partial f(\tau)}{\partial \tau}\frac{d\tau}{(t_{n+1}-\tau)^\alpha} \\ &= \frac{\Delta t^{1-\alpha}}{\Gamma(2-\alpha)}\sum_{k=0}^{n}[(n-k+1)^{1-\alpha}-(n-k)^{1-\alpha}]\frac{f^{k+1}-f^k}{\Delta t}+E_0\end{aligned} \tag{2.3.1}$$

其中截断误差为

$$\begin{aligned}E_0 = \frac{1}{\Gamma(1-\alpha)}\sum_{k=0}^{n}\int_{t_k}^{t_{k+1}}&\left[\left(\tau-\frac{t_{k+1}+t_k}{2}\right)\frac{\partial^2 f\left(t_{k+\frac{1}{2}}\right)}{\partial t^2}\right. \\ &\left.+O\left(\left(\tau-t_{k+\frac{1}{2}}\right)^2\right)+O(\Delta t^2)\right]\frac{d\tau}{(t_{n+1}-\tau)^\alpha}\end{aligned} \tag{2.3.2}$$

并有如下估计

$$|E_0| \leqslant \frac{C}{\Gamma(2-\alpha)}\left[\max_{t\in[0,T]}\left|\frac{\partial^2 f(t)}{\partial t^2}\right|\Delta t^{2-\alpha}+T\Delta t^2\right] \tag{2.3.3}$$

证明：对于（2.3.1），可参见[100，101]的详细证明. 接下来仅就截断误差E_0的估计按文献[257]中的讨论给出证明. 经计算，有

$$\begin{aligned}&\int_{t_k}^{t_{k+1}}\left[\left(\tau-\frac{t_{k+1}+t_k}{2}\right)\right]\frac{d\tau}{(t_{n+1}-\tau)^\alpha} \\ &= \Delta t^{2-\alpha}\left[\frac{1}{2-\alpha}((n-k)^{2-\alpha}-(n+1-k)^{2-\alpha})\right. \\ &\quad \left.+\frac{2(n-k)+1}{2(1-\alpha)}((n+1-k)^{1-\alpha}-(n-k)^{1-\alpha})\right] \\ &= \Delta t^{2-\alpha}[I_1+I_2]\end{aligned} \tag{2.3.4}$$

对$\left(1+\frac{1}{n-k}\right)^{1-\alpha}$应用Taylor公式，可得

$$I_1 = \left[-1-\frac{1-\alpha}{2(n-k)}+O\left(\frac{1}{(n-k)^2}\right)\right] \tag{2.3.5}$$

和

$$I_2 = (n-k)^{1-\alpha}\left[1+\frac{1-\alpha}{2(n-k)}+O\left(\frac{1}{(n-k)^2}\right)\right] \tag{2.3.6}$$

将I_1和I_2相加，可得

$$I_1+I_2 = O(1)(n-k)^{-1-\alpha} \tag{2.3.7}$$

将（2.3.7）代入（2.3.4），联合（2.3.2），使用三角不等式，可得

$$|E_0| \leqslant \frac{C}{\Gamma(2-\alpha)} \left| \max_{t\in[0,T]} \left| \frac{\partial^2 f(t)}{\partial t^2} \right| \Delta t^{2-\alpha} \sum_{k=0}^{n} (n-k)^{-1-\alpha} \right.$$
$$\left. + \left[O\left(\left(t_{k+1} - t_{k+\frac{1}{2}} \right)^2 \right) + O(\Delta t^2) \right] (n+1)^{1-\alpha} \Delta t^{1-\alpha} \right| \quad (2.3.8)$$

令$n-k=s$，并注意$1+\alpha>1$，我们有

$$\sum_{k=0}^{n} (n-k)^{-1-\alpha} \leqslant \sum_{s=0}^{n+1} s^{-1-\alpha} \leqslant \sum_{s=0}^{\infty} s^{-1-\alpha} = M_0 \quad (2.3.9)$$

联合（2.3.8）和（2.3.9），结果得证.

2. WSGD算子逼近公式

WSGD（weighted and shifted Grünwald difference）算子公式由文献[114]提出，首先给出相关公式及性质.

引理2.3.2[114，115] 在时间$t=t_{n+1}$处，如下二阶WSDG公式成立

$$\begin{aligned} \frac{\partial^\alpha u(t_{n+1})}{\partial t^\alpha} &= \frac{1}{\Gamma(1-\alpha)} \frac{\partial}{\partial t} \int_0^{t_{n+1}} \frac{u(\tau)\mathrm{d}\tau}{(t_{n+1}-\tau)^\alpha} \\ &= \Delta t^{-\alpha} \sum_{i=0}^{n+1} q_\alpha(i) u^{n+1-i} + O(\Delta t^2),\ 0<\alpha<1 \end{aligned} \quad (2.3.10)$$

其中

$$q_\alpha(i) = \begin{cases} \dfrac{\alpha+2}{2} g_0^\alpha, & 若\ i=0, \\ \dfrac{\alpha+2}{2} g_i^\alpha + \dfrac{-\alpha}{2} g_{i-1}^\alpha, & 若\ i>0, \end{cases} \quad (2.3.11)$$

$$g_0^\alpha = 1,\ g_i^\alpha = \frac{\Gamma(i-\alpha)}{\Gamma(-\alpha)\Gamma(i+1)},\ g_i^\alpha = \left(1 - \frac{\alpha+1}{i}\right) g_{i-1}^\alpha,\ i \geqslant 1 \quad (2.3.12)$$

引理2.3.3 对于引理2.3.2中定义的序列$\{g_i^\alpha\}$，参见[116，180，245]可得

$$g_0^\alpha = 1 > 0,\ g_i^\alpha < 0,\ (i=1,2\cdots),\ \sum_{i=1}^{\infty} g_i^\alpha = -1 \quad (2.3.13)$$

引理2.3.4[114，115] 设$\{q_\alpha(i)\}_{i=1}^{\infty}$为（2.3.11）中定义的系数序列，则对任意正整数P和实向量$(u^0, u^1, \cdots, u^P) \in \mathbb{R}^{P+1}$，有

$$\sum_{n=0}^{P} \sum_{i=0}^{n} q_\alpha(i) (u^{n-i}, u^n) \geqslant 0 \quad (2.3.14)$$

引理2.3.5[117] 对于（2.3.11）中给定的序列$\{q_\alpha(i)\}$，存在不依赖于n的正常数C，有

$$\sum_{i=0}^{n+1}|q_\alpha(i)|\leqslant C \tag{2.3.15}$$

3. $L2\text{-}1_\sigma$逼近公式

$L2\text{-}1_\sigma$逼近公式由文献[129]提出，并对相关性质进行讨论.

引理2.3.6[129] 分数阶导数可改写为如下形式

$$\begin{aligned}\frac{\partial^\alpha v}{\partial t^\alpha}\left(t_{k+1-\frac{\alpha}{2}}\right)&=\frac{1}{\Gamma(1-\alpha)}\int_0^{t_{k+1-\frac{\alpha}{2}}}\frac{\frac{\partial v}{\partial s}\mathrm{d}s}{(t_{k+1-\frac{\alpha}{2}}-s)^\alpha}\\&=\frac{\Delta t^{-\alpha}}{\Gamma(2-\alpha)}\sum_{l=0}^{k}g_{k-l}^{[\alpha,\,k+1]}(v^{l+1}-v^l)+O(\Delta t^{3-\alpha})\end{aligned} \tag{2.3.16}$$

其中当$k\geqslant 1$时，有

$$g_l^{[\alpha,\,k+1]}=\begin{cases}a_0^\alpha+b_1^\alpha, & l=0,\\ a_l^\alpha+b_{l+1}^\alpha-b_l^\alpha, & 1\leqslant l\leqslant k-1,\\ a_k^\alpha-b_k^\alpha, & l=k\end{cases} \tag{2.3.17}$$

对于$k=0$，有

$$\begin{aligned}&g_0^{[\alpha,\,1]}=a_0^\alpha,\\ &a_0^\alpha=\left(1-\frac{\alpha}{2}\right)^{1-\alpha},\ a_m^\alpha=\left(m+1-\frac{\alpha}{2}\right)^{1-\alpha}-\left(m-\frac{\alpha}{2}\right)^{1-\alpha},\ m\geqslant 1,\\ &b_m^\alpha=\frac{1}{2-\alpha}\left[\left(m+1-\frac{\alpha}{2}\right)^{2-\alpha}-\left(m-\frac{\alpha}{2}\right)^{2-\alpha}\right]\\ &\quad-\frac{1}{2}\left[\left(m+1-\frac{\alpha}{2}\right)^{1-\alpha}+\left(m-\frac{\alpha}{2}\right)^{1-\alpha}\right],\ m\geqslant 1\end{aligned} \tag{2.3.18}$$

引理2.3.7[129] 对于序列$\{v^n\}$（$n\geqslant 1$），如下不等式成立

$$\begin{aligned}&\left(\sum_{l=0}^{n}g_{n-l}^{[\alpha,\,n+1]}(v^{l+1}-v^l),\ v^{n+1-\frac{\alpha}{2}}\right)\\ &\geqslant\frac{1}{2}\sum_{l=0}^{n}g_{n-l}^{[\alpha,\,n+1]}(\|v^{l+1}\|^2-\|v^l\|^2)\\ &=\frac{1}{2}\left[g_0^{[\alpha,\,n+1]}\|v^{n+1}\|^2-\sum_{l=1}^{n}\left(g_{n-l}^{[\alpha,\,n+1]}-g_{n-l+1}^{[\alpha,\,n+1]}\right)\|v^n\|^2-g_n^{[\alpha,\,n+1]}\|v^0\|^2\right]\end{aligned} \tag{2.3.19}$$

引理2.3.8[129] 对于$g_l^{[\alpha,\,k+1]}$，有

$$g_0^{[\alpha,\,k+1]}>g_1^{[\alpha,\,k+1]}>\cdots>g_{k-1}^{[\alpha,\,k+1]}>g_k^{[\alpha,\,k+1]}>\frac{2-\alpha}{2}\left(k+1-\frac{\alpha}{2}\right)^{1-\alpha} \tag{2.3.20}$$

引理2.3.9[130] 对于$g_l^{[\alpha,\,l+1]}$，如下重要不等式成立

$$\sum_{l=1}^{k-1} g_l^{[\alpha,\ l+1]} \leqslant \left(k-\frac{\alpha}{2}\right)^{1-\alpha} \tag{2.3.21}$$

4.广义BDF2-θ

参数$\alpha \in (0,\ 1]$时Caputo分数阶微分算子在时刻$t_{n-\theta}$处的离散公式（广义BDF2-θ[138]）为

$$\begin{aligned} {}_0^C D_t^\alpha \phi(t_{n-\theta}) &= \frac{1}{\Gamma(1-\alpha)} \int_0^{t_{n-\theta}} \frac{\phi'(x,s)\mathrm{d}s}{(t_{n-\theta}-s)^\alpha} = \Delta t^{-\alpha} \sum_{j=0}^{n} \omega_j^{(\alpha)} \phi^{n-j} + O(\Delta t^2) \\ &\doteq \Psi_{\Delta t}^{\alpha,\ n} \phi + O(\Delta t^2) \end{aligned} \tag{2.3.22}$$

其中卷积系数$\left\{\omega_j^{(\alpha)}\right\}_{j=0}^{\infty}$由生成函数$\omega^{(\alpha)}(\xi) = \sum_{j=0}^{\infty} \omega_j^{(\alpha)} \xi^j$产生，这里$\omega^{(\alpha)}(\xi)$如下定义

$$\omega^{(\alpha)}(\xi) = \left(\frac{3\alpha-2\theta}{2\alpha} - \frac{2\alpha-2\theta}{\alpha}\xi + \frac{\alpha-2\theta}{2\alpha}\xi^2\right)^\alpha,\ 0 \leqslant \theta \leqslant \min\left\{\alpha,\ \frac{1}{2}\right\} \tag{2.3.23}$$

为了方便后面的分析，下面给出卷积系数$\left\{\omega_j^{(\alpha)}\right\}_{j=0}^{\infty}$之间满足的一些关系.

引理2.3.10[138]　广义BDF2-θ的卷积系数$\omega_k^{(\alpha)}$可由下面的递推公式得到

$$\begin{cases} \omega_0^{(\alpha)} = \left(\dfrac{3\alpha-2\theta}{2\alpha}\right)^\alpha,\ \omega_1^{(\alpha)} = 2(\theta-\alpha)\left(\dfrac{2\alpha}{3\alpha-2\theta}\right)^{1-\alpha}, \\ \omega_k^{(\alpha)} = \dfrac{2\alpha}{k(3\alpha-2\theta)}\left[2(\alpha-\theta)\left(\dfrac{k-1}{\alpha}-1\right)\omega_{k-1}^{(\alpha)} + (\alpha-2\theta)\left(1-\dfrac{k-2}{2\alpha}\right)\omega_{k-2}^{(\alpha)}\right],\ k \geqslant 2 \end{cases}$$

引理2.3.11[138]　设$\omega_k^{(\alpha)}$是生成函数$\omega^{(\alpha)}(\xi)$的系数，参数θ满足$0 \leqslant \theta \leqslant \min\left\{\alpha,\ \frac{1}{2}\right\}$，其中$\alpha \in (0,\ 1]$，则对任意向量$(\phi^0,\ \phi^1,\ \cdots,\ \phi^n) \in \mathbb{R}^{n+1}$，有

$$\sum_{m=0}^{n} \sum_{k=0}^{m} \left(\omega_{m-k}^{(\alpha)} \phi^k,\ \phi^m\right) \geqslant 0,\ \forall n \geqslant 1 \tag{2.3.24}$$

引理2.3.12[138]　当位移参数$\theta \leqslant \dfrac{1}{2}$且$\phi^0 = 0$时，对任意向量$(\phi^1,\ \phi^2,\ \cdots,\ \phi^n) \in \mathbb{R}^n$有

$$\sum_{m=1}^{n} (\phi^{m-\theta},\ \phi^m) \geqslant 0,\ \forall n \geqslant 1 \tag{2.3.25}$$

其中$\phi^{m-\theta} \doteq (1-\theta)\phi^m + \theta\phi^{m-1}$.

5.修正$L1$-逼近公式

文献[144]中，作者对$L1$-逼近公式进行修正，提出了不同的逼近公式，被称为修正$L1$-逼近公式.

引理2.3.13[144]　在时间$t_{k+\frac{1}{2}}$处，Caputo分数阶导数可转化成如下形式

$$\frac{\partial_C^\alpha f}{\partial t^\alpha}\left(t_{k+\frac{1}{2}}\right)$$
$$=\frac{1}{\Gamma(1-\alpha)}\int_0^{t_{k+\frac{1}{2}}}\frac{\frac{\partial f}{\partial s}\mathrm{d}s}{\left(t_{k+\frac{1}{2}}-s\right)^\alpha}$$
$$=\frac{\Delta t^{-\alpha}}{\Gamma(2-\alpha)}\left[a_0 f\left(t_{k+\frac{1}{2}}\right)-\sum_{j=1}^{k}(a_{k-j}-a_{k-j+1})f\left(t_{j-\frac{1}{2}}\right)-(a_k-b_k)f\left(t_{\frac{1}{2}}\right)-b_k f(t_0)\right]$$
$$+O(\Delta t^{2-\alpha}) \tag{2.3.26}$$

其中对于$k\geqslant 0$，有

$$b_k=2\left[\left(k+\frac{1}{2}\right)^{1-\alpha}-k^{1-\alpha}\right],\ a_{k-j}=[(k-j+1)^{1-\alpha}-(k-j)^{1-\alpha}] \tag{2.3.27}$$

由引理2.2.1和引理2.3.13，我们可得如下结果.

引理2.3.14 [144] 在时间$t_{k+\frac{1}{2}}$处，Riemann-Liouville分数阶导数可得如下逼近形式

$$\frac{\partial_{RL}^\alpha f}{\partial t^\alpha}\left(t_{k+\frac{1}{2}}\right)$$
$$=\frac{\Delta t^{-\alpha}}{\Gamma(2-\alpha)}\left[a_0 f\left(t_{k+\frac{1}{2}}\right)-\sum_{j=1}^{k}(a_{k-j}-a_{k-j+1})f\left(t_{j-\frac{1}{2}}\right)-(a_k-b_k)f\left(t_{\frac{1}{2}}\right)-\hat{b}_k f(t_0)\right]$$
$$+O(\Delta t^{2-\alpha}) \tag{2.3.28}$$

其中$\hat{b}_k=b_k-(1-\alpha)\left(k+\frac{1}{2}\right)^{-\alpha}$

引理2.3.15 对于$\hat{b}_{n-j}$，如下重要的不等式成立

$$\frac{\Delta t^{1-\alpha}}{\Gamma(2-\alpha)}\sum_{j=0}^{n-1}\hat{b}_{n-j}\leqslant\frac{CT^{1-\alpha}}{\Gamma(2-\alpha)} \tag{2.3.29}$$

其中C不依赖于时空步长h和Δt.

证明：在文献[144]中，作者虽然给出了证明，然而我们将给出另一种证明方法（比较文献[144]的证明，我们的证明避免了系数a_k，a_{k-1}和b_n之间关系的讨论）.

应用Taylor公式，可得

$$\frac{\Delta t^{1-\alpha}}{\Gamma(2-\alpha)}\sum_{j=0}^{n-1}\hat{b}_{n-j}$$
$$=\frac{\Delta t^{1-\alpha}}{\Gamma(2-\alpha)}\sum_{j=0}^{n-1}\left[2\left(n-j+\frac{1}{2}\right)^{1-\alpha}-2(n-j)^{1-\alpha}-(1-\alpha)\left(n-j+\frac{1}{2}\right)^{-\alpha}\right]$$
$$=\frac{2\Delta t^{1-\alpha}}{\Gamma(2-\alpha)}\sum_{j=0}^{n-1}(n-j)^{1-\alpha}\left[\left(1+\frac{1}{2(n-j)}\right)^{1-\alpha}-1-\frac{1-\alpha}{2\left(n-j+\frac{1}{2}\right)}\left(1+\frac{1}{2(n-j)}\right)^{1-\alpha}\right]$$

$$
\begin{aligned}
&=\frac{\Delta t^{1-\alpha}}{\Gamma(2-\alpha)}\sum_{j=0}^{n-1}(n-j)^{1-\alpha}\left[\frac{1-\alpha}{2(n-j)}+\frac{(1-\alpha)\alpha}{2!}\left(1+\kappa\frac{1}{2(n-j)}\right)^{1-\alpha}\frac{1}{4(n-j)^2}\right.\\
&\left.-\frac{1-\alpha}{2(n-j+\frac{1}{2})}\left(1+\frac{1-\alpha}{2(n-j)}+\frac{(1-\alpha)\alpha}{2!}\left(1+\kappa\frac{1}{2(n-j)}\right)^{1-\alpha}\frac{1}{4(n-j)^2}\right)\right]\\
&=\frac{\Delta t^{1-\alpha}}{\Gamma(2-\alpha)}\sum_{j=0}^{n-1}(n-j)^{1-\alpha}\left[\frac{1-\alpha}{2(n-j)}-\frac{1-\alpha}{2(n-j+\frac{1}{2})}+O\left(\frac{1}{(n-j)^2}\right)\right]\\
&=\frac{\Delta t^{1-\alpha}}{\Gamma(2-\alpha)}\sum_{j=0}^{n-1}(n-j)^{1-\alpha}\left[\frac{1-\alpha}{2(n-j+\frac{1}{2})(n-j)}+O\left(\frac{1}{(n-j)^2}\right)\right].
\end{aligned}
\tag{2.3.30}
$$

注意$\Delta t=\frac{T}{N}$与$n-j\leqslant N$，有

$$
\begin{aligned}
&\frac{\Delta t^{1-\alpha}}{\Gamma(2-\alpha)}\sum_{j=0}^{n-1}(n-j)^{1-\alpha}\left[\frac{1-\alpha}{2(n-j+\frac{1}{2})(n-j)}+O\left(\frac{1}{(n-j)^2}\right)\right]\\
&=\frac{1}{\Gamma(2-\alpha)}\sum_{j=0}^{n-1}T^{1-\alpha}\left(\frac{n-j}{N}\right)^{1-\alpha}\left[\frac{1-\alpha}{2(n-j+\frac{1}{2})(n-j)}+O\left(\frac{1}{(n-j)^2}\right)\right]\\
&\leqslant\frac{T^{1-\alpha}}{\Gamma(2-\alpha)}\sum_{j=0}^{n-1}\left[\frac{1}{(n-j)^2}+O\left(\frac{1}{(n-j)^2}\right)\right]\\
&\leqslant\frac{CT^{1-\alpha}}{\Gamma(2-\alpha)}\sum_{n=1}^{+\infty}\frac{1}{n^2}\\
&\leqslant\frac{CT^{1-\alpha}}{\Gamma(2-\alpha)}
\end{aligned}
\tag{2.3.31}
$$

将（2.3.31）代入（2.3.30）可得结论.

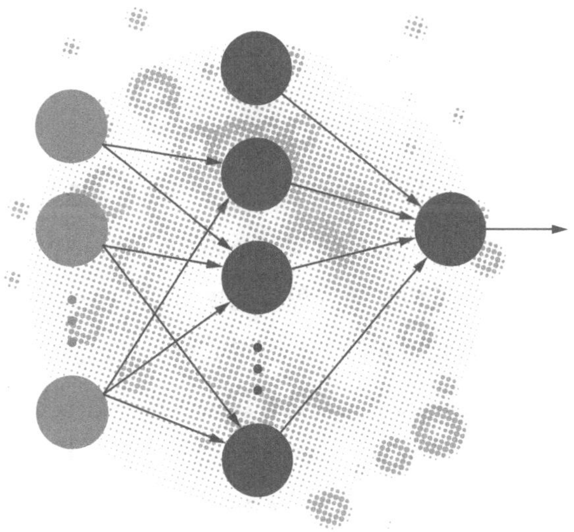

3 非线性分数阶对流扩散模型的混合元方法

混合有限元（MFE）方法是求解偏微分方程（PDEs）的有效数值方法之一，随着数值算法的长期发展，学者们相继提出了多种混合元数值算法. 1998年，Pani[146]基于对流反应扩散方程模型提出H^1-Galerkin混合有限元方法，文中首先提出空间半离散混合有限元格式，详细证明了最优误差估计结果，进一步给出了多维空间的混合有限元格式及误差估计结果，进而继续提出多维情形下的修正混合有限元格式，最后给出了Euler全离散修正混合有限元格式及误差分析结果. 与传统混合有限元方法相比较，该方法主要具有两个特点：能够避免LBB相容性条件的要求，有限元空间W_h和V_h中的多项式次数相互不受限制；可以得到未知量u及其梯度σ的L^2-与H^1-模最优误差估计. 在2002年，Pani和Fairweather在文献[147]中，继续研究抛物型积分微分方程的空间半离散和时空全离散H^1-Galerkin混合有限元方法的数值理论. 在2004年，Pani等在文献[148]中，提出了二阶双曲方程的H^1-Galerkin混合有限元方法数值理论. 随后其他学者对线性和非线性偏微分方程模型问题基于H^1-Galerkin混合有限元方法展开研究，取得了大量的研究成果. 2006年，Guo和Chen在文献[149]中利用H^1-Galerkin混合有限元方法求解Sobolev方程模型. 2006年，Guo和Chen在文献[150]中基于正则长波方程模型研究了H^1-Galerkin混合有限元方法的半离散和全离散数值理论，并给出了误差分析的详细过程，最后通过数值例子说明该方法的有效性和可行性. 2009年，Liu和Li在文献[151]中基于伪双曲方程给出两种H^1-Galerkin混合有限元方法格式及误差分析，并给出一种格式的全离散误差估计，并且将方法推广到多维伪双曲方程模型问题. 从该方法的研究进展，可以看到，学者仅对含有实数解的模型问题给出了研究. 2009年Liu等在文献[152]中基于具有复解的Schrödinger方程发展了H^1-Galerkin混合有限元方法，并给出了详细的误差分析证明过程. 2010年，Zhou[153]考虑了热输运方程的H^1-Galerkin混合有限元方法理论. 2010年，在文献[154]中，Chen和Wang研究了在多孔介质流动中的非线性抛物方程的H^1-Galerkin混合有限元方法. 在文献[155]中，刘等研究了伪双曲型积分-微分方程的H^1-Galerkin混合元方法. 2012年，石等[157]给出了强阻尼波动方程的H^1-Galerkin混合有限元超收敛结果. 直到2012年，关于H^1-Galerkin混合元方法的相关研究，都是基于二阶偏微分方程模型进行混合元方法构建. 在文献[156]中，刘等作者发展了四阶抛物偏微分方程模型的H^1-Galerkin混合元方法误差理论，并通过数值算例验证了理论结果的正确性和算法可行性. 在文献[158]中，Shi和Tang发展了强阻尼波动方程的非协调H^1-Galerkin混合有限元方法. 在文献[159]中，Liu等发展了正则长波方程的时间多步混合有限元格式. Sun和Ma在文献[161]中提出了基于区域分解技术的H^1-Galerkin混合元算法，并通过求解抛物方程模型给出相关的理论分析. 在2013年，Liu等在文献[160]中，基于非线性Sobolev方程发展了一类H^1-Galerkin混合元方法. 在此之前，学者主要发展了整数阶偏微分方程模型的H^1-Galerkin混合元方法，直到2014年Wang等发展了线性时间分数阶电报方程[162]的H^1-Galerkin混合元方法，随后，2015年Liu等利用H^1-Galerkin混合元方法数值求解线性时间分数阶亚扩散方程[163]. 为了进一步开展分数阶偏微分方程模型的H^1-Galerkin混合元算法的理论及计算研究，本章考虑非线性时间分数阶水波模型和非线性分数阶对流反应扩散模型. 时间方向分别采用Euler公式结合$L1$-逼近公式和BDF2结合WSGD算子逼近，对数值理论给出严格分析.

3.1 时间分数阶水波模型的$L1$混合元法

3.1.1 引言

分数阶水波模型是重要的数学模型，它有多种表现形式，在文献[164-172]中作者给出了几类分数阶水波模型及相关研究. 具体模型如下：

（1）含有时空混合导数项$\frac{\partial^3 u}{\partial x^2 \partial t}$的时间分数阶水波模型[166–168, 172]

$$\frac{\partial u}{\partial t}+\frac{\partial u}{\partial x}-\beta\frac{\partial^3 u}{\partial x^2\,\partial t}+\frac{\nu^{\frac{1}{2}}}{\Gamma(1/2)}\int_0^t\frac{\partial u(x,\tau)}{\partial \tau}\frac{\mathrm{d}\tau}{(t-\tau)^{\frac{1}{2}}}+\gamma u\frac{\partial u}{\partial x}-\alpha\frac{\partial^2 u}{\partial x^2}=0 \tag{3.1.1}$$

（2）含有空间三阶导数项$\frac{\partial^3 u}{\partial x^3}$的时间分数阶水波模型[164–166, 169, 172]

$$\frac{\partial u}{\partial t}+\frac{\partial u}{\partial x}-\beta\frac{\partial^3 u}{\partial x^3}+\frac{\nu^{\frac{1}{2}}}{\Gamma(1/2)}\int_0^t\frac{\partial u(x,\tau)}{\partial \tau}\frac{\mathrm{d}\tau}{(t-\tau)^{\frac{1}{2}}}+\gamma u\frac{\partial u}{\partial x}-\alpha\frac{\partial^2 u}{\partial x^2}=0 \tag{3.1.2}$$

（3）含有空间分数阶导数项$(k_{1a}D_x^{\mu}+k_{2x}D_b^{\mu})u$的空间分数阶水波模型[170, 171]

$$\frac{\partial u}{\partial t}+f(u)_x-\beta\frac{\partial^3 u}{\partial x^2\partial t}+(k_{1a}D_x^{\mu}+k_{2x}D_b^{\mu})u-\alpha\frac{\partial^2 u}{\partial x^2}=0 \tag{3.1.3}$$

本节中，考虑含有如下初边值条件的非线性时间分数阶水波模型（3.1.1）

边界条件

$$u(x_L,t)=u(x_R,t)=0,\ t\in\bar{J} \tag{3.1.4}$$

初值条件

$$u(x,0)=u_0(x),\ x\in\bar{\Omega} \tag{3.1.5}$$

其中$\Omega=(x_L,x_R)(\subset\mathbb{R})$为空间区间，$J=(0,\ T]$为时间区间，且$T$为有限上界. $u_0(x)$为初值，$\alpha>0,\beta>0,\gamma>0,\nu\geqslant0$是常数. 可以发现，当$\nu=0$时，该模型退化成所熟知的正则长波（RLW）方程[173]，因此该水波模型具有比正则长波方程更加广泛的应用领域. 由于分数阶导数项和非线性项的存在，导致其精确解很难通过解析方法求得，因此设计高效的数值方法寻求其数值解便十分重要. 然而求解该模型的数值算法相关文献并不多见. 在文献[166]中，Dumont和Duval发展了求解分数阶水波模型（3.1.1）和（3.1.2）的几类数值方法. 在文献[167]中，Zhang和Xu提出了数值求解带有非局部黏性项的水波模型的谱方法，给出详细的理论误差分析，并利用计算数据及图像验证了谱方法的可行性和有效性. 在文献[168]中，Liu等为了快速求解分数阶水波模型提出了时间两网格快速算法，并给出了详细的误差理论分析，通过大量的计算数据验证了算法的有效性和数值理论结果的正确性. 这里考虑H^1-Galerkin混合元方法结合$L1$公式数值求解时间分数阶水波模型，给出详细的理论分析结果.

本节的主要目的是讨论非线性时间分数阶水波模型的H^1-Galerkin混合元方法数值理论过程. 时间方向上采用基于$L1$逼近公式（一类时间分数阶导数逼近公式）的线性化向后欧拉差分格式，空间利用H^1-Galerkin混合元算法进行离散，进而给出全离散数值计算格式，推导了格式稳定性不等式，证明了未知量u及其梯度σ的L^2-模先验误差估计，也得到了最优H^1-模误差结果.

本章节结构安排如下. 在3.1.2节，我们给出了时间分数阶水波模型（3.1.1）的H^1-Galerkin混合有限元的全离散格式和稳定性分析. 在3.1.3节，推导出了u和σ的最优L^2-与H^1-模先验误差估计结果.

3.1.2 离散格式与稳定性

H^1-Galerkin混合元格式

首先引入辅助变量$\sigma=\dfrac{\partial u(x,t)}{\partial x}$，将方程（3.1.1）分裂成如下低阶耦合方程组系统

$$\begin{cases}(a)\ \dfrac{\partial u}{\partial t}+\sigma-\beta\dfrac{\partial^2\sigma}{\partial x\,\partial t}+\dfrac{\nu^{\frac{1}{2}}}{\Gamma(1/2)}\displaystyle\int_0^t\dfrac{\partial u(x,\tau)}{\partial\tau}\dfrac{\mathrm{d}\tau}{(t-\tau)^{\frac{1}{2}}}+\gamma u\sigma-\alpha\dfrac{\partial\sigma}{\partial x}=0\\(b)\ \sigma-\dfrac{\partial u}{\partial x}=0\end{cases} \tag{3.1.6}$$

将式（3.1.6）(a)、(3.1.6)(b）两端分别乘以$-\frac{\partial w}{\partial x}$和$\frac{\partial v}{\partial x}$（其中$w \in H^1$和$v \in H_0^1$），对空间从$x_L$到$x_R$积分，得到混合弱形式，即求$(u, \sigma) \in H_0^1 \times H^1$满足

$$\begin{cases} (a)\left(\frac{\partial u}{\partial x}, \frac{\partial v}{\partial x}\right) = \left(\sigma, \frac{\partial v}{\partial x}\right) \\ (b)\left(\frac{\partial \sigma}{\partial t}, w\right) + \beta\left(\frac{\partial^2 \sigma}{\partial x \partial t}, \frac{\partial w}{\partial x}\right) + \alpha\left(\frac{\partial \sigma}{\partial x}, \frac{\partial w}{\partial x}\right) \\ \quad + \frac{\nu^{\frac{1}{2}}}{\Gamma(1/2)}\left(\int_0^t \frac{\partial \sigma(x, \tau)}{\partial \tau} \frac{\mathrm{d}\tau}{(t-\tau)^{\frac{1}{2}}}, w\right) = \left(\sigma, \frac{\partial w}{\partial x}\right) + \gamma\left(u\sigma, \frac{\partial w}{\partial x}\right) \end{cases} \tag{3.1.7}$$

引入混合元空间$V_h \subset H_0^1$和$W_h \subset H^1$，对$1 \leqslant p \leqslant \infty$及正整数$k$，$r$，有如下逼近性质[146]

$$\inf_{v_h \in V_h}\left\{\|v - v_h\|_{L^p} + h\|v - v_h\|_{W^{1,p}}\right\} \leqslant Ch^{k+1} \| v \|_{W^{k+1,p}},\ v \in H_0^1 \cap W^{k+1,p}$$

$$\inf_{w_h \in W_h}\left\{\|w - w_h\|_{L^p} + h\|w - w_h\|_{W^{1,p}}\right\} \leqslant Ch^{r+1} \| w \|_{W^{r+1,p}},\ w \in W^{r+1,p}$$

基于有限元空间$V_h \subset H_0^1$和$W_h \subset H^1$，得到半离散H^1-Galerkin混合有限元格式

$$\begin{cases} (a)\ \left(\frac{\partial u_h}{\partial x}, \frac{\partial v_h}{\partial x}\right) = \left(\sigma_h, \frac{\partial v_h}{\partial x}\right),\ \forall v_h \in V_h \\ (b)\ \left(\frac{\partial \sigma_h}{\partial t}, w_h\right) + \beta\left(\frac{\partial^2 \sigma_h}{\partial x\, \partial t}, \frac{\partial w_h}{\partial x}\right) + \alpha\left(\frac{\partial \sigma_h}{\partial x}, \frac{\partial w_h}{\partial x}\right) \\ \quad + \frac{\nu^{\frac{1}{2}}}{\Gamma(1/2)}\left(\int_0^t \frac{\partial \sigma_h(x,\tau)}{\partial \tau} \frac{\mathrm{d}\tau}{(t-\tau)^{\frac{1}{2}}}, w_h\right) \\ \quad = \left(\sigma_h, \frac{\partial w_h}{\partial x}\right) + \gamma\left(u_h \sigma_h, \frac{\partial w_h}{\partial x}\right),\ \forall w_h \in W_h \end{cases} \tag{3.1.8}$$

稳定性

现在需要对1/2-阶分数阶导数在时间$t = t_{n+1}$处作逼近

$$\begin{aligned} &\frac{1}{\Gamma(1/2)}\int_0^{t_{n+1}} \frac{\partial \sigma(x, \tau)}{\partial \tau} \frac{\mathrm{d}\tau}{(t_{n+1} - \tau)^{\frac{1}{2}}} \\ &= \frac{1}{\Gamma(3/2)} \sum_{k=0}^{n} [(k+1)^{1/2} - (k)^{1/2}] \frac{\sigma(t_{n+1-k}) - \sigma(t_{n-k})}{\Delta t^{1/2}} + \epsilon_0^{n+1} \end{aligned} \tag{3.1.9}$$

这里ϵ_0^{n+1}是截断误差，有如下范数不等式

$$\|\epsilon_0^{n+1}\| \leqslant C\Delta t^{3/2} \tag{3.1.10}$$

记$B_k^{1/2} = (k+1)^{1/2} - (k)^{1/2}$，基于（3.1.9），我们得到（3.1.7）的等价弱形式

$$\begin{cases}(a)\ \left(\dfrac{\partial u^{n+1}}{\partial x},\ \dfrac{\partial v}{\partial x}\right)=\left(\sigma^{n+1},\ \dfrac{\partial v}{\partial x}\right),\ \forall v\in H_0^1\\ (b)\ \left(\dfrac{\sigma^{n+1}-\sigma^n}{\Delta t},\ w\right)+\beta\left(\dfrac{\frac{\partial\sigma^{n+1}}{\partial x}-\frac{\partial\sigma^n}{\partial x}}{\Delta t},\ \dfrac{\partial w}{\partial x}\right)+\alpha\left(\dfrac{\partial\sigma^{n+1}}{\partial x},\ \dfrac{\partial w}{\partial x}\right)\\ \quad +g(\nu)\sum\limits_{k=0}^{n}B_k^{1/2}\left(\dfrac{\sigma(t_{n+1-k})-\sigma(t_{n-k})}{\Delta t^{1/2}},\ w\right)\\ =\left(\sigma^{n+1},\ \dfrac{\partial w}{\partial x}\right)+\gamma\left(u^n\sigma^{n+1},\ \dfrac{\partial w}{\partial x}\right)+\nu^{\frac{1}{2}}(\epsilon_0^{n+1},\ w)\\ \quad +(\epsilon_1^{n+1},\ w)+\left(\epsilon_2^{n+1},\ \dfrac{\partial w}{\partial x}\right),\ \forall w\in H^1\end{cases}\tag{3.1.11}$$

这里$g(\nu)=\dfrac{\nu^{\frac{1}{2}}}{\Gamma(3/2)}$，相应的误差为

$$\epsilon_1^{n+1}=\frac{\sigma^{n+1}-\sigma^n}{\Delta t}-\frac{\partial\sigma}{\partial t}(t_{n+1})=O(\Delta t)\tag{3.1.12}$$

$$\epsilon_2^{n+1}=\frac{\frac{\partial\sigma^{n+1}}{\partial x}-\frac{\partial\sigma^n}{\partial x}}{\Delta t}-\frac{\partial^2\sigma}{\partial x\partial t}(t_{n+1})+(u^{n+1}-u^n)\sigma^{n+1}=O(\Delta t)\tag{3.1.13}$$

现在，我们得到全离散格式：求$(u_h^{n+1},\ \sigma_h^{n+1})\in V_h\times W_h$，$(n=0,1,\cdots,N-1)$，使得对任意的$v_h\in V_h$和$w_h\in W_h$，满足

$$\begin{cases}(a)\ \left(\dfrac{\partial u_h^{n+1}}{\partial x},\ \dfrac{\partial v_h}{\partial x}\right)=\left(\sigma_h^{n+1},\ \dfrac{\partial v_h}{\partial x}\right)\\ (b)\ \left(\dfrac{\sigma_h^{n+1}-\sigma_h^n}{\Delta t},\ w_h\right)+\beta\left(\dfrac{\frac{\partial\sigma_h^{n+1}}{\partial x}-\frac{\partial\sigma_h^n}{\partial x}}{\Delta t},\ \dfrac{\partial w_h}{\partial x}\right)+\alpha\left(\dfrac{\partial\sigma_h^{n+1}}{\partial x},\ \dfrac{\partial w_h}{\partial x}\right)+\\ \quad g(\nu)\sum\limits_{k=0}^{n}B_k^{1/2}\left(\dfrac{\sigma_h^{n+1-k}-\sigma_h^{n-k}}{\Delta t^{1/2}},\ w_h\right)=\left(\sigma_h^{n+1},\ \dfrac{\partial w_h}{\partial x}\right)+\gamma\left(u_h^n\sigma_h^{n+1},\ \dfrac{\partial w_h}{\partial x}\right)\end{cases}\tag{3.1.14}$$

注3.1.1 在格式（3.1.14）(b）中，对给定的初始值σ_h^n和u_h^n，在迭代过程中可以对变量σ_h^{n+1}进行求解．进一步，在格式（3.1.14）(a）中，可以由σ_h^{n+1}得到变量u_h^{n+1}．

现在我们分析数值格式（3.1.14）的稳定性．

定理3.1.1 设$(u_h^n,\ \sigma_h^n)\in V_h\times W_h$为逼近格式（3.1.14）的解，则对不依赖于时空步长$(h,\ \Delta t)$的常数$\mathcal{K}>0$，有如下的稳定性不等式成立

$$\|u_h^n\|_1^2+\Xi(\sigma_h^n)\leqslant \exp^{\mathcal{K}T}\left[\Xi(\sigma_h^0)+\frac{(T\nu)^{1/2}}{\Gamma(3/2)}\|\sigma_h^0\|^2\right]\tag{3.1.15}$$

其中$\Xi(\sigma_h^n)\triangleq\|\sigma_h^n\|^2+\beta\left\|\frac{\partial\sigma_h^n}{\partial x}\right\|^2+g(\nu)\Delta t^{1/2}\sum_{k=0}^{n-1}B_k^{1/2}\|\sigma_h^{n-k}\|^2$．

证明：在（3.1.14）中取$v_h=u_h^{n+1}$，应用Cauchy-Schwarz不等式和Poincaré不等

式，可得

$$\|u_h^{n+1}\| \leqslant C\left\|\frac{\partial u_h^{n+1}}{\partial x}\right\| \leqslant C\|\sigma_h^{n+1}\| \tag{3.1.16}$$

在（3.1.14）中取$w_h=\sigma_h^{n+1}$，并注意不等式$(b-a)b=\frac{1}{2}[b^2-a^2+(b-a)^2]\geqslant \frac{1}{2}[b^2-a^2]$，得

$$\begin{aligned}&\frac{\|\sigma_h^{n+1}\|^2-\|\sigma_h^n\|^2}{2\Delta t}+\frac{\beta\left\|\frac{\partial\sigma_h^{n+1}}{\partial x}\right\|^2-\beta\left\|\frac{\partial\sigma_h^n}{\partial x}\right\|^2}{2\Delta t}+\alpha\left\|\frac{\partial\sigma_h^{n+1}}{\partial x}\right\|^2\\&\leqslant -g(\nu)\sum_{k=0}^{n}B_k^{1/2}\left(\frac{\sigma_h^{n+1-k}-\sigma_h^{n-k}}{\Delta t^{1/2}},\sigma_h^{n+1}\right)\\&\quad+\left(\sigma_h^{n+1},\frac{\partial\sigma_h^{n+1}}{\partial x}\right)+\gamma\left(u_h^n\sigma_h^{n+1},\frac{\partial\sigma_h^{n+1}}{\partial x}\right).\end{aligned} \tag{3.1.17}$$

为了继续讨论，我们将不等式（3.1.17）右端第一项改写为

$$\begin{aligned}&-g(\nu)\sum_{k=0}^{n}B_k^{1/2}\left(\frac{\sigma_h^{n+1-k}-\sigma_h^{n-k}}{\Delta t^{1/2}},\ \sigma_h^{n+1}\right)\\&=-g(\nu)\Delta t^{-1/2}\left[\|\sigma_h^{n+1}\|^2-\sum_{k=0}^{n-1}(B_k^{1/2}-B_{k+1}^{1/2})(\sigma_h^{n-k},\ \sigma_h^{n+1})-B_n^{1/2}(\sigma_h^0,\ \sigma_h^{n+1})\right]\end{aligned} \tag{3.1.18}$$

基于上式（3.1.18），我们将式（3.1.17）乘以$2\Delta t$，应用Cauchy-Schwarz不等式和Young不等式，并注意到$\sum_{k=0}^{n-1}(B_k^{1/2}-B_{k+1}^{1/2})=B_0^{1/2}-B_n^{1/2}$，得

$$\begin{aligned}&\|\sigma_h^{n+1}\|^2-\|\sigma_h^n\|^2+\beta\left(\left\|\frac{\partial\sigma_h^{n+1}}{\partial x}\right\|^2-\left\|\frac{\partial\sigma_h^n}{\partial x}\right\|^2\right)+2\alpha\Delta t\left\|\frac{\partial\sigma_h^{n+1}}{\partial x}\right\|^2\\&\leqslant -2g(\nu)\Delta t^{1/2}\|\sigma_h^{n+1}\|^2+g(\nu)\Delta t^{1/2}\sum_{k=0}^{n-1}(B_k^{1/2}-B_{k+1}^{1/2})(\|\sigma_h^{n-k}\|^2+\|\sigma_h^{n+1}\|^2)\\&\quad+g(\nu)\Delta t^{1/2}B_n^{1/2}(\|\sigma_h^0\|^2+\|\sigma_h^{n+1}\|^2)+\alpha\Delta t\left\|\frac{\partial\sigma_h^{n+1}}{\partial x}\right\|^2\\&\quad+C(\alpha,\gamma)\Delta t(1+\|u_h^n\|_\infty^2)\|\sigma_h^{n+1}\|^2\\&=-g(\nu)\Delta t^{1/2}\left(2\|\sigma_h^{n+1}\|^2+\sum_{k=0}^{n-1}B_{k+1}^{1/2}\|\sigma_h^{n-k}\|^2\right)+g(\nu)\Delta t^{1/2}\sum_{k=0}^{n-1}B_k^{1/2}\|\sigma_h^{n-k}\|^2\\&\quad+g(\nu)\Delta t^{1/2}(B_0^{1/2}-B_n^{1/2}+B_n^{1/2})\|\sigma_h^{n+1}\|^2+g(\nu)\Delta t^{1/2}B_n^{1/2}\|\sigma_h^0\|^2\\&\quad+\alpha\Delta t\left\|\frac{\partial\sigma_h^{n+1}}{\partial x}\right\|^2+C(\alpha,\gamma)\Delta t(1+\|u_h^n\|_\infty^2)\|\sigma_h^{n+1}\|^2\end{aligned} \tag{3.1.19}$$

注意到$B_0^{1/2}=1$，我们有

$$\begin{aligned}
&\|\sigma_h^{n+1}\|^2+\beta\left\|\frac{\partial\sigma_h^{n+1}}{\partial x}\right\|^2+\alpha\Delta t\left\|\frac{\partial\sigma_h^{n+1}}{\partial x}\right\|^2\\
&+g(\nu)\Delta t^{1/2}\left(\|\sigma_h^{n+1}\|^2+\sum_{k=0}^{n-1}B_{k+1}^{1/2}\|\sigma_h^{n-k}\|^2\right)\\
\leqslant&\|\sigma_h^n\|^2+\beta\left\|\frac{\partial\sigma_h^n}{\partial x}\right\|^2+g(\nu)\Delta t^{1/2}\sum_{k=0}^{n-1}B_k^{1/2}\|\sigma_h^{n-k}\|^2\\
&+g(\nu)\Delta t^{1/2}B_n^{1/2}\|\sigma_h^0\|^2+C(\alpha,\gamma)\Delta t(1+\|u_h^n\|_\infty^2)\|\sigma_h^{n+1}\|^2
\end{aligned}\tag{3.1.20}$$

易知如下等式成立

$$g(\nu)\Delta t^{1/2}\left(\|\sigma_h^{n+1}\|^2+\sum_{k=0}^{n-1}B_{k+1}^{1/2}\|\sigma_h^{n-k}\|^2\right)=g(\nu)\Delta t^{1/2}\sum_{k=0}^{n}B_k^{1/2}\|\sigma_h^{n+1-k}\|^2\tag{3.1.21}$$

考虑（3.1.21），有

$$\begin{aligned}
&\Xi(\sigma_h^{n+1})+\alpha\Delta t\left\|\frac{\partial\sigma_h^{n+1}}{\partial x}\right\|^2\\
\leqslant&\Xi(\sigma_h^n)+g(\nu)\Delta t^{1/2}B_n^{1/2}\|\sigma_h^0\|^2+C(\alpha,\gamma)\Delta t(1+\|u_h^n\|_\infty^2)\|\sigma_h^{n+1}\|^2
\end{aligned}\tag{3.1.22}$$

移除（3.1.22）左端第二个正项，并考虑$\|u_h^n\|_\infty^2$的有界性（利用逆不等式等），可得

$$\Xi(\sigma_h^{n+1})\leqslant\Xi(\sigma_h^n)+g(\nu)\Delta t^{1/2}B_n^{1/2}\|\sigma_h^0\|^2+\mathcal{K}\Delta t\|\sigma_h^{n+1}\|^2\tag{3.1.23}$$

注意$\|\sigma_h^{n+1}\|^2\leqslant\Xi(\sigma_h^{n+1})$，有

$$(1-\mathcal{K}\Delta t)\Xi(\sigma_h^{n+1})\leqslant\Xi(\sigma_h^n)+g(\nu)\Delta t^{1/2}B_n^{1/2}\|\sigma_h^0\|^2\tag{3.1.24}$$

进一步，可得

$$\begin{aligned}
\Xi(\sigma_h^{n+1})\leqslant&\frac{1}{(1-\mathcal{K}\Delta t)}\Xi(\sigma_h^n)+\frac{g(\nu)\Delta t^{1/2}B_n^{1/2}}{(1-\mathcal{K}\Delta t)}\|\sigma_h^0\|^2\\
\leqslant&\frac{1}{(1-\mathcal{K}\Delta t)^2}\Xi(\sigma_h^{n-1})+\left[\frac{B_{n-1}^{1/2}}{(1-\mathcal{K}\Delta t)}+B_n^{1/2}\right]\frac{g(\nu)\Delta t^{1/2}}{(1-\mathcal{K}\Delta t)}\|\sigma_h^0\|^2\\
\leqslant&\frac{1}{(1-\mathcal{K}\Delta t)^3}\Xi(\sigma_h^{n-2})+\left[\frac{B_{n-2}^{1/2}}{(1-\mathcal{K}\Delta t)^2}+\frac{B_{n-1}^{1/2}}{(1-\mathcal{K}\Delta t)}+B_n^{1/2}\right]\frac{g(\nu)\Delta t^{1/2}}{(1-\mathcal{K}\Delta t)}\|\sigma_h^0\|^2\\
\leqslant&\cdots\cdots\cdots\cdots\\
\leqslant&\frac{1}{(1-\mathcal{K}\Delta t)^{n+1}}\Xi(\sigma_h^0)+\left[\frac{B_0^{1/2}}{(1-\mathcal{K}\Delta t)^n}\right.\\
&\left.+\cdots+\frac{B_{n-1}^{1/2}}{(1-\mathcal{K}\Delta t)}+B_n^{1/2}\right]\frac{g(\nu)\Delta t^{1/2}}{(1-\mathcal{K}\Delta t)}\|\sigma_h^0\|^2
\end{aligned}\tag{3.1.25}$$

注意到对于充分小的Δt，式$(1-\mathcal{K}\Delta t)^j>(1-\mathcal{K}\Delta t)^i>0(i>j)$和$B_k^{1/2}=(k+1)^{1/2}-(k)^{1/2}$成立，可得

$$\begin{aligned}\Xi(\sigma_h^{n+1}) \leqslant & \frac{1}{(1-\mathcal{K}\Delta t)^{n+1}}\Xi(\sigma_h^0)+\frac{1}{(1-\mathcal{K}\Delta t)^{n+1}}\big[B_0^{1/2}+\cdots+\\ & B_{n-1}^{1/2}+B_n^{1/2}\big]g(\nu)\Delta t^{1/2}\|\sigma_h^0\|^2 \\ \leqslant & \frac{1}{(1-\mathcal{K}\Delta t)^{n+1}}\Xi(\sigma_h^0)+\frac{1}{(1-\mathcal{K}\Delta t)^{n+1}}(n+1)^{1/2}g(\nu)\Delta t^{1/2}\|\sigma_h^0\|^2\end{aligned} \tag{3.1.26}$$

考虑选定的时间步长 $\Delta t = T/N$，且 $n+1 \leqslant N$，可得

$$\Xi(\sigma_h^{n+1}) \leqslant \left(1-\frac{\mathcal{K}T}{N}\right)^{-N}\left[\Xi(\sigma_h^0)+T^{1/2}g(\nu)\|\sigma_h^0\|^2\right] \tag{3.1.27}$$

考虑$\left(1-\frac{\mathcal{K}T}{N}\right)^{-N}$的单调性和$\lim\limits_{N\to\infty}\left(1-\frac{\mathcal{K}T}{N}\right)^{-N}=\exp^{\mathcal{K}T}$，容易得到

$$\Xi(\sigma_h^{n+1}) \leqslant \exp^{\mathcal{K}T}\left[\Xi(\sigma_h^0)+\frac{(T\nu)^{1/2}}{\Gamma(3/2)}\|\sigma_h^0\|^2\right] \tag{3.1.28}$$

结合（3.1.16）和（3.1.28），可得

$$\|u_h^n\|_1^2 \leqslant \exp^{\mathcal{K}T}\left[\Xi(\sigma_h^0)+\frac{(T\nu)^{1/2}}{\Gamma(3/2)}\|\sigma_h^0\|^2\right] \tag{3.1.29}$$

基于结果（3.1.28）和（3.1.29），稳定性得证.

注3.1.2 由结论可见，$\|u_h^n\|_1$和$\Xi(\sigma_h^n)$仅依赖于初值σ_h^0的范数，混合元格式是稳定的.

3.1.3 误差估计和收敛性

为了推导全离散格式的先验误差估计，首先引入两个投影[145, 146]引理.

引理3.1.1 定义$u \in H_0^1$的椭圆投影$P_h u \in V_h$满足

$$\left(\frac{\partial u}{\partial x}-P_h\frac{\partial u}{\partial x}, \frac{\partial v_h}{\partial x}\right)=0,\ v_h \in V_h \tag{3.1.30}$$

并有如下的估计

$$\|u-P_h u\|_j \leqslant Ch^{k+1-j}\|u\|_{k+1},\ j=0, 1 \tag{3.1.31}$$

引理3.1.2 定义$\sigma \in H^1$的椭圆投影$R_h\sigma \in W_h$满足

$$\mathfrak{A}(\sigma-R_h\sigma, w_h)=0,\ w_h \in W_h \tag{3.1.32}$$

其中$\mathfrak{A}(\sigma, w)=\left(\frac{\partial \sigma}{\partial x}, \frac{\partial w}{\partial x}\right)+\lambda(\sigma, w)$. 这里$\lambda>0$且满足

$$\mathfrak{A}(w, w) \geqslant \mu_0\|w\|_1^2,\ w \in H^1,\ \mu_0>0$$

则可得如下估计：对于$j=0$，1，有

$$\begin{aligned}&\|\sigma-R_h\sigma\|_j \leqslant Ch^{r+1-j}\|\sigma\|_{r+1},\\ &\left\|\frac{\partial \sigma}{\partial t}-R_h\frac{\partial \sigma}{\partial t}\right\|_j \leqslant Ch^{r+1-j}\left\|\frac{\partial \sigma}{\partial t}\right\|_{r+1}\end{aligned} \tag{3.1.33}$$

基于以上投影定理，我们推导如下误差结果.

定理3.1.2 假定$\sigma_h^0 = R_h\sigma(0)$，则存在不依赖于时空步长$h$和$\Delta t$的常数$C>0$，对于$j=0$，1，有

$$
\begin{aligned}
\|\sigma^J - \sigma_h^J\|_j \leqslant & C[h^{r+1-j} \| \sigma \|_{L^\infty(H^{r+1})} + h^{r+1} \left\| \frac{\partial \sigma}{\partial t} \right\|_{L^2(H^{r+1})} \\
& + g(\nu)\Delta t^{-1/2} h^{r+1} \| \sigma \|_{L^\infty(H^{r+1})} \\
& + \Delta t + \nu^{\frac{1}{2}} \Delta t^{3/2} + h^{k+1} \| u \|_{L^\infty(H^{k+1})}] \\
\|u^J - u_h^J\|_j \leqslant & C[h^{r+1} \left(\| \sigma \|_{L^\infty(H^{r+1})} + \left\| \frac{\partial \sigma}{\partial t} \right\|_{L^2(H^{r+1})} \right) \\
& + g(\nu)\Delta t^{-1/2} h^{r+1} \| \sigma \|_{L^\infty(H^{r+1})} \\
& + \Delta t + \nu^{\frac{1}{2}} \Delta t^{3/2} + h^{k+1-j} \| u \|_{L^\infty(H^{k+1})}]
\end{aligned}
\tag{3.1.34}
$$

证明：借助投影P_h和R_h，将误差分裂如下

$$
u(t_n) - u_h^n = (u(t_n) - P_h u^n) + (P_h u^n - u_h^n) = \hat{E}_u^n + \mathcal{E}_u^n
$$

$$
\sigma(t_n) - \sigma_h^n = (\sigma(t_n) - R_h \sigma^n) + (R_h \sigma^n - \sigma_h^n) = \hat{E}_\sigma^n + \mathcal{E}_\sigma^n
$$

用（3.1.11）减去（3.1.14），并应用两个投影（3.1.30）和（3.1.32），我们可以得到误差方程

$$
\begin{cases}
(a)\ \left(\dfrac{\partial \mathcal{E}_u^{n+1}}{\partial x}, \dfrac{\partial v_h}{\partial x} \right) = \left(\hat{E}_\sigma^{n+1}, \dfrac{\partial v_h}{\partial x} \right) + \left(\mathcal{E}_\sigma^{n+1}, \dfrac{\partial v_h}{\partial x} \right) \\
(b)\ \left(\dfrac{\mathcal{E}_\sigma^{n+1} - \mathcal{E}_\sigma^n}{\Delta t}, w_h \right) + \beta \left(\dfrac{\dfrac{\partial \mathcal{E}_\sigma^{n+1}}{\partial x} - \dfrac{\partial \mathcal{E}_\sigma^n}{\partial x}}{\Delta t}, \dfrac{\partial w_h}{\partial x} \right) + \alpha \left(\dfrac{\partial \mathcal{E}_\sigma^{n+1}}{\partial x}, \dfrac{\partial w_h}{\partial x} \right) \\
+ g(\nu) \displaystyle\sum_{k=0}^{n} B_k^{1/2} \left(\dfrac{\mathcal{E}_\sigma^{n+1-k} - \mathcal{E}_\sigma^{n-k}}{\Delta t^{1/2}}, w_h \right) \\
= -\left((1 - \beta\lambda) \dfrac{\hat{E}_\sigma^{n+1} - \hat{E}_\sigma^n}{\Delta t} - \alpha\lambda \hat{E}_\sigma^{n+1}, w_h \right) \\
- g(\nu) \displaystyle\sum_{k=0}^{n} B_k^{1/2} \left(\dfrac{\hat{E}_\sigma^{n+1-k} - \hat{E}_\sigma^{n-k}}{\Delta t^{1/2}}, w_h \right) + \left(\mathcal{E}_\sigma^{n+1}, \dfrac{\partial w_h}{\partial x} \right) \\
+ \gamma \left(u^n \sigma^{n+1} - u_h^n \sigma_h^{n+1}, \dfrac{\partial w_h}{\partial x} \right) + \nu^{\frac{1}{2}} (\epsilon_0^{n+1}, w_h) + (\epsilon_1^{n+1}, w_h) + \left(\epsilon_2^{n+1}, \dfrac{\partial w_h}{\partial x} \right)
\end{cases}
\tag{3.1.35}
$$

在（3.1.35）(a) 中取$v_h = \mathcal{E}_u^{n+1}$，类似于（3.1.16）的推导，可得

$$
\|\mathcal{E}_u^{n+1}\| \leqslant C \left\| \frac{\partial \mathcal{E}_u^{n+1}}{\partial x} \right\| \leqslant C(\|\hat{E}_\sigma^{n+1}\| + \|\mathcal{E}_\sigma^{n+1}\|) \tag{3.1.36}
$$

在（3.1.35）(b) 中令$w_h = \mathcal{E}_\sigma^{n+1}$，并注意不等式$(b-a)b \geqslant \frac{1}{2}[b^2 - a^2]$，得

$$
\begin{aligned}
&\frac{\|\mathcal{E}_\sigma^{n+1}\|^2-\|\mathcal{E}_\sigma^n\|^2}{2\Delta t}+\frac{\beta\left\|\frac{\partial \mathcal{E}_\sigma^{n+1}}{\partial x}\right\|^2-\beta\left\|\frac{\mathcal{E}_\sigma^n}{\partial x}\right\|^2}{2\Delta t}+\alpha\left\|\frac{\partial \mathcal{E}_\sigma^{n+1}}{\partial x}\right\|^2 \\
&\leqslant -g(\nu)\sum_{k=0}^{n}B_k^{1/2}\left(\frac{\mathcal{E}_\sigma^{n+1-k}-\mathcal{E}_\sigma^{n-k}}{\Delta t^{1/2}},\mathcal{E}_\sigma^{n+1}\right) \\
&\quad -\left((1-\beta\lambda)\frac{\hat{E}_\sigma^{n+1}-\hat{E}_\sigma^n}{\Delta t}-\alpha\lambda\hat{E}_\sigma^{n+1},\mathcal{E}_\sigma^{n+1}\right) \\
&\quad -g(\nu)\sum_{k=0}^{n}B_k^{1/2}\left(\frac{\hat{E}_\sigma^{n+1-k}-\hat{E}_\sigma^{n-k}}{\Delta t^{1/2}},\mathcal{E}_\sigma^{n+1}\right)+\left(\mathcal{E}_\sigma^{n+1},\frac{\partial \mathcal{E}_\sigma^{n+1}}{\partial x}\right) \\
&\quad +\gamma\left(u^n\sigma^{n+1}-u_h^n\sigma_h^{n+1},\frac{\partial \mathcal{E}_\sigma^{n+1}}{\partial x}\right)+\left(\nu^{\frac{1}{2}}\epsilon_0^{n+1}+\epsilon_1^{n+1},\mathcal{E}_\sigma^{n+1}\right)+\left(\epsilon_2^{n+1},\frac{\partial \mathcal{E}_\sigma^{n+1}}{\partial x}\right) \\
&= I_1+I_2+I_3+I_4+I_5+I_6+I_7
\end{aligned}
\tag{3.1.37}
$$

为了下一步分析，现在给出$I_i\,(i=1,2,\cdots,7)$的估计. 对于I_1，由Cauchy-Schwarz不等式和Young不等式，易得

$$
\begin{aligned}
I_1 &\leqslant -g(\nu)\Delta t^{-1/2}\|\mathcal{E}_\sigma^{n+1}\|^2 \\
&\quad +\frac{1}{2}g(\nu)\Delta t^{-1/2}\sum_{k=0}^{n-1}(B_k^{1/2}-B_{k+1}^{1/2})(\|\mathcal{E}_\sigma^{n-k}\|^2+\|\mathcal{E}_\sigma^{n+1}\|^2) \\
&\quad +\frac{1}{2}g(\nu)\Delta t^{-1/2}B_n^{1/2}(\|\mathcal{E}_\sigma^0\|^2+\|\mathcal{E}_\sigma^{n+1}\|^2) \\
&= \frac{1}{2}g(\nu)\Delta t^{-1/2}\left[-\|\mathcal{E}_\sigma^{n+1}\|^2-\sum_{k=0}^{n-1}B_{k+1}^{1/2}\|\mathcal{E}_\sigma^{n-k}\|^2\right. \\
&\quad \left.+\sum_{k=0}^{n-1}B_k^{1/2}\|\mathcal{E}_\sigma^{n-k}\|^2+B_n^{1/2}\|\mathcal{E}_\sigma^0\|^2\right]
\end{aligned}
\tag{3.1.38}
$$

对于I_2，应用Cauchy-Schwarz不等式和Young不等式，可得

$$
\begin{aligned}
I_2 &\leqslant \frac{1}{2}\left(|1-\beta\lambda|^2\left\|\frac{\hat{E}_\sigma^{n+1}-\hat{E}_\sigma^n}{\Delta t}\right\|^2+\alpha^2\lambda^2\|\hat{E}_\sigma^{n+1}\|^2+2\|\mathcal{E}_\sigma^{n+1}\|^2\right) \\
&\leqslant \frac{1}{2}\left(\frac{|1-\beta\lambda|^2}{\Delta t^2}\left\|\int_{t_n}^{t_{n+1}}\frac{\partial \hat{E}_\sigma}{\partial t}\mathrm{d}s\right\|^2+\alpha^2\lambda^2\|\hat{E}_\sigma^{n+1}\|^2+2\|\mathcal{E}_\sigma^{n+1}\|^2\right) \\
&\leqslant \frac{1}{2}\left(\frac{|1-\beta\lambda|^2}{\Delta t}\int_{t_n}^{t_{n+1}}\left\|\frac{\partial \hat{E}_\sigma}{\partial t}\right\|^2\mathrm{d}s+\alpha^2\lambda^2\|\hat{E}_\sigma^{n+1}\|^2+2\|\mathcal{E}_\sigma^{n+1}\|^2\right)
\end{aligned}
\tag{3.1.39}
$$

对于I_3，应用估计式（3.1.33）并结合Cauchy-Schwarz不等式和Young不等式，得

$$
\begin{aligned}
I_3 &= -g(\nu)\Delta t^{-1/2}\left[\left(\hat{E}_\sigma^{n+1}-\sum_{k=0}^{n-1}(B_k^{1/2}-B_{k+1}^{1/2})\hat{E}_\sigma^{n-k}-B_n^{1/2}\hat{E}_\sigma^0,\mathcal{E}_\sigma^{n+1}\right)\right]\\
&\leqslant g(\nu)\Delta t^{-\frac{1}{2}}\left\|\hat{E}_\sigma^{n+1}-\sum_{k=0}^{n-1}(B_k^{1/2}-B_{k+1}^{1/2})\hat{E}_\sigma^{n-k}-B_n^{1/2}\hat{E}_\sigma^0\right\|\|\mathcal{E}_\sigma^{n+1}\|\\
&\leqslant Cg(\nu)^2\Delta t^{-1}\left[1+\sum_{k=0}^{n-1}(B_k^{1/2}-B_{k+1}^{1/2})+B_n^{1/2}\right]^2h^{2r+2}\|\sigma\|_{L^\infty(H^{r+1})}^2+\frac{1}{2}\|\mathcal{E}_\sigma^{n+1}\|^2\\
&\leqslant Cg(\nu)^2\Delta t^{-1}h^{2r+2}\|\sigma\|_{L^\infty(H^{r+1})}^2+\frac{1}{2}\|\mathcal{E}_\sigma^{n+1}\|^2
\end{aligned}
\tag{3.1.40}
$$

对于I_4，I_6，I_7，考虑（3.1.10)，（3.1.12）和（3.1.13）并应用Cauchy-Schwarz不等式和Young不等式，可得

$$
\begin{aligned}
I_4+I_6+I_7 &= \left(\mathcal{E}_\sigma^{n+1},\frac{\partial\mathcal{E}_\sigma^{n+1}}{\partial x}\right)+\left(\nu^{\frac{1}{2}}\epsilon_0^{n+1}+\epsilon_1^{n+1},\mathcal{E}_\sigma^{n+1}\right)+\left(\epsilon_2^{n+1},\frac{\partial\mathcal{E}_\sigma^{n+1}}{\partial x}\right)\\
&\leqslant C\left(\|\epsilon_0^{n+1}+\epsilon_1^{n+1}\|^2+\|\epsilon_2^{n+1}\|^2+\|\mathcal{E}_\sigma^{n+1}\|^2\right)+\frac{\alpha}{4}\left\|\frac{\partial\mathcal{E}_\sigma^{n+1}}{\partial x}\right\|^2\\
&\leqslant C(\Delta t^2+\nu\Delta t^3)+C\|\mathcal{E}_\sigma^{n+1}\|^2+\frac{\alpha}{4}\left\|\frac{\partial\mathcal{E}_\sigma^{n+1}}{\partial x}\right\|^2
\end{aligned}
\tag{3.1.41}
$$

最后，我们估计I_5. 应用一些重要不等式，可得

$$
\begin{aligned}
I_5 &= \gamma\left(u^n(\hat{E}_\sigma^{n+1}+\mathcal{E}_\sigma^{n+1})+(\hat{E}_u^n+\mathcal{E}_u^n)\sigma_h^{n+1},\frac{\partial\mathcal{E}_\sigma^{n+1}}{\partial x}\right)\\
&\leqslant\left[\|u^n\|_\infty(\|\hat{E}_\sigma^{n+1}\|+\|\mathcal{E}_\sigma^{n+1}\|)+(\|\hat{E}_u^n\|+\|\mathcal{E}_u^n\|)\|\sigma_h^{n+1}\|_\infty\right]\left\|\frac{\partial\mathcal{E}_\sigma^{n+1}}{\partial x}\right\|\\
&\leqslant C\left[\|\hat{E}_\sigma^{n+1}\|^2+\|\mathcal{E}_\sigma^{n+1}\|^2+\|\hat{E}_u^n\|^2+\|\mathcal{E}_u^n\|^2\right]+\frac{\alpha}{4}\left\|\frac{\partial\mathcal{E}_\sigma^{n+1}}{\partial x}\right\|^2
\end{aligned}
\tag{3.1.42}
$$

将（3.1.38）—（3.1.42）代入（3.1.37)，可得

$$
\begin{aligned}
&\frac{\|\mathcal{E}_\sigma^{n+1}\|^2-\|\mathcal{E}_\sigma^n\|^2}{2\Delta t}+\frac{\beta\left\|\frac{\partial\mathcal{E}_\sigma^{n+1}}{\partial x}\right\|^2-\beta\left\|\frac{\mathcal{E}_\sigma^n}{\partial x}\right\|^2}{2\Delta t}+\alpha\left\|\frac{\partial\mathcal{E}_\sigma^{n+1}}{\partial x}\right\|^2\\
&\leqslant\frac{1}{2}g(\nu)\Delta t^{-1/2}\left[-\|\mathcal{E}_\sigma^{n+1}\|^2-\sum_{k=0}^{n-1}B_{k+1}^{1/2}\|\mathcal{E}_\sigma^{n-k}\|^2+\sum_{k=0}^{n-1}B_k^{1/2}\|\mathcal{E}_\sigma^{n-k}\|^2+B_n^{1/2}\|\mathcal{E}_\sigma^0\|^2\right]\\
&+\frac{|1-\beta\lambda|^2}{2\Delta t}\int_{t_n}^{t_{n+1}}\left\|\frac{\partial\hat{E}_\sigma}{\partial t}\right\|^2\mathrm{d}s+Cg(\nu)^2\Delta t^{-1}h^{2r+2}\|\sigma\|_{L^\infty(H^{r+1})}^2+C(\Delta t^2+\nu\Delta t^3)\\
&+C\left[\|\hat{E}_\sigma^{n+1}\|^2+\|\mathcal{E}_\sigma^{n+1}\|^2+\|\hat{E}_u^n\|^2+\|\mathcal{E}_u^n\|^2\right]+\frac{\alpha}{2}\left\|\frac{\partial\mathcal{E}_\sigma^{n+1}}{\partial x}\right\|^2
\end{aligned}
\tag{3.1.43}
$$

考虑到

$$
-\|\mathcal{E}_\sigma^{n+1}\|^2-\sum_{k=0}^{n-1}B_{k+1}^{1/2}\|\mathcal{E}_\sigma^{n-k}\|^2=-\sum_{k=0}^{n}B_k^{1/2}\|\mathcal{E}_\sigma^{n+1-k}\|^2 \tag{3.1.44}
$$

结合不等式（3.1.43），得

$$
\begin{aligned}
&\Xi(\mathcal{E}_\sigma^{n+1})-\Xi(\mathcal{E}_\sigma^{n})+\alpha\Delta t\left\|\frac{\partial \mathcal{E}_\sigma^{n+1}}{\partial x}\right\|^2\\
&\leqslant g(\nu)\Delta t^{1/2}B_n^{1/2}\|\mathcal{E}_\sigma^0\|^2+|1-\beta\lambda|^2\int_{t_n}^{t_{n+1}}\left\|\frac{\partial \hat{E}_\sigma}{\partial t}\right\|^2\mathrm{d}s\\
&+Cg(\nu)^2h^{2r+2}\|\sigma\|^2_{L^\infty(H^{r+1})}+C(\Delta t^3+\nu\Delta t^4)+C\Delta t\left[\|\hat{E}_\sigma^{n+1}\|^2\right.\\
&\left.+\|\mathcal{E}_\sigma^{n+1}\|^2+\|\hat{E}_u^n\|^2+\|\mathcal{E}_u^n\|^2\right]
\end{aligned}
\tag{3.1.45}
$$

对n从0到$J-1$求和，并注意$\mathcal{E}_\sigma^0=0$和（3.1.36），可得

$$
\begin{aligned}
&\Xi(\mathcal{E}_\sigma^{J})+\alpha\Delta t\sum_{n=0}^{J-1}\left\|\frac{\partial \mathcal{E}_\sigma^{n+1}}{\partial x}\right\|^2\\
&\leqslant|1-\beta\lambda|^2\int_{t_0}^{t_J}\left\|\frac{\partial \hat{E}_\sigma}{\partial t}\right\|^2\mathrm{d}s+CJg(\nu)^2h^{2r+2}\|\sigma\|^2_{L^\infty(H^{r+1})}\\
&+CJ(\Delta t^3+\nu\Delta t^4)+C\Delta t\sum_{n=0}^{J-1}\left[\|\hat{E}_\sigma^{n+1}\|^2+\|\mathcal{E}_\sigma^{n+1}\|^2+\|\hat{E}_u^n\|^2\right]\\
&\leqslant|1-\beta\lambda|^2\int_{t_0}^{t_J}\left\|\frac{\partial \hat{E}_\sigma}{\partial t}\right\|^2\mathrm{d}s+CJg(\nu)^2h^{2r+2}\|\sigma\|^2_{L^\infty(H^{r+1})}\\
&+CJ(\Delta t^3+\nu\Delta t^4)+C\Delta t\sum_{n=0}^{J-1}\left[\|\hat{E}_\sigma^{n+1}\|^2+\|\hat{E}_u^n\|^2+\Xi(\mathcal{E}_\sigma^n)\right]+C\Delta t\,\Xi(\mathcal{E}_\sigma^J)
\end{aligned}
\tag{3.1.46}
$$

注意$J\leqslant N=T\Delta t^{-1}$并应用Gronwall引理，可得

$$
\begin{aligned}
&\Xi(\mathcal{E}_\sigma^{J})+\alpha\Delta t\sum_{n=0}^{J-1}\left\|\frac{\partial \mathcal{E}_\sigma^{n+1}}{\partial x}\right\|^2\\
&\leqslant C\int_{t_0}^{t_J}\left\|\frac{\partial \hat{E}_\sigma}{\partial t}\right\|^2\mathrm{d}s+Cg(\nu)^2\Delta t^{-1}h^{2r+2}\|\sigma\|^2_{L^\infty(H^{r+1})}\\
&+C(\Delta t^2+\nu\Delta t^3)+C\Delta t\sum_{n=0}^{J-1}\left[\|\hat{E}_\sigma^{n+1}\|^2+\|\hat{E}_u^n\|^2\right]
\end{aligned}
\tag{3.1.47}
$$

结合三角不等式，（3.1.31）和（3.1.33），得

$$
\begin{aligned}
&\|\sigma^J-\sigma_h^J\|_j^2\\
&\leqslant C\left[h^{2r+2-2j}\|\sigma\|^2_{L^\infty(H^{r+1})}+h^{2r+2}\left\|\frac{\partial\sigma}{\partial t}\right\|^2_{L^2(H^{r+1})}\right.\\
&\left.+g(\nu)^2\Delta t^{-1}h^{2r+2}\|\sigma\|^2_{L^\infty(H^{r+1})}+\Delta t^2+\nu\Delta t^3+h^{2k+2}\|u\|^2_{L^\infty(H^{k+1})}\right]
\end{aligned}
\tag{3.1.48}
$$

结合（3.1.36）和（3.1.47），并应用三角不等式，可得

$$
\begin{aligned}
&\|u^J-u_h^J\|_j^2\\
&\leqslant C[h^{2r+2}\left(\|\sigma\|_{L^\infty(H^{r+1})}^2+\left\|\frac{\partial\sigma}{\partial t}\right\|_{L^2(H^{r+1})}^2\right)\\
&\quad+g(\nu)^2\Delta t^{-1}h^{2r+2}\|\sigma\|_{L^\infty(H^{r+1})}^2+\Delta t^2+\nu\Delta t^3+h^{2k+2-2j}\|u\|_{L^\infty(H^{k+1})}^2]
\end{aligned}
\tag{3.1.49}
$$

基于（3.1.48）和（3.1.49），应用不等式

$$a_1^2+a_2^2+\cdots+a_i^2\leqslant(a_1+a_2+\cdots+a_i)^2,\ a_k\geqslant 0,\ k=1,2,\cdots i$$

可得定理3.1.2结论.

3.1.4 结果讨论

（1）从定理3.1.2容易看出在范数$\|\sigma^J-\sigma_h^J\|_j$意义下的最优收敛结果为$O(\Delta t+\nu^{\frac{1}{2}}\Delta t^{-\frac{1}{2}}h^{r+1}+h^{\min\{r+1-j,\ k+1\}})$，相应得到基于范数$\|u^J-u_h^J\|_j$的最优收敛结果为$O(\Delta t+(1+\nu^{\frac{1}{2}}\Delta t^{-\frac{1}{2}})h^{r+1}+h^{k+1-j})$. 当$\nu=0$时，分数阶水波模型就转化为整数阶RLW-Burgers方程，则定理3.1.2的最优收敛结果为$O(\Delta t+h^{\min\{r+1,\ k+1-j\}})$和$O(\Delta t+h^{\min\{r+1-j,\ k+1\}})$.

（2）这里，与标准有限元方法相比，我们的方法可以获得u和σ的最优H^1-模误差结果.

3.2 分数阶对流反应扩散问题的WSGD混合元法

在3.1节，我们讨论了H^1-Galerkin混合元算法数值求解非线性时间分数阶水波模型，文中对分数阶项采用了较低阶的$L1$-逼近. 在这里我们继续发展H^1-Galerkin混合元数值方法在分数阶非线性对流扩散问题数值求解中的应用，较3.1节的研究方法，本节采用了高阶的时间离散方式，给出了详细的数值理论分析过程.

3.2.1 引言

分数阶对流扩散模型被广泛应用于科学和工程领域，例如油藏模拟问题、质能输送问题等，从而促使很多学者关注并研究该问题的解析求解方法和数值计算方法. 在文献[180]中，Meerschaert和Tadjeran利用有限差分算法数值求解带有空间分数阶导数的对流弥散方程模型. 在文献[175]中，Atangana和Kilicman通过解析方法研究时空分数阶对流扩散方程模型. Momani[181]研究求解非线性分数阶对流扩散问题的

Adomian分解算法．在文献[184]中，Liu等利用一类有限差分格式数值求解含有时空分数阶导数的对流扩散模型，并给出稳定性和收敛性的详细分析．Zhuang等[197]研究了带有非线性项和变分数阶导数的对流扩散模型的数值算法．Su等[191]基于双面空间分数阶对流扩散模型提出一类特征有限差分算法．Shen等[189]考虑了带有变分数阶导数项的对流扩散模型的特征差分算法．在文献[194]中，Zhang等考虑了数值求解变时间分数阶对流扩散模型的一类数值解法．在文献[195]中，Zhao等利用有限元算法求解空间二维分数阶对流扩散模型．在文献[176]中，Bhrawy和Baleanu考虑了求解空间分数阶对流扩散模型的谱Legendre-Gauss-Lobatto配置方法．Zheng等[196]考虑了有限元方法数值求解空间分数阶对流扩散问题．在文献[192]中，Wang和Wang提出了求解对流扩散方程的快速特征差分算法．在文献[185]中，Qu等发展了数值求解分数阶对流扩散模型的circulant和skew-circulant分裂迭代算法．在文献[198]中，Hejazi等研究空间分数阶对流扩散问题的有限体积法及数值理论．Chen和Deng[177]发展了二维双面空间分数阶对流扩散模型的一类数值方法．在文献[187]中，Saadatmandi等研究了求解变系数时间分数阶对流扩散方程Sinc-Legendre配置方法．在文献[193]中，Wang和Wang利用高阶紧致ADI数值方法求解空间二维时间分数阶对流亚扩散方程模型，并给出误差估计等理论分析．在文献[182]中，Gao和Sun为了数值求解Caputo时间分数阶对流扩散方程模型，提出了三点修正$L1$紧致差分算法．Li等[183]基于Caputo分数阶导数发展了几类高阶数值逼近方法，进一步给出数值求解含有Caputo型分数阶导数的对流扩散模型的一些数值算法．Feng等[179]发展了高阶数值算法并求解带有Riesz空间分数阶导数的对流扩散模型．从大量文献中，能够发现带有时间整数阶导数项和非线性项的分数阶对流扩散方程的混合元方法的相关研究工作相对较少．

本研究，我们讨论基于时间BDF2和分数阶导数的二阶逼近公式的H^1-Galerkin混合元方法求解非线性Riemann-Liouville时间分数阶对流扩散方程模型

$$\begin{cases}\dfrac{\partial u(x,t)}{\partial t}+\dfrac{\partial^\alpha u(x,t)}{\partial t^\alpha}+\dfrac{\partial u(x,t)}{\partial x}-\dfrac{\partial^2 u(x,t)}{\partial x^2}+g(u)=f(x,t),\ (x,t)\in\Omega\times J\\ u(x_L,t)=u(x_R,t)=0,\ t\in\bar{J}\\ u(x,0)=u_0(x),\ x\in\bar{\Omega}\end{cases}\tag{3.2.1}$$

这里$\Omega=(x_L,x_R)$是空间区间，$J=(0,T]$是时间区间，且$0<T<\infty$. 初值$u_0(x)$和源项$f(x,t)$是给定的函数，$\dfrac{\partial^\alpha u(x,t)}{\partial t^\alpha}$为Riemann-Liouville分数阶导数，对于

$0<\alpha<1$，定义

$$\frac{\partial^\alpha u(x,t)}{\partial t^\alpha}=\frac{1}{\Gamma(1-\alpha)}\frac{\partial}{\partial t}\int_0^t \frac{u(x,\tau)\mathrm{d}\tau}{(t-\tau)^\alpha} \tag{3.2.2}$$

非线性项$g(u)$及其一阶导数$g'(u)$满足

$$|g(u)|+|g'(u)|\leqslant C \tag{3.2.3}$$

这里C是一个有界正常数.

本节主要研究基于二阶WSGD算子的H^1-Galerkin混合有限元方法求解分数阶对流扩散方程（3.2.1）. 其中WSGD算子是由Tian等[114]提出的离散Riemann-Liouville型分数阶导数的高阶逼近公式，该公式比通常使用的$L1$公式（见文献[98-101]）具有更高阶的逼近结果，从而得到学者的广泛关注，相关发展情况参见绪论部分. 这里，我们利用H^1-Galerkin混合元方法结合WSGD算子数值求解带有非线性项的时间分数阶对流扩散问题.

本节的主要贡献和研究结果如下:（1）相比文献[163]中提及的基于$L1$逼近的数值方法，该方法能够得到二阶时间逼近结果;（2）通过引入中间辅助函数，很好地处理了对流项，进而降低了对流项给误差估计和数值计算带来的影响;（3）相比传统混合元方法，该方法无需满足LBB条件，可以同时得到未知量u及其梯度σ的最优L^2-和H^1-模误差估计.

本章节结构如下：在3.2.2节，给出了时间分数阶和整数阶的逼近方法并推导出了混合有限元格式；在3.2.3节，给出详细的数值算法过程，并讨论了格式的解的存在唯一性；在3.2.4节，详细分析了L^2-和H^1-模先验误差估计.

3.2.2 分数阶导数逼近与混合元格式

对于$[0,T]$上的光滑函数ϕ，定义$\phi^n=\phi(t_n)$和

$$\partial_t^2\phi^{n+1}=\begin{cases}\dfrac{\phi^1-\phi^0}{\Delta t}, & 若\ n=0\\[2mm] \dfrac{3\phi^{n+1}-4\phi^n+\phi^{n-1}}{2\Delta t}, & 若\ n\geqslant 1\end{cases} \tag{3.2.4}$$

引理3.2.1 对于序列$\{\phi^n\}$，下列不等式成立

$$(\partial_t^2\phi^{n+1},\phi^{n+1})\geqslant\begin{cases}\dfrac{\|\phi^1\|^2-\|\phi^0\|^2}{2\Delta t}, & 当\,n=0\\[2mm] \dfrac{1}{4\Delta t}(\Upsilon[\phi^{n+1},\phi^n]-\Upsilon[\phi^n,\phi^{n-1}]), & 当\,n\geqslant 1\end{cases} \tag{3.2.5}$$

其中

$$\Upsilon[\phi^n, \phi^{n-1}] \triangleq \left\|\phi^n\right\|^2 + \left\|2\phi^n - \phi^{n-1}\right\|^2 \tag{3.2.6}$$

为了得到H^1-Galerkin混合元格式，首先引入辅助变量$\sigma = \frac{\partial u(x,t)}{\partial x}$，将方程（3.2.1）分裂成如下两个低阶方程构成的耦合系统

$$\sigma - \frac{\partial u(x, t)}{\partial x} = 0 \tag{3.2.7}$$

和

$$\frac{\partial u}{\partial t} + \frac{\partial^\alpha u(x, t)}{\partial t^\alpha} - \frac{\partial \sigma(x, t)}{\partial x} + \sigma + g(u) = f(x, t) \tag{3.2.8}$$

这里未知量u的初值和边界条件在（3.2.1）中已经给出，辅助变量σ的初值和边界条件分别为$\sigma = u_{0x}(x)$和$\sigma(x_B, t) = u_x(x_B, t)$, ($x_B = x_L$或$x_R$).

在时间t_{n+1}处，我们用公式（3.2.4）和（2.3.10）逼近（3.2.8），得

$$\sigma^{n+1} - \frac{\partial u^{n+1}}{\partial x} = 0 \tag{3.2.9}$$

和

$$\begin{aligned} &\partial_t^2 u^{n+1} + \Delta t^{-\alpha} \sum_{i=0}^{n+1} q_\alpha(i) u^{n+1-i} - \frac{\partial \sigma^{n+1}}{\partial x} + \sigma^{n+1} \\ &= -G[u^{n+1}] + f^{n+1} + E_u^{n+1} + E_g^{n+1} \end{aligned} \tag{3.2.10}$$

其中

$$G[u^{n+1}] = \begin{cases} g(u^0), & \text{若 } n = 0 \\ 2g(u^n) - g(u^{n-1}), & \text{若 } n \geqslant 1 \end{cases} \tag{3.2.11}$$

$$\begin{aligned} E_u^{n+1} &= \frac{\partial u(t_{n+1})}{\partial t} + \frac{\partial^\alpha u(x, t_{n+1})}{\partial t^\alpha} - \left(\partial_t^2 u^{n+1} + \Delta t^{-\alpha} \sum_{i=0}^{n+1} q_\alpha(i) u^{n+1-i}\right) \\ &= \begin{cases} O(\Delta t), & \text{若 } n = 0 \\ O(\Delta t^2), & \text{若 } n \geqslant 1 \end{cases} \end{aligned} \tag{3.2.12}$$

和

$$\begin{aligned} E_g^{n+1} &= g(u(t_{n+1})) - G[u^{n+1}] \\ &= \begin{cases} O(\Delta t), & \text{若 } n = 0 \\ O(\Delta t^2), & \text{若 } n \geqslant 1 \end{cases} \end{aligned} \tag{3.2.13}$$

现将方程（3.2.10）两端乘以$-\frac{\partial w}{\partial x}$, $w \in H^1$，从x_L到x_R对空间积分，且注意到$u(x_L, t) = u(x_R, t) = 0$，由分部积分法可得

$$\begin{aligned}&\left(\frac{\partial\sigma^{n+1}}{\partial x}-\sigma^{n+1}-G[u^{n+1}]+f^{n+1}+E_u^{n+1}+E_g^{n+1},\ -\frac{\partial w}{\partial x}\right)\\&=\left(\partial_t^2u^{n+1}+\Delta t^{-\alpha}\sum_{i=0}^{n+1}q_\alpha(i)u^{n+1-i},\ -\frac{\partial w}{\partial x}\right)\\&=\left(\partial_t^2\sigma^{n+1}+\Delta t^{-\alpha}\sum_{i=0}^{n+1}q_\alpha(i)\sigma^{n+1-i},\ w\right)\end{aligned}\tag{3.2.14}$$

将方程（3.2.9）两边乘以$\frac{\partial v}{\partial x}$，$v\in H_0^1$，然后用分部积分法从$x_L$到$x_R$积分，并结合（3.2.14），可得

$$\left(\frac{\partial u^{n+1}}{\partial x},\ \frac{\partial v}{\partial x}\right)=\left(\sigma^{n+1},\ \frac{\partial v}{\partial x}\right),\ \forall v\in H_0^1\tag{3.2.15}$$

与

$$\begin{aligned}&(\partial_t^2\sigma^{n+1},\ w)+\Delta t^{-\alpha}\sum_{i=0}^{n+1}q_\alpha(i)(\sigma^{n+1-i},\ w)+\left(\frac{\partial\sigma^{n+1}}{\partial x},\ \frac{\partial w}{\partial x}\right)-\left(\sigma^{n+1},\ \frac{\partial w}{\partial x}\right)\\&=\left(G[u^{n+1}],\ \frac{\partial w}{\partial x}\right)-\left(f^{n+1},\ \frac{\partial w}{\partial x}\right)-\left(E_u^{n+1},\ \frac{\partial w}{\partial x}\right)-\left(E_g^{n+1},\ \frac{\partial w}{\partial x}\right),\ \forall w\in H^1\end{aligned}\tag{3.2.16}$$

因此，得到全离散混合元格式：求$(u_h^{n+1},\ \sigma_h^{n+1})\in V_h\times W_h\subset H_0^1\times H^1$, $(n=0,1,\cdots,N-1)$，使得

$$\left(\frac{\partial u_h^{n+1}}{\partial x},\ \frac{\partial v_h}{\partial x}\right)=\left(\sigma_h^{n+1},\ \frac{\partial v_h}{\partial x}\right),\ \forall v_h\in V_h\tag{3.2.17}$$

与

$$\begin{aligned}&(\partial_t^2\sigma_h^{n+1},\ w_h)+\Delta t^{-\alpha}\sum_{i=0}^{n+1}q_\alpha(i)(\sigma_h^{n+1-i},\ w_h)+\left(\frac{\partial\sigma_h^{n+1}}{\partial x},\ \frac{\partial w_h}{\partial x}\right)-\left(\sigma_h^{n+1},\ \frac{\partial w_h}{\partial x}\right)\\&=\left(G[u_h^{n+1}],\ \frac{\partial w_h}{\partial x}\right)-\left(f^{n+1},\ \frac{\partial w_h}{\partial x}\right),\ \forall w_h\in W_h\end{aligned}\tag{3.2.18}$$

3.2.3 算法及格式解的存在唯一性

在此部分，详细地给出系统（3.2.17）—（3.2.18）的计算过程.

取混合元空间为$V_h=\{\varphi_i(x)\}$, $i=0,1,\cdots N_1$和$W_h=\{\psi_j(x)\}$, $j=0,1,\cdots N_2$，则得到一对混合元解$u_h^n=\sum_{i=0}^{N_1}u_i^n\varphi_i$和$\sigma_h^n=\sum_{j=0}^{N_2}\sigma_j^n\psi_j$，将这两式代入混合元系统（3.2.17）—（3.2.18），并在（3.2.17）和（3.2.18）中分别取$v_h=\varphi_l$和$w_h=\psi_m$，可得到如下系统

$$\sum_{i=0}^{N_1}u_i^{n+1}\left(\frac{\partial\varphi_i(x)}{\partial x},\ \frac{\partial\varphi_l(x)}{\partial x}\right)=\sum_{j=0}^{N_2}\sigma_j^{n+1}\left(\psi_j,\ \frac{\partial\varphi_l(x)}{\partial x}\right),\ l=0,1,2\cdots N_1\tag{3.2.19}$$

当$n\geqslant1$时

$$\sum_{j=0}^{N_2}(3\sigma_j^{n+1}-4\sigma_j^n+\sigma_j^{n-1})(\psi_j,\psi_m)+2\Delta t^{1-\alpha}\sum_{i=0}^{n+1}q_\alpha(i)\sum_{j=0}^{N_2}\sigma_j^{n+1-i}(\psi_j,\psi_m)$$

$$+2\Delta t\sum_{j=0}^{N_2}\sigma_j^{n+1}\left(\frac{\partial\psi_j}{\partial x},\frac{\partial\psi_m}{\partial x}\right)-2\Delta t\sum_{j=0}^{N_2}\sigma_j^{n+1}\left(\psi_j,\frac{\partial\psi_m}{\partial x}\right) \tag{3.2.20}$$

$$=2\Delta t\left(2g\left(\sum_{i=0}^{N_1}u_i^n\varphi_i\right)-g\left(\sum_{i=0}^{N_1}u_i^{n-1}\varphi_i\right),\frac{\partial\psi_m}{\partial x}\right)-2\Delta t\left(f^{n+1},\frac{\partial\psi_m}{\partial x}\right),\ m=0,1,2\cdots N_2$$

当$n=0$时

$$\sum_{j=0}^{N_2}(\sigma_j^1-\sigma_j^0)(\psi_j,\psi_m)+\Delta t^{1-\alpha}\sum_{i=0}^{1}q_\alpha(i)\sum_{j=0}^{N_2}\sigma_j^{n+1-i}(\psi_j,\psi_m)$$

$$+\Delta t\sum_{j=0}^{N_2}\sigma_j^{n+1}\left(\frac{\partial\psi_j}{\partial x},\frac{\partial\psi_m}{\partial x}\right)-\Delta t\sum_{j=0}^{N_2}\sigma_j^{n+1}\left(\psi_j,\frac{\partial\psi_m}{\partial x}\right) \tag{3.2.21}$$

$$=\Delta t\left(g\left(\sum_{i=0}^{N_1}u_i^0\varphi_i\right),\frac{\partial\psi_m}{\partial x}\right)-\Delta t\left(f^1,\frac{\partial\psi_m}{\partial x}\right),\ m=0,1,2\cdots N_2$$

由边界条件，可得（3.2.19）—（3.2.20）的矩阵形式

$$\mathbf{AU}^{n+1}=\mathbf{BP}^{n+1} \tag{3.2.22}$$

对$n\geqslant1$，有

$$\mathbf{MP}^{n+1}=\mathbf{C}\left(4\mathbf{P}^n-\mathbf{P}^{n-1}-2\Delta t^{1-\alpha}\sum_{i=1}^{n+1}q_\alpha(i)\mathbf{P}^{n+1-i}\right)+2\Delta t(2\mathbf{G}^n-\mathbf{G}^{n-1}-\mathbf{F}^n) \tag{3.2.23}$$

当$n=0$时，有

$$\mathbf{QP^1}=(1-\Delta t^{1-\alpha}q_\alpha(1))\,\mathbf{CP}^0+\Delta t(\mathbf{G}^0-\mathbf{F}^1) \tag{3.2.24}$$

这里

$$\mathbf{A}=\left(\left(\frac{\partial\varphi_i(x)}{\partial x},\frac{\partial\varphi_l(x)}{\partial x}\right)\right)_{(N_1-1)\times(N_1-1)},\ \mathbf{B}=\left(\left(\psi_j,\frac{\partial\varphi_l(x)}{\partial x}\right)\right)_{(N_1-1)\times(N_2+1)}$$

$$\mathbf{C}=((\psi_j,\psi_m))_{(N_2+1)\times(N_2+1)},\ \mathbf{D}=\left(\left(\frac{\partial\psi_j}{\partial x},\frac{\partial\psi_m}{\partial x}\right)\right)_{(N_2+1)\times(N_2+1)}$$

$$\mathbf{H}=\left(\left(\psi_j,\frac{\partial\psi_m}{\partial x}\right)\right)_{(N_2+1)\times(N_2+1)},\ \mathbf{M}=\left[(3+2\Delta t^{1-\alpha}q_\alpha(0))\mathbf{C}+2\Delta t(\mathbf{D}-\mathbf{H})\right] \tag{3.2.25}$$

$$\mathbf{Q}=\left[(1+\Delta t^{1-\alpha}q_\alpha(0))\mathbf{C}+\Delta t(\mathbf{D}-\mathbf{H})\right],\ \mathbf{F}^n=\left(\left(f^n,\frac{\partial\psi_0}{\partial x}\right),\cdots,\left(f^n,\frac{\partial\psi_{N_2}}{\partial x}\right)\right)^T$$

$$\mathbf{G}^n=\left(\left(g\left(\sum_{i=0}^{N_1}u_i^n\varphi_i\right),\frac{\partial\psi_0}{\partial x}\right),\cdots,\left(g\left(\sum_{i=0}^{N_1}u_i^n\varphi_i\right),\frac{\partial\psi_{N_2}}{\partial x}\right)\right)^T$$

$$\mathbf{U}^n=(u_1^n,u_2^n,\cdots,u_{N_1-1}^n)^T,\ \mathbf{P}^n=(\sigma_0^n,\sigma_1^n,\cdots,\sigma_{N_2}^n)^T$$

在迭代系统（3.2.19）—（3.2.24）中，可知矩阵$\mathbf{A}$和$\mathbf{C}$是可逆的，对充分小的

Δt，矩阵$\mathbf{M}$和$\mathbf{Q}$也是可逆的，所以有

$$\mathbf{U}^{n+1}=\mathbf{A}^{-1}\mathbf{B}\mathbf{M}^{-1}[\mathbf{C}(4\mathbf{P}^{n}-\mathbf{P}^{n-1}-2\Delta t^{1-\alpha}\sum_{i=1}^{n+1}q_{\alpha}(i)\mathbf{P}^{n+1-i}) \\ +2\Delta t(2\mathbf{G}^{n}-\mathbf{G}^{n-1}-\mathbf{F}^{n})] \tag{3.2.26}$$

可得，当$n\geqslant 1$时

$$\mathbf{P}^{n+1}=\mathbf{M}^{-1}\mathbf{C}(4\mathbf{P}^{n}-\mathbf{P}^{n-1}-2\Delta t^{1-\alpha}\sum_{i=1}^{n+1}q_{\alpha}(i)\mathbf{P}^{n+1-i}) \\ +2\Delta t\mathbf{M}^{-1}(2\mathbf{G}^{n}-\mathbf{G}^{n-1}-\mathbf{F}^{n}) \tag{3.2.27}$$

对于$n=0$

$$\mathbf{P}^{1}=(1-\Delta t^{1-\alpha}q_{\alpha}(1))\mathbf{Q}^{-1}\mathbf{C}\mathbf{P}^{0}+\Delta t\mathbf{Q}^{-1}(\mathbf{G}^{0}-\mathbf{F}^{1}) \tag{3.2.28}$$

我们容易求解系统（3.2.26）—（3.2.28），并得到一对唯一的逼近解$\mathbf{N}^{n}$和$\mathbf{P}^{n}$. 从而证明了混合元系统（3.2.17）—（3.2.18）有唯一解.

3.2.4 先验误差估计

利用（3.2.15）—（3.2.18）结合两个投影（3.1.30）和（3.1.32），可以得到如下误差方程耦合系统

$$\left(\frac{\partial\vartheta^{n+1}}{\partial x},\frac{\partial v_h}{\partial x}\right)=\left(\delta^{n+1},\frac{\partial v_h}{\partial x}\right)+\left(\rho^{n+1},\frac{\partial v_h}{\partial x}\right),\ \forall v_h\in V_h \tag{3.2.29}$$

$$(\partial_t^2\delta^{n+1},w_h)+\Delta t^{-\alpha}\sum_{i=0}^{n+1}q_{\alpha}(i)(\delta^{n+1-i},w_h)+\mathfrak{A}(\delta^{n+1},w_h) \\ =-(\partial_t^2\rho^{n+1},w_h)-\Delta t^{-\alpha}\sum_{i=0}^{n+1}q_{\alpha}(i)(\rho^{n+1-i},w_h)+(G[u^{n+1}]-G[u_h^{n+1}],\frac{\partial w_h}{\partial x}) \\ +\left(\delta^{n+1}+\rho^{n+1},\frac{\partial w_h}{\partial x}\right)+\lambda(\delta^{n+1}+\rho^{n+1},w_h)-\left(E_u^{n+1},\frac{\partial w_h}{\partial x}\right)-\left(E_g^{n+1},\frac{\partial w_h}{\partial x}\right) \\ \forall w_h\in W_h \tag{3.2.30}$$

这里依然记ϕ^n，ϑ^n，ρ^n与δ^n满足

$$\phi^n+\vartheta^n=(u(t_n)-P_hu^n)+(P_hu^n-u_h^n)=u(t_n)-u_h^n$$

$$\rho^n+\delta^n=(\sigma(t_n)-R_h\sigma^n)+(R_h\sigma^n-\sigma_h^n)=\sigma(t_n)-\sigma_h^n$$

基于混合有限元误差系统（3.2.29）—（3.2.30），我们将讨论先验误差估计.

定理3.2.1 假设$u_h^0=P_hu(0)$，则存在不依赖于时空步长h和Δt的正常数C，使得

$$\|\sigma^n-\sigma_h^n\|\leqslant C(\Delta t^2+(1+\Delta t^{-\alpha})h^{r+1}+h^{k+1})$$
$$\left(\Delta t\sum_{j=0}^{n}\left\|\sigma^{j-1}-\sigma_h^{j-1}\right\|_1^2\right)^{\frac{1}{2}}\leqslant C(\Delta t^2+h^r+\Delta t^{-\alpha}h^{r+1}+h^{k+1})\tag{3.2.31}$$
$$\|u^n-u_h^n\|_j\leqslant C(\Delta t^2+(1+\Delta t^{-\alpha})h^{r+1}+h^{k+1-j}),j=0,1$$

证明：在（3.2.30）中，我们取$w_h=\delta^{n+1}$并应用Cauchy-Schwarz不等式和Young不等式，以及不等式$\max\left\{\|\delta^{n+1}\|,\left\|\frac{\partial\delta^{n+1}}{\partial x}\right\|\right\}\leqslant\|\delta^{n+1}\|_1$，可得

$$\begin{aligned}
&(\partial_t^2\delta^{n+1},\delta^{n+1})+\Delta t^{-\alpha}\sum_{i=0}^{n+1}q_\alpha(i)(\delta^{n+1-i},\delta^{n+1})+\mathfrak{A}(\delta^{n+1},\delta^{n+1})\\
\leqslant&(\|\partial_t^2\rho^{n+1}\|+\Delta t^{-\alpha}\sum_{i=0}^{n+1}|q_\alpha(i)|\,\|\rho^{n+1-i}\|+\|G[u^{n+1}]-G[u_h^{n+1}]\|\\
&+(1+\lambda)\|\delta^{n+1}\|+(1+\lambda)\|\rho^{n+1}\|+\|E_g^{n+1}\|+\|E_u^{n+1}\|)\|\delta^{n+1}\|_1\\
\leqslant&C(\|\partial_t^2\rho^{n+1}\|+\Delta t^{-\alpha}\sum_{i=0}^{n+1}|q_\alpha(i)|\,\|\rho^{n+1-i}\|+\|G[u^{n+1}]-G[u_h^{n+1}]\|\\
&+\|\delta^{n+1}\|+\|\rho^{n+1}\|+\|E_g^{n+1}\|+\|E_u^{n+1}\|)^2+\frac{\mu_0}{2}\|\delta^{n+1}\|_1^2\\
\leqslant&C(\|\partial_t^2\rho^{n+1}\|^2+\left(\Delta t^{-\alpha}\sum_{i=0}^{n+1}|q_\alpha(i)|\,\|\rho^{n+1-i}\|\right)^2+\|G[u^{n+1}]-G[u_h^{n+1}]\|^2\\
&+\|\delta^{n+1}\|^2+\|\rho^{n+1}\|^2+\|E_g^{n+1}\|^2+\|E_u^{n+1}\|^2)+\frac{\mu_0}{2}\|\delta^{n+1}\|_1^2
\end{aligned}\tag{3.2.32}$$

应用引理3.1.2，引理2.3.5和（3.1.33），可以得到

$$\begin{aligned}
&(\Delta t^{-\alpha}\sum_{i=0}^{n+1}|q_\alpha(i)|\,\|\rho^{n+1-i}\|)^2+\|\rho^{n+1}\|^2\\
\leqslant&C\left[\left(\Delta t^{-\alpha}\sum_{i=0}^{n+1}|q_\alpha(i)|\,h^{r+1}\right)^2+h^{2r+2}\right]\\
\leqslant&C(1+\Delta t^{-2\alpha})h^{2r+2}
\end{aligned}\tag{3.2.33}$$

由三角不等式，可得

当$n\geqslant1$时，

$$\begin{aligned}
\|G[u^{n+1}]-G[u_h^{n+1}]\|^2&\leqslant(\|g(u^n)-g(u_h^n)\|+\|g(u^{n-1})-g(u_h^{n-1})\|)^2\\
&\leqslant C(\|u^n-u_h^n\|+\|u^{n-1}-u_h^{n-1}\|)^2\\
&\leqslant C(\|\phi^n\|^2+\|\phi^{n-1}\|^2+\|\vartheta^n\|^2+\|\vartheta^{n-1}\|^2)
\end{aligned}\tag{3.2.34}$$

当$n=0$时，

$$
\begin{aligned}
\|G[u^1]-G[u_h^1]\|^2 &= \|g(u^0)-g(u_h^0)\|^2 \\
&\leqslant C\|u^0-u_h^0\|^2 \leqslant Ch^{2k+2}
\end{aligned} \tag{3.2.35}
$$

注意到（2.3.10），有

$$
\|E_g^{n+1}\|^2+\|E_u^{n+1}\|^2 \leqslant C\Delta t^4 \tag{3.2.36}
$$

应用三角不等式，Cauchy-Schwarz不等式和（3.1.33），容易得到当$n\geqslant 1$时

$$
\begin{aligned}
\|\partial_t^2\rho^{n+1}\|^2 &= \left\|\frac{3(\rho^{n+1}-\rho^n)}{2\Delta t}-\frac{\rho^n-\rho^{n-1}}{2\Delta t}\right\|^2 \\
&\leqslant \frac{C}{\Delta t}\int_{t_{n-1}}^{t_{n+1}}\|\rho_t\|^2\,\mathrm{d}t \\
&\leqslant C\frac{(t_{n+1}-t_{n-1})}{\Delta t}\cdot h^{2r+2}=Ch^{2r+2}
\end{aligned} \tag{3.2.37}
$$

当$n=0$时

$$
\begin{aligned}
\|\partial_t^2\rho^1\|^2 &= \left\|\frac{\rho^1-\rho^0}{\Delta t}\right\|^2 \leqslant \frac{C}{\Delta t}\int_{t_0}^{t_1}\|\rho_t\|^2\,\mathrm{d}t \\
&\leqslant C\frac{(t_1-t_0)}{\Delta t}h^{2r+2}\leqslant Ch^{2r+2}
\end{aligned} \tag{3.2.38}
$$

应用引理3.1.2中不等式，有

$$
\mathfrak{A}(\delta^{n+1},\ \delta^{n+1})\geqslant \mu_0\|\delta^{n+1}\|_1^2 \tag{3.2.39}
$$

在（3.2.29）中取$v_h=\vartheta^{n+1}$，并应用Cauchy-Schwarz不等式，得

$$
\left\|\frac{\partial\vartheta^{n+1}}{\partial x}\right\|\leqslant\|\delta^{n+1}\|+\|\rho^{n+1}\| \tag{3.2.40}
$$

由（3.2.40）和Poincaré不等式，可得

$$
\|\vartheta^{n+1}\|\leqslant C\left\|\frac{\partial\vartheta^{n+1}}{\partial x}\right\|\leqslant C(\|\delta^{n+1}\|+\|\rho^{n+1}\|) \tag{3.2.41}
$$

结合（3.2.32）—（3.2.41），对于$n\geqslant 1$，有

$$
\begin{aligned}
&\frac{1}{4\Delta t}(\Upsilon[\delta^{n+1},\ \delta^n]-\Upsilon[\delta^n,\ \delta^{n-1}]) \\
&+\Delta t^{-\alpha}\sum_{i=0}^{n+1}q_\alpha(i)(\delta^{n+1-i},\ \delta^{n+1})+\frac{\mu_0}{2}\|\delta^{n+1}\|_1^2 \\
\leqslant{}& C\Big(h^{2r+2}+(1+\Delta t^{-2\alpha})h^{2r+2}+\|\phi^n\|^2+\|\phi^{n-1}\|^2 \\
&+\sum_{j=0}^{2}\left(\|\delta^{n+1-j}\|^2+\|\rho^{n+1-j}\|^2\right)+\Delta t^4\Big)
\end{aligned} \tag{3.2.42}
$$

将（3.2.42）两端乘以$4\Delta t$并对n从1到J求和，可得

$$\Upsilon[\delta^{J+1},\ \delta^{J}]+4\Delta t^{1-\alpha}\sum_{n=1}^{J}\sum_{i=0}^{n+1}q_{\alpha}(i)(\delta^{n+1-i},\ \delta^{n+1})+2\mu_0\Delta t\sum_{n=1}^{J}\|\delta^{n+1}\|_1^2$$
$$\leq\Upsilon[\delta^{1},\ \delta^{0}]+C\Delta t\sum_{n=1}^{J}(h^{2r+2}+(1+\Delta t^{-2\alpha})h^{2r+2}+\|\phi^{n}\|^2+\|\phi^{n-1}\|^2 \tag{3.2.43}$$
$$+\sum_{j=0}^{2}\left(\|\delta^{n+1-j}\|^2+\|\rho^{n+1-j}\|^2\right)+\Delta t^4)$$

在（3.2.30）中，当$n=0$时，我们取$w_h=\delta^1$并应用（3.2.5），可得

$$\frac{\|\delta^1\|^2-\|\delta^0\|^2}{2\Delta t}+\Delta t^{-\alpha}\sum_{i=0}^{1}q_{\alpha}(i)(\delta^{1-i},\ \delta^1)+\mu_0\|\delta^1\|_1^2$$
$$\leqslant-(\partial_t^2\rho^1,\ \delta^1)-\Delta t^{-\alpha}\sum_{i=0}^{1}q_{\alpha}(i)(\rho^{1-i},\ \delta^1)+\left(G[u^1]-G[u_h^1],\ \frac{\partial\delta^1}{\partial x}\right) \tag{3.2.44}$$
$$+\left(\delta^1+\rho^1,\ \frac{\partial\delta^1}{\partial x}\right)+\lambda(\delta^1+\rho^1,\ \delta^1)+(E_{ux}^1,\ \delta^1)+(E_{gx}^1,\ \delta^1)$$

在（3.2.44）两端乘以$2\Delta t$，由Cauchy-Schwarz不等式，Young不等式和不等式$\left\|\frac{\partial\delta^1}{\partial x}\right\|\leqslant\|\delta^1\|_1$，得到

$$\|\delta^1\|^2-\|\delta^0\|^2+2\Delta t^{1-\alpha}\sum_{i=0}^{1}q_{\alpha}(i)(\delta^{1-i},\delta^1)+2\mu_0\Delta t\|\delta^1\|_1^2$$
$$\leqslant2\Delta t\|\partial_t^2\rho^1\|\|\delta^1\|+2\Delta t^{1-\alpha}\sum_{i=0}^{1}|q_{\alpha}(i)|\,\|\rho^{1-i}\|\|\delta^1\|$$
$$+2\Delta t\,\|\,G[u^1]-G[u_h^1]\,\|\|\frac{\partial\delta^1}{\partial x}\|+2\Delta t(\|\delta^1\|+\|\rho^1\|)\|\frac{\partial\delta^1}{\partial x}\| \tag{3.2.45}$$
$$+2\lambda\Delta t(\|\delta^1\|+\|\rho^1\|)\|\delta^1\|+2\Delta t(\|E_{ux}^1\|+\|E_{gx}^1\|)\|\delta^1\|$$
$$\leqslant\Delta t\|\partial_t^2\rho^1\|^2+\Delta t(\Delta t^{-\alpha}\sum_{i=0}^{1}|q_{\alpha}(i)|\,\|\rho^{1-i}\|)^2+C\Delta t\|\rho^1\|^2$$
$$+C\Delta t^4+Ch^{2k+2}+\mu_0\Delta t\|\delta^1\|_1^2+\left(C\Delta t+\frac{1}{2}\right)\|\delta^1\|^2$$

由（3.2.45）容易得到

$$\left(\frac{1}{2}-C\Delta t\right)\|\delta^1\|^2+2\Delta t^{1-\alpha}\sum_{i=0}^{1}q_{\alpha}(i)(\delta^{1-i},\ \delta^1)+\mu_0\Delta t\|\delta^1\|_1^2$$
$$\leqslant\|\delta^0\|^2+C(h^{2k+2}+h^{2r+2})+C\Delta t\left(\Delta t^{-\alpha}\sum_{i=0}^{1}|q_{\alpha}(i)|\right)^2h^{2r+2}+C\Delta t^4 \tag{3.2.46}$$

应用（2.3.15），对充分小的Δt，有

$$\begin{aligned}&\|\delta^1\|^2+\Delta t^{1-\alpha}\sum_{i=0}^{1}q_\alpha(i)(\delta^{1-i},\delta^1)+\mu_0\Delta t\|\delta^1\|_1^2\\&\leqslant\|\delta^0\|^2+C(h^{2k+2}+h^{2r+2})+C\Delta t^4\end{aligned}\tag{3.2.47}$$

结合（3.2.43）与（3.2.47），可得

$$\begin{aligned}&\Upsilon[\delta^{J+1},\delta^J]+\|\delta^1\|^2+\Delta t^{1-\alpha}\sum_{n=0}^{J}\sum_{i=0}^{n+1}q_\alpha(i)(\delta^{n+1-i},\delta^{n+1})+\mu_0\Delta t\sum_{n=0}^{J}\|\delta^{n+1}\|_1^2\\&\leqslant C(h^{2k+2}+h^{2r+2})+C\Delta t\sum_{n=1}^{J}(h^{2r+2}+(1+\Delta t^{-2\alpha})h^{2r+2}+\|\phi^n\|^2+\|\phi^{n-1}\|^2\\&+\sum_{j=0}^{2}(\|\delta^{n+1-j}\|^2+\|\rho^{n+1-j}\|^2)+\Delta t^4)\end{aligned}\tag{3.2.48}$$

应用离散的Gronwall引理和引理2.3.4，得

$$\begin{aligned}&\Upsilon[\delta^{J+1},\delta^J]+\|\delta^1\|^2+\mu_0\Delta t\sum_{n=0}^{J}\|\delta^{n+1}\|_1^2\\&\leqslant C(h^{2k+2}+h^{2r+2}+(1+\Delta t^{-2\alpha})h^{2r+2}+\Delta t^4)\end{aligned}\tag{3.2.49}$$

将（3.2.49）代入（3.2.41），可得

$$\|\vartheta^{n+1}\|^2+\|\vartheta^{n+1}\|_1^2\leqslant C(h^{2k+2}+h^{2r+2}+(1+\Delta t^{-2\alpha})h^{2r+2}+\Delta t^4)\tag{3.2.50}$$

结合（3.1.31），（3.1.33），（3.2.49）和（3.2.50）并应用三角不等式，定理结论得证.

3.2.5 结果讨论

（1）对于混合元系统（3.2.17）—（3.2.18），用线性化格式（3.2.18）可以得到数值解σ_h^{n+1}，进一步可以通过线性格式（3.2.17）得到数值解u_h^{n+1}.

（2）与标准有限元方法相比较，H^1-Galerkin混合元方法能够同时得到未知函数u和辅助变量σ的数值解.

（3）在这一节中，我们采用WSGD公式逼近Riemann-Liouville分数阶导数. 事实上，利用Caputo分数阶导数和Riemann-Liouville分数阶导数之间的关系，也可以用WSGD公式逼近Caputo分数阶导数. 进一步讨论，请参见文献[163]中注1.

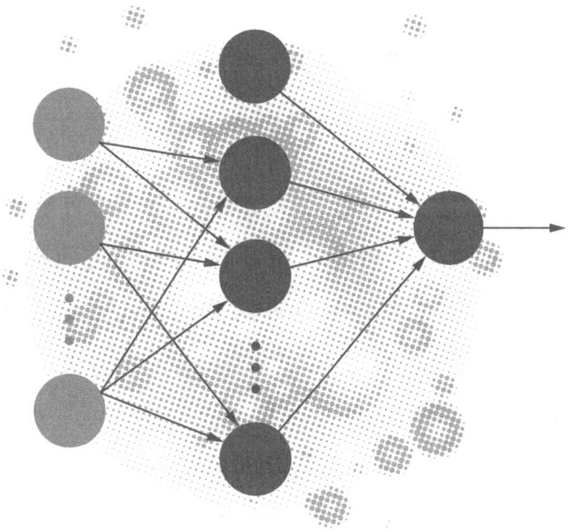

4 非线性分数阶波动方程的三类混合元方法

很多实际问题可以用分数阶波动方程模型描述，因此越来越多的学者通过数值算法及解析方法求解该模型，进而揭示实际物理现象. 这里，简要介绍时间分数阶波动方程的研究方法，主要包括解析方法[199]和数值方法（有限元方法[121，134，140，162，179，200–204，206]、有限差分方法[100，130，207–219]、无网格方法[220，221]、小波方法[222]、配置方法[223，262]、谱方法[224，225]、最优化方法[226]）. 以下将列举一些分数阶波方程模型（具体系数所满足的条件这里没有给出，详细情况可参见相关文献）：

（1）Caputo型时间分数阶波方程[121]

$$ {}_0^cD_t^\alpha u(\mathbf{x}, t) - \Delta u(\mathbf{x}, t) + u(\mathbf{x}, t) = f(\mathbf{x}, t), 1 < \gamma < 2 \tag{4.0.1}$$

（2）时间分数阶对流扩散波方程[226]

$$\beta_2 {}_0^cD_t^\alpha u(x, t) + \beta_1 u_t(x, t) - d u_{xx}(x, t) + p(x) u_x(x, t) = f(x, t), 1 < \alpha < 2 \tag{4.0.2}$$

（3）时间变分数阶电报方程[227]

$$D_{tt}^{\alpha(x, t)} u + k u_t(x, t) - a u_{xx} + b u = 0, 1 < \alpha(x, t) < 2 \tag{4.0.3}$$

（4）非线性时间变分数阶波方程[228]

$$u'' + k(t) {}_0D_t^{\alpha(t)} u = f\left(u', {}_0D_t^{\beta(t)} u, u, t\right), 1 < \alpha(t) < 2 \tag{4.0.4}$$

其中$1 \leqslant \alpha(t) \leqslant \max\limits_{t\in[0, T]} \alpha(t) < 2$和$0 \leqslant \beta(t) \leqslant \max\limits_{t\in[0, T]} \beta(t) < 1$.

（5）多项Caputo时间分数阶混合亚扩散和扩散波方程[205]

$$\begin{aligned} &\sum_{p=1}^{s} a_{1,p} D_t^{\gamma_p} u(y, z, t) + a_2 u_t(y, z, t) + \sum_{q=1}^{w} a_{3,q} D_t^{\alpha_q} u(y, z, t) + a_4 u(y, z, t) \\ &= a_5 \Delta u(y, z, t) + a_6 D_t^{\beta} (\Delta u(y, z, t)) + f(y, z, t) \end{aligned} \tag{4.0.5}$$

其中$1 < \gamma_1 < \gamma_2 < \cdots < \gamma_s < 2, 0 < \alpha_1 < \alpha_2 < \cdots < \alpha_w < 1, 0 < \beta < 1$.

本章，我们将研究两类分数阶波方程的混合有限元算法.

4.1 分数阶波动方程的 $L2\text{-}1_\sigma$ 混合元法

4.1.1 引言

考虑非线性时间分数阶波动方程的初边值问题

$$\begin{cases}\dfrac{\partial^2 u}{\partial t^2}+\dfrac{\partial^\beta u}{\partial t^\beta}-\dfrac{\partial^3 u}{\partial x^2\partial t}+f(u)=d(x,t),\ (x,t)\in\Omega\times J\\ u(a,t)=u(b,t)=0,\ t\in\bar{J}\\ u(x,0)=u_0(x),\dfrac{\partial u}{\partial t}(x,0)=u_1(x),\ x\in\bar{\Omega}\end{cases}\tag{4.1.1}$$

其中空间区间为$\Omega=(a,b)$，时间区间为$J=(0,T]$，且$0<T<\infty$. $u_0(x)$和$u_1(x)$是给定的初值函数，$d(x,t)$是已知源项，非线性项$f(u)$是关于u的多项式，Caputo型分数阶导数定义如下

$$\frac{\partial^\beta u}{\partial t^\beta}=\frac{1}{\Gamma(2-\beta)}\int_0^t\frac{\frac{\partial^2 u(s)}{\partial s^2}\mathrm{d}s}{(t-s)^{\beta-1}},\ 1<\beta<2\tag{4.1.2}$$

带有二阶时间导数的非线性时间分数阶波动方程是很重要的数学模型，它们在科学领域内有着重要应用. 当$\beta\to1$时，分数阶波动问题（4.1.1）转化为伪双曲波动方程；当$\beta\to2$时，分数阶波动问题（4.1.1）转换为双曲波动方程. 接下来，我们将采用基于高阶时间离散的混合元算法求解该模型. 为此，引入辅助参数$\alpha=\beta-1$和辅助函数$v=\frac{\partial u}{\partial t}$，可得

$$\frac{\partial^\beta u}{\partial t^\beta}=\frac{1}{\Gamma(2-\beta)}\int_0^t\frac{\frac{\partial^2 u(s)}{\partial s^2}\mathrm{d}s}{(t-s)^{\beta-1}}=\frac{1}{\Gamma(1-\alpha)}\int_0^t\frac{\frac{\partial v}{\partial s}\mathrm{d}s}{(t-s)^{\alpha}}=\frac{\partial^\alpha v}{\partial t^\alpha}\tag{4.1.3}$$

接下来引入辅助函数$\sigma=\frac{\partial^2 u}{\partial x\partial t}=\frac{\partial v}{\partial x}$，于是问题（4.1.1）可以写成如下等价的耦合系统

$$\begin{cases}v=\dfrac{\partial u}{\partial t},\ (x,t)\in\Omega\times J\\ \sigma=\dfrac{\partial v}{\partial x},\ (x,t)\in\Omega\times J\\ \dfrac{\partial v}{\partial t}+\dfrac{\partial^\alpha v}{\partial t^\alpha}-\dfrac{\partial\sigma}{\partial x}+f(u)=d(x,t),\ (x,t)\in\Omega\times J\\ u(a,t)=u(b,t)=v(a,t)=v(b,t)=0,\ t\in\bar{J}\\ u(x,0)=u_0(x),\ v(x,0)=u_1(x),\ x\in\bar{\Omega}\end{cases}\tag{4.1.4}$$

为了求解耦合系统（4.1.4），首先需要引入将使用的分数阶逼近公式（即$L2\text{-}1_\sigma$逼近公式）和混合有限元数值格式.

$L2\text{-}1_\sigma$逼近公式是由Alikhanov[129]提出的高阶逼近Caputo型分数阶导数的离散公式，它具有$3-\alpha(\alpha\in(0,1))$阶精度. 自该逼近公式提出后，得到很多学者的关注并数值求解多类分数阶微分方程. 在文献[130]中，Sun等给出了数值求解时间分数阶波动方程的$L2\text{-}1_\sigma$紧致差分格式，并对收敛性和稳定性给出详细分析. Zhang和Pu[135]采用空间紧致差分格式，时间上使用基于$L2\text{-}1_\sigma$逼近公式的二阶离散方法，数值求解了时间分数阶亚扩散方程. 在文献[134]中，Chen和Li采用基于$L2\text{-}1_\sigma$逼近公式的二阶时间离散的交替方向隐式（ADI）Galerkin方法求解时间分数阶波动方程，并证明了H^1-模误差估计. 这里，我们将考虑基于$L2\text{-}1_\sigma$时间离散的混合元方法求解分数阶波动方程.

在本节中，主要目的是提出一类高阶全离散混合有限元方法，该方法是由基于时间分数阶导数的$L2\text{-}1_\sigma$逼近公式的二阶时间离散格式和H^1-Galerkin混合有限元方法[146, 147]发展而来. 其主要贡献和研究内容如下:（1）如果对原问题（4.2.1）直接应用H^1-Galerkin混合元方法，不能用$L2\text{-}1_\sigma$逼近格式对$\beta\in(1,2)$阶分数阶导数进行离散，然而，通过当前方法的技巧我们解决了这个问题;（2）通过两个辅助函数的引入，提出了基于H^1-Galerkin混合元方法的一个新的有限元耦合系统;（3）与标准的Galerkin有限元方法和交替方向隐式（ADI）Galerkin方法[134]相比较，能够得到三个函数变量的最优L^2-误差估计和两个辅助函数变量的最优H^1-模误差估计.

本节结构安排如下. 在4.1.2节，给出了高阶全离散逼近格式和稳定性分析. 在4.1.3节，推导了最优L^2-模和H^1-模先验误差估计结果.

4.1.2 数值逼近和稳定性

为了进行下一步研究，我们需要考虑关于整数阶导数和时间分数阶导数的一些引理.

引理4.1.1[126, 127] 在时间$t_{k+1-\frac{\alpha}{2}}$处，有如下公式成立

$$\frac{\partial v}{\partial t}(t_{k+1-\frac{\alpha}{2}})=\begin{cases}\dfrac{1}{2\Delta t}[(3-\alpha)v^{k+1}-(4-2\alpha)v^k+(1-\alpha)v^{k-1}]+O(\Delta t^2)\\ \dfrac{v^1-v^0}{\Delta t}+O(\Delta t)\end{cases}\tag{4.1.5}$$

$$\triangleq\partial_{\Delta t}^{\alpha}v^{k+1}+\begin{cases}O(\Delta t^2),\ k\geq 1\\ O(\Delta t),\ k=0\end{cases}$$

引理4.1.2[127] 在时间$t_{k+1-\frac{\alpha}{2}}$处，成立如下两个重要关系

$$d\left(t_{k+1-\frac{\alpha}{2}}\right)=\left(1-\frac{\alpha}{2}\right)d^{k+1}+\frac{\alpha}{2}d^k+O(\Delta t^2)\triangleq d^{k+1-\frac{\alpha}{2}}+O(\Delta t^2),\ k\geqslant 0\tag{4.1.6}$$

$$f\left(v^{k+1-\frac{\alpha}{2}}\right)=\begin{cases}(2-\frac{\alpha}{2})f(v^{k})-(1-\frac{\alpha}{2})f(v^{k-1})+O(\Delta t^{2})\\ f(v^{0})+O(\Delta t)\end{cases} \tag{4.1.7}$$

$$\triangleq f\left(v^{\left[k+1-\frac{\alpha}{2}\right]}\right)+\begin{cases}O(\Delta t^{2})\\ O(\Delta t)\end{cases}$$

基于$L2\text{-}1_{\sigma}$公式（见引理2.3.6），引理4.1.1-4.1.2，有

$$\begin{cases}(a)\ \partial_{\Delta t}^{\alpha}u^{n+1}=v^{n+1-\frac{\alpha}{2}}+R_{1}^{n+1-\frac{\alpha}{2}}\\ (b)\ \dfrac{\partial v^{n+1-\frac{\alpha}{2}}}{\partial x}=\sigma^{n+1-\frac{\alpha}{2}}+R_{2}^{n+1-\frac{\alpha}{2}}\\ (c)\ \partial_{\Delta t}^{\alpha}v^{n+1}+\dfrac{\Delta t^{-\alpha}}{\Gamma(2-\alpha)}\displaystyle\sum_{l=0}^{n}g_{n-l}^{[\alpha,n+1]}(v^{l+1}-v^{l})-\dfrac{\partial\sigma^{n+1-\frac{\alpha}{2}}}{\partial x}+f\left(u^{\left[n+1-\frac{\alpha}{2}\right]}\right)\\ \quad=d\left(x,t_{n+1-\frac{\alpha}{2}}\right)+R_{3}^{n+1-\frac{\alpha}{2}}\end{cases} \tag{4.1.8}$$

其中

$$R_{1}^{n+1-\frac{\alpha}{2}}=\partial_{\Delta t}^{\alpha}u^{n+1}-\frac{\partial u}{\partial t}\left(t_{n+1-\frac{\alpha}{2}}\right)-\left(v^{n+1-\frac{\alpha}{2}}-v\left(t_{n+1-\frac{\alpha}{2}}\right)\right)$$

$$R_{2}^{n+1-\frac{\alpha}{2}}=\left(\frac{\partial v^{n+1-\frac{\alpha}{2}}}{\partial x}-\frac{\partial v}{\partial x}\left(t_{n+1-\frac{\alpha}{2}}\right)\right)-\left(\sigma^{n+1-\frac{\alpha}{2}}-\sigma\left(t_{n+1-\frac{\alpha}{2}}\right)\right)$$

$$R_{3}^{n+1-\frac{\alpha}{2}}=\left(\partial_{\Delta t}^{\alpha}v^{n+1}-\frac{\partial v}{\partial t}\left(t_{n+1-\frac{\alpha}{2}}\right)\right)+\left(\frac{\Delta t^{-\alpha}}{\Gamma(2-\alpha)}\sum_{l=0}^{n}g_{n-l}^{[\alpha,n+1]}(v^{l+1}-v^{l})-\frac{\partial^{\alpha}v}{\partial t^{\alpha}}\left(t_{n+1-\frac{\alpha}{2}}\right)\right)$$
$$-\left(\frac{\partial\sigma^{n+1-\frac{\alpha}{2}}}{\partial x}-\frac{\partial\sigma}{\partial x}\left(t_{n+1-\frac{\alpha}{2}}\right)\right)-\left(f\left(u\left(t_{n+1-\frac{\alpha}{2}}\right)\right)-f\left(u^{\left[n+1-\frac{\alpha}{2}\right]}\right)\right)$$

于是可得混合弱形式：求$(u^{n+1},v^{n+1},\sigma^{n+1})\in L^{2}\times H_{0}^{1}\times H^{1}$，使得

$$\begin{cases}(a)\ (\partial_{\Delta t}^{\alpha}u^{n+1},w)=\left(v^{n+1-\frac{\alpha}{2}},w\right)+\left(R_{1}^{n+1-\frac{\alpha}{2}},w\right)\\ (b)\ \left(\dfrac{\partial v^{n+1-\frac{\alpha}{2}}}{\partial x},\dfrac{\partial\phi}{\partial x}\right)=\left(\sigma^{n+1-\frac{\alpha}{2}},\dfrac{\partial\phi}{\partial x}\right)+\left(R_{2}^{n+1-\frac{\alpha}{2}},\dfrac{\partial\phi}{\partial x}\right)\\ (c)\ (\partial_{\Delta t}^{\alpha}\sigma^{n+1},\chi)+\left(\dfrac{\Delta t^{-\alpha}}{\Gamma(2-\alpha)}\displaystyle\sum_{l=0}^{n}g_{n-l}^{[\alpha,n+1]}(\sigma^{l+1}-\sigma^{l}),\chi\right)+\left(\dfrac{\partial\sigma^{n+1-\frac{\alpha}{2}}}{\partial x},\dfrac{\partial\chi}{\partial x}\right)\\ \quad=\left(f\left(u^{\left[n+1-\frac{\alpha}{2}\right]}\right),\dfrac{\partial\chi}{\partial x}\right)-\left(d\left(x,t_{n+1-\frac{\alpha}{2}}\right),\dfrac{\partial\chi}{\partial x}\right)-\left(R_{3}^{n+1-\frac{\alpha}{2}},\dfrac{\partial\chi}{\partial x}\right)\end{cases} \tag{4.1.9}$$

进而，可得时间高阶全离散混合元格式，即求$(u_{h}^{n+1},v_{h}^{n+1},\sigma_{h}^{n+1})\in L_{h}\times V_{h}\times$

$H_h \subset L^2 \times H_0^1 \times H^1$，使得

$$\begin{cases}(a)\ (\partial_{\Delta t}^{\alpha} u_h^{n+1}, w_h) = \left(v_h^{n+1-\frac{\alpha}{2}}, w_h\right) \\ (b)\ \left(\dfrac{\partial v_h^{n+1-\frac{\alpha}{2}}}{\partial x}, \dfrac{\partial \phi_h}{\partial x}\right) = \left(\sigma_h^{n+1-\frac{\alpha}{2}}, \dfrac{\partial \phi_h}{\partial x}\right) \\ (c)\ (\partial_{\Delta t}^{\alpha} \sigma_h^{n+1}, \chi_h) + \left(\dfrac{\Delta t^{-\alpha}}{\Gamma(2-\alpha)} \displaystyle\sum_{l=0}^{n} g_{n-l}^{[\alpha,\, n+1]} (\sigma_h^{l+1} - \sigma_h^{l}), \chi_h\right) + \left(\dfrac{\partial \sigma_h^{n+1-\frac{\alpha}{2}}}{\partial x}, \dfrac{\partial \chi_h}{\partial x}\right) \\ \quad = \left(f\left(u_h^{\left[n+1-\frac{\alpha}{2}\right]}\right), \dfrac{\partial \chi_h}{\partial x}\right) - \left(d\left(x, t_{n+1-\frac{\alpha}{2}}\right), \dfrac{\partial \chi_h}{\partial x}\right)\end{cases} \tag{4.1.10}$$

引理4.1.3 [126] 对于序列$\{v^n\}(n \geqslant 1)$，如下不等式成立

$$\left(\partial_{\Delta t}^{\alpha} v^{n+1}, v^{n+1-\frac{\alpha}{2}}\right) \geqslant \frac{\Psi[v^{n+1}] - \Psi[v^n]}{4\Delta t} \tag{4.1.11}$$

其中

$$\begin{aligned}\Psi[v^{n+1}] &= (3-\alpha)\|v^{n+1}\|^2 - (1-\alpha)\|v^n\|^2 + \left(2 - \frac{\alpha}{2}\right)(1-\alpha)\|v^{n+1} - v^n\|^2 \\ &\geqslant \frac{2}{2-\alpha}\|v^{n+1}\|^2,\ n \geqslant 1\end{aligned} \tag{4.1.12}$$

基于引理2.3.7-2.3.9，下面我们将推导格式的稳定性.

定理4.1.1 对于全离散系统（4.1.10），有如下稳定性成立

$$\begin{aligned}&\|u_h^{n+1}\|^2 + \|\sigma_h^{n+1}\|^2 + \left\|v_h^{n+1-\frac{\alpha}{2}}\right\|^2 + \left\|\frac{\partial v_h^{n+1-\frac{\alpha}{2}}}{\partial x}\right\|^2 + 2\Delta t \sum_{j=0}^{n} \left\|\frac{\partial \sigma_h^{j+1-\frac{\alpha}{2}}}{\partial x}\right\|^2 \\ \leqslant\ & C\left(\|u_h^0\|^2 + \|\sigma_h^0\|^2 + \max_{0 \leqslant j \leqslant n}\left\{\left\|d\left(x, t_{j+1-\frac{\alpha}{2}}\right)\right\|^2\right\}\right)\end{aligned} \tag{4.1.13}$$

证明: (**I**). $n \geqslant 1$情形

在（4.1.10）(a)中，取$w_h = u_h^{n+1-\frac{\alpha}{2}}$，应用不等式（4.1.11），可得

$$\left(\partial_{\Delta t}^{\alpha} u_h^{n+1}, u_h^{n+1-\frac{\alpha}{2}}\right) = \left(v_h^{n+1-\frac{\alpha}{2}}, u_h^{n+1-\frac{\alpha}{2}}\right) \geqslant \frac{\Psi[u_h^{n+1}] - \Psi[u_h^n]}{4\Delta t} \tag{4.1.14}$$

应用（4.1.12），Cauchy-Schwarz不等式，三角不等式和Young不等式，可得

$$\begin{aligned}&\left\|v_h^{n+1-\frac{\alpha}{2}}\right\|^2 + \left[\left(1 - \frac{\alpha}{2}\right)^2 \|u_h^{n+1}\|^2 + \left(\frac{\alpha}{2}\right)^2 \|u_h^n\|^2\right] \\ \geqslant\ & \left\|v_h^{n+1-\frac{\alpha}{2}}\right\| \left[\left(1 - \frac{\alpha}{2}\right)\|u_h^{n+1}\| + \frac{\alpha}{2}\|u_h^n\|\right] \\ \geqslant\ & \left\|v_h^{n+1-\frac{\alpha}{2}}\right\| \left\|u_h^{n+1-\frac{\alpha}{2}}\right\| \geqslant \frac{\Psi[u_h^{n+1}] - \Psi[u_h^n]}{4\Delta t}\end{aligned} \tag{4.1.15}$$

对（4.1.15）从$j=1$到$n+1$求和，并应用不等式（4.1.12），我们有

$$\begin{aligned}&4\Delta t\sum_{j=1}^{n}\left(\left\|v_h^{j+1-\frac{\alpha}{2}}\right\|^2+\left[\left(1-\frac{\alpha}{2}\right)^2\left\|u_h^{j+1}\right\|^2+\left(\frac{\alpha}{2}\right)^2\left\|u_h^j\right\|^2\right]\right)\\&\geqslant\Psi[u_h^{n+1}]-\Psi[u_h^1]\\&\geqslant\frac{2}{2-\alpha}\|u_h^{n+1}\|^2-\Psi[u_h^1]\end{aligned}\tag{4.1.16}$$

在（4.1.10)(c）中，取$\chi_h=\sigma_h^{n+1-\frac{\alpha}{2}}$并应用Cauchy-Schwarz不等式，可得

$$\begin{aligned}&\left(\partial_{\Delta t}^{\alpha}\sigma_h^{n+1},\ \sigma_h^{n+1-\frac{\alpha}{2}}\right)+\left\|\frac{\partial\sigma_h^{n+1-\frac{\alpha}{2}}}{\partial x}\right\|^2\\&+\left(\frac{\Delta t^{-\alpha}}{\Gamma(2-\alpha)}\sum_{l=0}^{n}g_{n-l}^{[\alpha,\,n+1]}(\sigma_h^{l+1}-\sigma_h^l),\ \sigma_h^{n+1-\frac{\alpha}{2}}\right)\\&\leqslant\left(\left\|f\left(u_h^{\left[n+1-\frac{\alpha}{2}\right]}\right)\right\|+\left\|d\left(x,\ t_{n+1-\frac{\alpha}{2}}\right)\right\|\right)\left\|\frac{\partial\sigma_h^{n+1-\frac{\alpha}{2}}}{\partial x}\right\|\\&\leqslant\left(C\left\|u_h^{n+1-\frac{\alpha}{2}}\right\|_\infty\left\|u_h^{n+1-\frac{\alpha}{2}}\right\|+\left\|d\left(x,\ t_{n+1-\frac{\alpha}{2}}\right)\right\|\right)\left\|\frac{\partial\sigma_h^{n+1-\frac{\alpha}{2}}}{\partial x}\right\|\end{aligned}\tag{4.1.17}$$

结合（2.3.19)，(4.1.11）和（4.1.17)，可得

$$\begin{aligned}&\frac{\Psi[\sigma_h^{n+1}]-\Psi[\sigma_h^n]}{4\Delta t}+\left\|\frac{\partial\sigma_h^{n+1-\frac{\alpha}{2}}}{\partial x}\right\|^2\\&\leqslant-\frac{\Delta t^{-\alpha}}{2\Gamma(2-\alpha)}\sum_{l=0}^{n}g_{n-l}^{[\alpha,\,n+1]}\left(\left\|\sigma_h^{l+1}\right\|^2-\left\|\sigma_h^l\right\|^2\right)\\&+C\left\|u_h^{n+1-\frac{\alpha}{2}}\right\|^2+\frac{1}{2}\left\|d\left(x,\ t_{n+1-\frac{\alpha}{2}}\right)\right\|^2+\frac{1}{2}\left\|\frac{\partial\sigma_h^{n+1-\frac{\alpha}{2}}}{\partial x}\right\|^2\\&=-\frac{\Delta t^{-\alpha}}{2\Gamma(2-\alpha)}\left[g_0^{[\alpha,\,n+1]}\|\sigma_h^{n+1}\|^2-\sum_{l=1}^{n}\left(g_{n-l}^{[\alpha,\,n+1]}-g_{n-l+1}^{[\alpha,\,n+1]}\right)\left\|\sigma_h^l\right\|^2-g_n^{[\alpha,\,n+1]}\left\|\sigma_h^0\right\|^2\right]\\&+C\left\|u_h^{n+1-\frac{\alpha}{2}}\right\|^2+\frac{1}{2}\left\|d\left(x,\ t_{n+1-\frac{\alpha}{2}}\right)\right\|^2+\frac{1}{2}\left\|\frac{\partial\sigma_h^{n+1-\frac{\alpha}{2}}}{\partial x}\right\|^2\end{aligned}\tag{4.1.18}$$

由（4.1.18)，可得

$$\begin{aligned}&\Psi[\sigma_h^{n+1}]+\frac{2\Delta t^{1-\alpha}}{\Gamma(2-\alpha)}\sum_{l=0}^{n}g_l^{[\alpha,\,n+1]}\|\sigma_h^{n-l+1}\|^2+2\Delta t\left\|\frac{\partial\sigma_h^{n+1-\frac{\alpha}{2}}}{\partial x}\right\|^2\\&\leqslant\Psi[\sigma_h^n]+\frac{2\Delta t^{1-\alpha}}{\Gamma(2-\alpha)}\sum_{l=0}^{n-1}g_l^{[\alpha,\,n]}\|\sigma_h^{n-l}\|^2+\frac{2\Delta t^{1-\alpha}}{\Gamma(2-\alpha)}g_n^{[\alpha,\,n+1]}\|\sigma_h^0\|^2\\&+C\Delta t\left\|u_h^{n+1-\frac{\alpha}{2}}\right\|^2+2\Delta t\left\|d\left(x,\,t_{n+1-\frac{\alpha}{2}}\right)\right\|^2\end{aligned}\tag{4.1.19}$$

对以上不等式关于n求和，可得

$$\begin{aligned}&\Psi[\sigma_h^{n+1}]+\frac{2\Delta t^{1-\alpha}}{\Gamma(2-\alpha)}\sum_{l=0}^{n}g_l^{[\alpha,\,n+1]}\|\sigma_h^{n-l+1}\|^2+2\Delta t\sum_{j=1}^{n}\left\|\frac{\partial\sigma_h^{j+1-\frac{\alpha}{2}}}{\partial x}\right\|^2\\&\leqslant\Psi[\sigma_h^1]+\frac{2\Delta t^{1-\alpha}}{\Gamma(2-\alpha)}g_0^{[\alpha,\,n+1]}\|\sigma_h^0\|^2+\frac{2\Delta t^{1-\alpha}}{\Gamma(2-\alpha)}\sum_{j=1}^{n}g_j^{[\alpha,\,j+1]}\|\sigma_h^0\|^2\\&+C\Delta t\sum_{j=1}^{n}\left\|u_h^{j+1-\frac{\alpha}{2}}\right\|^2+2\Delta t\sum_{j=1}^{n}\left\|d\left(x,\,t_{j+1-\frac{\alpha}{2}}\right)\right\|^2\end{aligned}\tag{4.1.20}$$

为了进行下一步估计，我们需要考虑$\Psi[u_h^1]$和$\Psi[\sigma_h^1]$的估计.

(**II**). $n=0$情形

由（4.1.10)(a)，容易得到

$$\left(\partial_{\Delta t}^{\alpha}u_h^1,\,u_h^{1-\frac{\alpha}{2}}\right)=\left(v_h^{1-\frac{\alpha}{2}},\,u_h^{1-\frac{\alpha}{2}}\right)\geqslant\frac{\|u_h^1\|^2-\|u_h^0\|^2}{2\Delta t}\tag{4.1.21}$$

应用Cauchy-Schwarz不等式，三角不等式和Young不等式，我们得到

$$2\Delta t\left(\left\|v_h^{1-\frac{\alpha}{2}}\right\|^2+\left[(1-\frac{\alpha}{2})^2\|u_h^1\|^2+\left(\frac{\alpha}{2}\right)^2\|u_h^0\|^2\right]\right)\geqslant\|u_h^1\|^2-\|u_h^0\|^2\tag{4.1.22}$$

类似（4.1.19）中的推导，可得

$$\begin{aligned}&\|\sigma_h^1\|^2+\frac{\Delta t^{1-\alpha}}{\Gamma(2-\alpha)}g_0^{[\alpha,\,1]}\|\sigma_h^1\|^2+\Delta t\left\|\frac{\partial\sigma_h^{1-\frac{\alpha}{2}}}{\partial x}\right\|^2\\&\leqslant\|\sigma_h^0\|^2+\frac{\Delta t^{1-\alpha}}{\Gamma(2-\alpha)}g_0^{[\alpha,\,1]}\|\sigma_h^0\|^2+C\Delta t\left\|u_h^{1-\frac{\alpha}{2}}\right\|^2+\Delta t\left\|d\left(x,\,t_{1-\frac{\alpha}{2}}\right)\right\|^2\end{aligned}\tag{4.1.23}$$

(**III**). 结合（**I**）和（**II**）

在（4.1.10)(b) 中，取$\phi_h=v_h^{n+1-\frac{\alpha}{2}}$，应用Cauchy-Schwarz不等式和Poincaré不等式，可得

$$\begin{aligned}\left\|v_h^{n+1-\frac{\alpha}{2}}\right\|^2&\leqslant C\left\|\frac{\partial v_h^{n+1-\frac{\alpha}{2}}}{\partial x}\right\|^2\\&\leqslant C\left\|\sigma_h^{n+1-\frac{\alpha}{2}}\right\|^2,\ n\geqslant0\end{aligned}\tag{4.1.24}$$

结合（4.1.16），（4.1.22）和（4.1.24），可得

$$\begin{aligned}
&\|u_h^{n+1}\|^2 \\
&\leqslant C\Delta t\sum_{j=0}^{n}\left(\left\|v_h^{j+1-\frac{\alpha}{2}}\right\|^2+\left[\left(1-\frac{\alpha}{2}\right)^2\left\|u_h^{j+1}\right\|^2+\left(\frac{\alpha}{2}\right)^2\left\|u_h^{j}\right\|^2\right]\right)+C\left\|u_h^0\right\|^2 \\
&\leqslant C\Delta t\sum_{j=0}^{n}\left(\left\|\sigma_h^{j+1-\frac{\alpha}{2}}\right\|^2+\left[\left(1-\frac{\alpha}{2}\right)^2\left\|u_h^{j+1}\right\|^2+\left(\frac{\alpha}{2}\right)^2\left\|u_h^{j}\right\|^2\right]\right)+C\left\|u_h^0\right\|^2
\end{aligned}\tag{4.1.25}$$

对（4.1.25）应用Gronwall不等式，我们有

$$\|u_h^{n+1}\|^2\leqslant C\Delta t\sum_{j=0}^{n}\left\|\sigma_h^{j+1-\frac{\alpha}{2}}\right\|^2\tag{4.1.26}$$

结合（4.1.20），（4.1.22），（4.1.12），（4.1.23）与（4.1.26），可得

$$\begin{aligned}
&\|\sigma_h^{n+1}\|^2+\frac{2\Delta t^{1-\alpha}}{\Gamma(2-\alpha)}\sum_{l=0}^{n}g_l^{[\alpha,\,n+1]}\left\|\sigma_h^{n-l+1}\right\|^2+2\Delta t\sum_{j=1}^{n}\left\|\frac{\partial\sigma_h^{j+1-\frac{\alpha}{2}}}{\partial x}\right\|^2 \\
&\leqslant C\left(\left\|\sigma_h^0\right\|^2+\left\|u_h^0\right\|^2\right)+\frac{2\Delta t^{1-\alpha}}{\Gamma(2-\alpha)}g_0^{[\alpha,\,n+1]}\left\|\sigma_h^0\right\|^2+\frac{2\Delta t^{1-\alpha}}{\Gamma(2-\alpha)}\sum_{j=1}^{n}g_j^{[\alpha,\,j+1]}\left\|\sigma_h^0\right\|^2 \\
&+C\Delta t\sum_{j=1}^{n}\left\|\sigma_h^{j+1-\frac{\alpha}{2}}\right\|^2+2\Delta t\sum_{j=1}^{n}\left\|d\left(x,\,t_{j+1-\frac{\alpha}{2}}\right)\right\|^2
\end{aligned}\tag{4.1.27}$$

由Gronwall引理，可得

$$\begin{aligned}
&\|\sigma_h^{n+1}\|^2+\frac{2\Delta t^{1-\alpha}}{\Gamma(2-\alpha)}\sum_{l=0}^{n}g_l^{[\alpha,\,n+1]}\left\|\sigma_h^{n-l+1}\right\|^2+2\Delta t\sum_{j=0}^{n}\left\|\frac{\partial\sigma_h^{j+1-\frac{\alpha}{2}}}{\partial x}\right\|^2 \\
&\leqslant C\left(\left\|\sigma_h^0\right\|^2+\left\|u_h^0\right\|^2\right)+\frac{2\Delta t^{1-\alpha}}{\Gamma(2-\alpha)}g_0^{[\alpha,\,n+1]}\left\|\sigma_h^0\right\|^2+\frac{2\Delta t^{1-\alpha}}{\Gamma(2-\alpha)}\sum_{j=0}^{n}g_j^{[\alpha,\,j+1]}\left\|\sigma_h^0\right\|^2 \\
&+C\max_{0\leqslant j\leqslant n}\left\{\left\|d\left(x,\,t_{j+1-\frac{\alpha}{2}}\right)\right\|^2\right\}
\end{aligned}\tag{4.1.28}$$

由引理2.3.9并注意$\Delta t=T/N\leqslant T/\left(n-\frac{\alpha}{2}\right)$，有

$$\begin{aligned}
&\frac{2\Delta t^{1-\alpha}}{\Gamma(2-\alpha)}\sum_{j=0}^{n}g_j^{[\alpha,\,j+1]}\left\|\sigma_h^0\right\|^2 \\
&\leqslant\frac{2\Delta t^{1-\alpha}}{\Gamma(2-\alpha)}\left\|\sigma_h^0\right\|^2\left[g_0^{[\alpha,\,1]}+\left(n+1-\frac{\alpha}{2}\right)^{1-\alpha}\right] \\
&\leqslant\frac{2\Delta t^{1-\alpha}}{\Gamma(2-\alpha)}\left\|\sigma_h^0\right\|^2g_0^{[\alpha,\,1]}+T^{1-\alpha}\frac{2\left(n-\frac{\alpha}{2}\right)^{\alpha-1}}{\Gamma(2-\alpha)}\left\|\sigma_h^0\right\|^2\left(n+1-\frac{\alpha}{2}\right)^{1-\alpha} \\
&\leqslant\frac{2\Delta t^{1-\alpha}}{\Gamma(2-\alpha)}g_0^{[\alpha,\,1]}\left\|\sigma_h^0\right\|^2+\frac{2T^{1-\alpha}}{\Gamma(2-\alpha)}\left\|\sigma_h^0\right\|^2
\end{aligned}\tag{4.1.29}$$

将（4.1.29）代入（4.1.28），移除非负项并应用（4.1.26），可得

$$\|u_h^{n+1}\|^2+\|\sigma_h^{n+1}\|^2+2\Delta t\sum_{j=0}^{n}\left\|\frac{\partial\sigma_h^{j+1-\frac{\alpha}{2}}}{\partial x}\right\|^2$$

$$\leqslant C\left\|u_h^0\right\|^2+C\left[1+\frac{2\Delta t^{1-\alpha}}{\Gamma(2-\alpha)}g_0^{[\alpha,\,n+1]}+\frac{2\Delta t^{1-\alpha}}{\Gamma(2-\alpha)}g_0^{[\alpha,\,1]}+\frac{T^{1-\alpha}}{\Gamma(2-\alpha)}\right]\left\|\sigma_h^0\right\|^2 \tag{4.1.30}$$

$$+C\max_{0\leqslant j\leqslant n}\left\{\left\|d\left(x,\,t_{j+1-\frac{\alpha}{2}}\right)\right\|^2\right\}$$

将（4.1.30）代入（4.1.24），可得

$$\left\|v_h^{n+1-\frac{\alpha}{2}}\right\|^2+\left\|\frac{\partial v_h^{n+1-\frac{\alpha}{2}}}{\partial x}\right\|^2$$

$$\leqslant C\left[\left(1-\frac{\alpha}{2}\right)^2\|\sigma_h^{n+1}\|^2+\left(\frac{\alpha}{2}\right)^2\|\sigma_h^{n}\|^2\right] \tag{4.1.31}$$

$$\leqslant C\left\|u_h^0\right\|^2+C\left[1+\frac{2\Delta t^{1-\alpha}}{\Gamma(2-\alpha)}g_0^{[\alpha,\,n+1]}+\frac{2\Delta t^{1-\alpha}}{\Gamma(2-\alpha)}g_0^{[\alpha,1]}\right.$$

$$\left.+\frac{T^{1-\alpha}}{\Gamma(2-\alpha)}\right]\left\|\sigma_h^0\right\|^2+C\max_{0\leqslant j\leqslant n}\left\{\left\|d\left(x,\,t_{j+1-\frac{\alpha}{2}}\right)\right\|^2\right\}$$

由（4.1.30）和（4.1.31），可知稳定性成立.

4.1.3 全离散误差估计

为了考虑混合有限元方法的先验误差估计，需要引入三个投影和相应的估计不等式.

引理 4.1.4 定义 L^2 投影 $\Lambda_h: L^2(\Omega)\to L_h$，满足

$$(u-\Lambda_h u,\,w_h)=0,\ \forall w_h\in L_h \tag{4.1.32}$$

有估计不等式

$$\|u-\Lambda_h u\|+\|u_t-\Lambda_h u_t\|\leqslant Ch^{m+1}\|u\|_{m+1},\forall u\in H^{m+1}(\Omega) \tag{4.1.33}$$

引理 4.1.5[25, 146] 定义椭圆投影 $\Upsilon_h: H_0^1(\Omega)\to V_h$，满足

$$((v-\Upsilon_h v)_x,\,\phi_{hx})=0,\ \forall\phi_h\in V_h \tag{4.1.34}$$

有估计不等式

$$\|v-\Upsilon_h v\|+h\|v-\Upsilon_h v\|_1\leqslant Ch^{k+1}\|v\|_{k+1},\forall v\in H_0^1(\Omega)\cap H^{k+1}(\Omega) \tag{4.1.35}$$

引理 4.1.6[146] 定义 Ritz 投影 $\Pi_h: H^1(\Omega)\to H_h$ 满足

$$\mathcal{A}(\sigma-\Pi_h\sigma,\,\chi_h)=0,\ \forall\chi_h\in H_h \tag{4.1.36}$$

其中 $\mathcal{A}(\sigma,\,\varphi)\triangleq(\sigma_x,\,\varphi_x)+\lambda(\sigma,\,\varphi)$ 与 $\mathcal{A}(\varphi,\,\varphi)\geqslant\mu_0\|\varphi\|_1^2$，这里 μ_0 为正常数. 进一步，

有如下估计不等式

$$\|\sigma-\Pi_h\sigma\|+\|\sigma_t-\Pi_h\sigma_t\|+h\|\sigma-\Pi_h\sigma\|_1\leqslant Ch^{r+1},\ \forall\sigma\in H^{r+1}(\Omega) \tag{4.1.37}$$

在下文中，将详细证明三个函数变量的最优L^2-模误差估计和两个中间辅助函数的最优H^1-模误差估计.

定理4.1.2 存在不依赖于时空步长（h，Δt）的常数C，使得

$$\begin{aligned}
&(a)\ \|u(t_{n+1})-u_h^{n+1}\|+\|\sigma(t_{n+1})-\sigma_h^{n+1}\|+\left\|v\left(t_{n+1-\frac{\alpha}{2}}\right)-v_h^{n+1-\frac{\alpha}{2}}\right\|\\
&\leqslant C(h^{\min\{m+1,\,r+1,\,k+1\}}+\Delta t^2)\\
&(b)\ \left\|v\left(t_{n+1-\frac{\alpha}{2}}\right)-v_h^{n+1-\frac{\alpha}{2}}\right\|_1\leqslant C(h^{\min\{m+1,\,r+1,\,k\}}+\Delta t^2)\\
&(c)\ \mu_0\left(\Delta t\sum_{j=0}^{n}\left\|\sigma\left(t_{j+1-\frac{\alpha}{2}}\right)-\sigma_h^{j+1-\frac{\alpha}{2}}\right\|_1^2\right)^{\frac{1}{2}}\leqslant C(h^{\min\{m+1,\,r,\,k+1\}}+\Delta t^2)
\end{aligned} \tag{4.1.38}$$

证明：为了便于误差分析，记

$$\begin{aligned}
u(t_n)-u_h^n&=(u(t_n)-\Lambda_hu^n)+(\Lambda_hu^n-u_h^n)=\rho^n+\theta^n\\
v(t_n)-v_h^n&=(v(t_n)-\Upsilon_hv^n)+(\Upsilon_hv^n-v_h^n)=\zeta^n+\xi^n\\
\sigma(t_n)-\sigma_h^n&=(\sigma(t_n)-\Pi_h\sigma^n)+(\Pi_h\sigma^n-\sigma_h^n)=\eta^n+\delta^n
\end{aligned}$$

基于上面的表达式，我们采用三个步骤给出误差估计推导.

(**I**):当$n\geqslant1$

用（4.1.9)(a）减去（4.1.10)(a)，使用投影（4.1.32)，取$w_h=\theta^{n+1-\frac{\alpha}{2}}$，应用Cauchy-Schwarz不等式和Young不等式，可得

$$\begin{aligned}
&(\partial_{\Delta t}^{\alpha}\theta^{n+1},\ \theta^{n+1-\frac{\alpha}{2}})\\
&=-(\partial_{\Delta t}^{\alpha}\rho^{n+1},\ \theta^{n+1-\frac{\alpha}{2}})+(\xi^{n+1-\frac{\alpha}{2}}+\zeta^{n+1-\frac{\alpha}{2}},\ \theta^{n+1-\frac{\alpha}{2}})+(R_1^{n+1-\frac{\alpha}{2}},\ \theta^{n+1-\frac{\alpha}{2}})\\
&\leqslant\frac{1}{2}\left(\|\partial_{\Delta t}^{\alpha}\rho^{n+1}\|^2+\left\|\xi^{n+1-\frac{\alpha}{2}}\right\|^2+\left\|\zeta^{n+1-\frac{\alpha}{2}}\right\|^2+\left\|R_1^{n+1-\frac{\alpha}{2}}\right\|^2\right)+2\left\|\theta^{n+1-\frac{\alpha}{2}}\right\|^2\\
&\leqslant C\left(h^{2m+2}+h^{2k+2}+\Delta t^4+\left\|\xi^{n+1-\frac{\alpha}{2}}\right\|^2\right)+2\left\|\theta^{n+1-\frac{\alpha}{2}}\right\|^2
\end{aligned} \tag{4.1.39}$$

用（4.1.9)(b）减去（4.1.10)(b)，使用投影（4.1.34)，取$\phi_h=\xi^{n+1-\frac{\alpha}{2}}$，应用Cauchy-Schwarz不等式和Poincaré不等式，可得

$$\begin{aligned}
&\left\|\xi^{n+1-\frac{\alpha}{2}}\right\|^2+\left\|\frac{\partial\xi^{n+1-\frac{\alpha}{2}}}{\partial x}\right\|^2\\
&\leqslant C\left(\left\|\eta^{n+1-\frac{\alpha}{2}}\right\|^2+\left\|\delta^{n+1-\frac{\alpha}{2}}\right\|^2+\left\|R_2^{n+1-\frac{\alpha}{2}}\right\|^2\right)\\
&\leqslant C\left(h^{2r+2}+\Delta t^4+\left\|\delta^{n+1-\frac{\alpha}{2}}\right\|^2\right)
\end{aligned} \tag{4.1.40}$$

用（4.1.9)(c）减去（4.1.10)(c)，使用投影（4.1.36），取$\chi_h=\delta^{n+1-\frac{\alpha}{2}}$，可得

$$
\begin{aligned}
&(\partial_{\Delta t}^{\alpha}\delta^{n+1},\delta^{n+1-\frac{\alpha}{2}})+\left(\frac{\Delta t^{-\alpha}}{\Gamma(2-\alpha)}\sum_{l=0}^{n}g_{n-l}^{[\alpha,n+1]}(\delta^{l+1}-\delta^{l}),\delta^{n+1-\frac{\alpha}{2}}\right)\\
&+\mathcal{A}(\delta^{n+1-\frac{\alpha}{2}},\delta^{n+1-\frac{\alpha}{2}})\\
&=-(\partial_{\Delta t}^{\alpha}\eta^{n+1},\delta^{n+1-\frac{\alpha}{2}})-\left(\frac{\Delta t^{-\alpha}}{\Gamma(2-\alpha)}\sum_{l=0}^{n}g_{n-l}^{[\alpha,n+1]}(\eta^{l+1}-\eta^{l}),\delta^{n+1-\frac{\alpha}{2}}\right)\\
&+\lambda(\eta^{n+1-\frac{\alpha}{2}}+\delta^{n+1-\frac{\alpha}{2}},\delta^{n+1-\frac{\alpha}{2}})+\left(f\left(u^{[n+1-\frac{\alpha}{2}]}\right)-f\left(u_h^{[n+1-\frac{\alpha}{2}]}\right),\frac{\partial\delta^{n+1-\frac{\alpha}{2}}}{\partial x}\right)\\
&-\left(R_3^{n+1-\frac{\alpha}{2}},\frac{\partial\delta^{n+1-\frac{\alpha}{2}}}{\partial x}\right)
\end{aligned}
\tag{4.1.41}
$$

现在，我们对（4.1.41）右端每一项进行估计.

应用Cauchy-Schwarz不等式和（2.3.21)，有

$$
\begin{aligned}
&-(\partial_{\Delta t}^{\alpha}\eta^{n+1},\delta^{n+1-\frac{\alpha}{2}})-\left(\frac{\Delta t^{-\alpha}}{\Gamma(2-\alpha)}\sum_{l=0}^{n}g_{n-l}^{[\alpha,n+1]}(\eta^{l+1}-\eta^{l}),\delta^{n+1-\frac{\alpha}{2}}\right)\\
&+\lambda\left(\eta^{n+1-\frac{\alpha}{2}}+\delta^{n+1-\frac{\alpha}{2}},\delta^{n+1-\frac{\alpha}{2}}\right)\\
&\leqslant\left(\|\partial_{\Delta t}^{\alpha}\eta^{n+1}\|+\lambda\left\|\eta^{n+1-\frac{\alpha}{2}}\right\|+\frac{\Delta t^{-\alpha}}{\Gamma(2-\alpha)}\sum_{l=0}^{n}g_{n-l}^{[\alpha,n+1]}\|\eta^{l+1}-\eta^{l}\|\right)\left\|\delta^{n+1-\frac{\alpha}{2}}\right\|+\lambda\left\|\delta^{n+1-\frac{\alpha}{2}}\right\|^2\\
&\leqslant\left(\lambda(1-\frac{\alpha}{2})\|\eta^{n+1}\|+\lambda\frac{\alpha}{2}\|\eta^{n}\|+(2-\alpha)\max_{t\in[t_{n-1},t_{n+1}]}\{\|\eta_t(t)\|\}\right.\\
&\left.+\frac{\Delta t^{1-\alpha}}{\Gamma(2-\alpha)}\sum_{l=0}^{n}g_{n-l}^{[\alpha,n+1]}\max_{t\in[t_l,t_{l+1}]}\{\|\eta_t(t)\|\}\right)\left\|\delta^{n+1-\frac{\alpha}{2}}\right\|+\lambda\left\|\delta^{n+1-\frac{\alpha}{2}}\right\|^2\\
&\leqslant Ch^{r+1}\left(\lambda+(2-\alpha)+\frac{\Delta t^{1-\alpha}}{\Gamma(2-\alpha)}\left(n+1-\frac{\alpha}{2}\right)^{1-\alpha}\right)\left\|\delta^{n+1-\frac{\alpha}{2}}\right\|+\lambda\left\|\delta^{n+1-\frac{\alpha}{2}}\right\|^2\\
&\leqslant C\left(h^{2r+2}+\left\|\delta^{n+1-\frac{\alpha}{2}}\right\|^2\right)
\end{aligned}
\tag{4.1.42}
$$

由中值定理和Cauchy-Schwarz不等式，可得

$$
\begin{aligned}
&\left(f\left(u^{[n+1-\frac{\alpha}{2}]}\right)-f\left(u_h^{[n+1-\frac{\alpha}{2}]}\right),\frac{\partial\delta^{n+1-\frac{\alpha}{2}}}{\partial x}\right)-\left(R_3^{n+1-\frac{\alpha}{2}},\frac{\partial\delta^{n+1-\frac{\alpha}{2}}}{\partial x}\right)\\
&\leqslant\left(\|f'(\varpi)\|_\infty\left\|u^{[n+1-\frac{\alpha}{2}]}-u_h^{[n+1-\frac{\alpha}{2}]}\right\|+\left\|R_3^{n+1-\frac{\alpha}{2}}\right\|\right)\left\|\frac{\partial\delta^{n+1-\frac{\alpha}{2}}}{\partial x}\right\|\\
&\leqslant C(h^{m+1}+\|\theta^{n+1}\|+\|\theta^{n}\|+\Delta t^2)\left\|\frac{\partial\delta^{n+1-\frac{\alpha}{2}}}{\partial x}\right\|
\end{aligned}
\tag{4.1.43}
$$

$$\leqslant \frac{C}{\varepsilon}(h^{m+1} + \|\theta^{n+1}\| + \|\theta^n\| + \Delta t^2)^2 + \varepsilon \left\| \frac{\partial \delta^{n+1-\frac{\alpha}{2}}}{\partial x} \right\|^2$$

将（4.1.42），（4.1.43）代入（4.1.41），得

$$\begin{aligned}
&(\partial_{\Delta t}^{\alpha}\delta^{n+1}, \delta^{n+1-\frac{\alpha}{2}}) + \mathcal{A}(\delta^{n+1-\frac{\alpha}{2}}, \delta^{n+1-\frac{\alpha}{2}}) \\
&+\left(\frac{\Delta t^{-\alpha}}{\Gamma(2-\alpha)}\sum_{l=0}^{n} g_{n-l}^{[\alpha,n+1]}(\delta^{l+1}-\delta^{l}),\ \delta^{n+1-\frac{\alpha}{2}}\right) \\
&\leqslant \frac{C}{\varepsilon}(h^{2m+2} + h^{2r+2} + \Delta t^4) + \varepsilon \left\| \frac{\partial \delta^{n+1-\frac{\alpha}{2}}}{\partial x} \right\|^2 \\
&+C\left(\left\|\delta^{n+1-\frac{\alpha}{2}}\right\|^2 + \|\theta^{n+1}\|^2 + \|\theta^n\|^2\right)
\end{aligned} \tag{4.1.44}$$

结合（4.1.39），（4.1.40）和（4.1.44），并取$\varepsilon = \frac{\mu_0}{2}$，可得

$$\begin{aligned}
&(\partial_{\Delta t}^{\alpha}\delta^{n+1}, \delta^{n+1-\frac{\alpha}{2}}) + (\partial_{\Delta t}^{\alpha}\theta^{n+1}, \theta^{n+1-\frac{\alpha}{2}}) \\
&+\left(\frac{\Delta t^{-\alpha}}{\Gamma(2-\alpha)}\sum_{l=0}^{n} g_{n-l}^{[\alpha,n+1]}(\delta^{l+1}-\delta^{l}),\ \delta^{n+1-\frac{\alpha}{2}}\right) + \frac{\mu_0}{2}\left\|\delta^{n+1-\frac{\alpha}{2}}\right\|_1^2 \\
&\leqslant C(h^{2m+2} + h^{2r+2} + h^{2k+2} + \Delta t^4) + C(\|\delta^{n+1}\|^2 + \|\delta^n\|^2 + \|\theta^{n+1}\|^2 + \|\theta^n\|^2)
\end{aligned} \tag{4.1.45}$$

由（2.3.19）和（4.1.11），可得

$$\begin{aligned}
&(\partial_{\Delta t}^{\alpha}\delta^{n+1}, \delta^{n+1-\frac{\alpha}{2}}) + (\partial_{\Delta t}^{\alpha}\theta^{n+1}, \theta^{n+1-\frac{\alpha}{2}}) \\
&+\left(\frac{\Delta t^{-\alpha}}{\Gamma(2-\alpha)}\sum_{l=0}^{n} g_{n-l}^{[\alpha,n+1]}(\delta^{l+1}-\delta^{l}),\ \delta^{n+1-\frac{\alpha}{2}}\right) \\
&\geqslant \frac{\Psi[\delta^{n+1}] - \Psi[\delta^n]}{4\Delta t} + \frac{\Psi[\theta^{n+1}] - \Psi[\theta^n]}{4\Delta t} \\
&+\frac{\Delta t^{-\alpha}}{2\Gamma(2-\alpha)}\sum_{l=0}^{n} g_{n-l}^{[\alpha,n+1]}(\|\delta^{l+1}\|^2 - \|\delta^l\|^2) \\
&= \frac{(\Psi[\delta^{n+1}] + \Psi[\theta^{n+1}]) - (\Psi[\delta^n] + \Psi[\theta^n])}{4\Delta t} + \frac{\Delta t^{-\alpha}}{2\Gamma(2-\alpha)}\Big[g_0^{[\alpha,n+1]}\|\delta^{n+1}\|^2 \\
&-\sum_{l=1}^{n}\left(g_{n-l}^{[\alpha,n+1]} - g_{n-l+1}^{[\alpha,n+1]}\right)\|\delta^l\|^2 - g_n^{[\alpha,n+1]}\|\delta^0\|^2\Big]
\end{aligned} \tag{4.1.46}$$

将（4.1.46）代入（4.1.45），可得

$$\begin{aligned}
&(\Psi[\delta^{n+1}] + \Psi[\theta^{n+1}]) + 2\mu_0\Delta t\left\|\delta^{n+1-\frac{\alpha}{2}}\right\|_1^2 \\
&+\frac{2\Delta t^{1-\alpha}}{\Gamma(2-\alpha)}\sum_{l=0}^{n} g_l^{[\alpha,n+1]}\|\delta^{n-l+1}\|^2 \\
&\leqslant (\Psi[\delta^n] + \Psi[\theta^n]) + \frac{2\Delta t^{1-\alpha}}{\Gamma(2-\alpha)}\sum_{l=0}^{n-1} g_l^{[\alpha,n]}\|\delta^{n-l}\|^2
\end{aligned} \tag{4.1.47}$$

$$+C\Delta t(h^{2m+2}+h^{2r+2}+h^{2k+2}+\Delta t^4)$$
$$+C\Delta t(\|\delta^{n+1}\|^2+\|\delta^n\|^2+\|\theta^{n+1}\|^2+\|\theta^n\|^2)$$

在（4.1.47）中对n求和，得

$$\begin{aligned}&(\Psi[\delta^{n+1}]+\Psi[\theta^{n+1}])+2\mu_0\Delta t\sum_{j=1}^{n}\left\|\delta^{j+1-\frac{\alpha}{2}}\right\|_1^2\\&+\frac{2\Delta t^{1-\alpha}}{\Gamma(2-\alpha)}\sum_{l=0}^{n}g_l^{[\alpha,n+1]}\|\delta^{n-l+1}\|^2\\&\leqslant(\Psi[\delta^1]+\Psi[\theta^1])+C\Delta t\sum_{j=1}^{n+1}\left(\left\|\delta^j\right\|^2+\left\|\theta^j\right\|^2\right)\\&+C\Delta t\sum_{j=1}^{n}(h^{2m+2}+h^{2r+2}+h^{2k+2}+\Delta t^4)\end{aligned}\tag{4.1.48}$$

为了下一步的分析，我们需要考虑$\Psi[\delta^1]+\Psi[\theta^1]$.

(**II**): 当$n=0$

用（4.1.9）减去（4.1.10）并应用投影，可得

$$\begin{cases}(a)\ (\partial_{\Delta t}^{\alpha}\theta^1,w_h)=-(\partial_{\Delta t}^{\alpha}\rho^1,w_h)+\left(\xi^{1-\frac{\alpha}{2}}+\zeta^{1-\frac{\alpha}{2}},w_h\right)+\left(R_1^{1-\frac{\alpha}{2}},w_h\right)\\(b)\left(\dfrac{\partial\xi^{1-\frac{\alpha}{2}}}{\partial x},\dfrac{\partial\phi_h}{\partial x}\right)=\left(\eta^{1-\frac{\alpha}{2}}+\delta^{1-\frac{\alpha}{2}},\dfrac{\partial\phi_h}{\partial x}\right)+\left(R_2^{1-\frac{\alpha}{2}},\dfrac{\partial\phi_h}{\partial x}\right)\\(c)\ \ (\partial_{\Delta t}^{\alpha}\delta^1,\chi_h)+\left(\dfrac{\Delta t^{-\alpha}}{\Gamma(2-\alpha)}\left(1-\dfrac{\alpha}{2}\right)^{1-\alpha}(\delta^1-\delta^0),\chi_h\right)+\mathcal{A}\left(\delta^{1-\frac{\alpha}{2}}\ \chi_h\right)\\\ =-(\partial_{\Delta t}^{\alpha}\eta^1,\chi_h)-\left(\dfrac{\Delta t^{-\alpha}}{\Gamma(2-\alpha)}\left(1-\dfrac{\alpha}{2}\right)^{1-\alpha}(\eta^1-\eta^0),\chi_h\right)\\\quad+\lambda\left(\eta^{1-\frac{\alpha}{2}}+\delta^{1-\frac{\alpha}{2}},\chi_h\right)+\left(f(u^0)-f(u_h^0),\dfrac{\partial\chi_h}{\partial x}\right)-\left(R_3^{1-\frac{\alpha}{2}},\dfrac{\partial\chi_h}{\partial x}\right)\end{cases}\tag{4.1.49}$$

在（4.1.49）中，取$w_h=\theta^{1-\frac{\alpha}{2}}$，应用Cauchy-Schwarz不等式和Young不等式，容易得到

$$\begin{aligned}\|\theta^1\|^2&\leqslant\|\theta^0\|^2+2\Delta t\left(\left\|\xi^{1-\frac{\alpha}{2}}\right\|+\left\|\zeta^{1-\frac{\alpha}{2}}\right\|\right)\left\|\theta^{1-\frac{\alpha}{2}}\right\|\\&\quad+2\Delta t\|\partial_{\Delta t}^{\alpha}\rho^1\|\left\|\theta^{1-\frac{\alpha}{2}}\right\|+2\Delta t\left\|R_1^{1-\frac{\alpha}{2}}\right\|\left\|\theta^{1-\frac{\alpha}{2}}\right\|\\&\leqslant C(\|\theta^0\|^2+\Delta t\|\partial_{\Delta t}^{\alpha}\rho^1\|^2)+C\Delta t\left(\left\|\xi^{1-\frac{\alpha}{2}}\right\|^2+\left\|\zeta^{1-\frac{\alpha}{2}}\right\|^2\right)+C\Delta t^4+\frac{1}{2}\|\theta^1\|^2\end{aligned}\tag{4.1.50}$$

所以，我们有

$$\|\theta^1\|^2\leqslant C\left(\|\theta^0\|^2+\Delta th^{2m+2}+h^{2k+2}+\Delta t^4+\Delta t\left\|\xi^{1-\frac{\alpha}{2}}\right\|^2\right)\tag{4.1.51}$$

在（4.1.49）(c) 中，取$\chi_h=\delta^{1-\frac{\alpha}{2}}$，应用Cauchy-Schwarz不等式，可得

$$(\partial_{\Delta t}^{\alpha}\delta^{1},\ \delta^{1-\frac{\alpha}{2}})+\left(\frac{\Delta t^{-\alpha}}{\Gamma(2-\alpha)}\left(1-\frac{\alpha}{2}\right)^{1-\alpha}\ \delta^{1}-\delta^{0}\ ,\ \delta^{1-\frac{\alpha}{2}}\right)+\mu_0\left\|\delta^{1-\frac{\alpha}{2}}\right\|_1^2$$
$$=\left(1+\frac{\Delta t^{1-\alpha}}{\Gamma(2-\alpha)}\left(1-\frac{\alpha}{2}\right)^{1-\alpha}\right)\|\partial_{\Delta t}^{\alpha}\eta^{1}\|\left\|\delta^{1-\frac{\alpha}{2}}\right\|+\lambda\left(\left\|\eta^{1-\frac{\alpha}{2}}\right\|+\left\|\delta^{1-\frac{\alpha}{2}}\right\|\right)\left\|\delta^{1-\frac{\alpha}{2}}\right\| \quad (4.1.52)$$
$$+C\left(\|f(u^{0})-f(u_h^{0})\|+\left\|R_3^{1-\frac{\alpha}{2}}\right\|\right)\left\|\delta^{1-\frac{\alpha}{2}}\right\|_1$$

与$n\geqslant 1$的情况类似，有

$$\|\delta^{1}\|^2+\Delta t\mu_0\left\|\delta^{1-\frac{\alpha}{2}}\right\|_1^2\leqslant C(h^{2r+2}+h^{2m+2}+\Delta t^4)+C\Delta t(\|\delta^{0}\|^2+\|\theta^{0}\|^2) \quad (4.1.53)$$

当$n=0$时，注意到（4.1.39）仍然成立，即

$$\left\|\xi^{1-\frac{\alpha}{2}}\right\|^2+\left\|\frac{\partial\xi^{1-\frac{\alpha}{2}}}{\partial x}\right\|^2\leqslant C\left(h^{2r+2}+\Delta t^4+\left\|\delta^{1-\frac{\alpha}{2}}\right\|^2\right) \quad (4.1.54)$$

结合（4.1.51),（4.1.53）与（4.1.54)，可得

$$\|\theta^{1}\|^2+\left\|\xi^{1-\frac{\alpha}{2}}\right\|^2+\|\delta^{1}\|^2+\left\|\frac{\partial\xi^{1-\frac{\alpha}{2}}}{\partial x}\right\|^2+\Delta t\mu_0\left\|\delta^{1-\frac{\alpha}{2}}\right\|_1^2 \quad (4.1.55)$$
$$\leqslant C(h^{2r+2}+h^{2m+2}+h^{2k+2}+\Delta t^4)$$

为了得到结论，将结合(**I**)与(**II**)继续讨论.

(**III**)：结合(**I**)和(**II**).

将（4.1.55）代入（4.1.48)，应用Gronwall引理，不等式（4.1.12）和（4.1.39)，可得

$$\|\delta^{n+1}\|^2+\|\theta^{n+1}\|^2+\left\|\xi^{n+1-\frac{\alpha}{2}}\right\|^2+\left\|\frac{\partial\xi^{n+1-\frac{\alpha}{2}}}{\partial x}\right\|^2+2\mu_0\Delta t\sum_{j=0}^{n}\left\|\delta^{j+1-\frac{\alpha}{2}}\right\|_1^2$$
$$\leqslant C\Delta t\sum_{j=0}^{n}(h^{2m+2}+h^{2r+2}+h^{2k+2}+\Delta t^4) \quad (4.1.56)$$

应用三角不等式，可以得到结论.

4.1.4 结果讨论与进展

(1) 相比H^1-Galerkin混合有限元方法，本研究提出的方法能够同时得到三个变量的基于L^2-模的最优误差估计.

(2) 采用适当的技术，该方法能够数值求解如下分数阶波动方程模型的初边值问题

$$\begin{cases}\dfrac{\partial^2 u}{\partial t^2}+\dfrac{\partial^\beta u}{\partial t^\beta}-\dfrac{\partial^3 u}{\partial x^2\partial t}-\dfrac{\partial^2 u}{\partial x^2}+f(u)=d(x,t),\ (x,t)\in\Omega\times J\\ u(a,t)=u(b,t)=0,\ t\in\bar{J}\\ u(x,0)=u_0(x),\ \dfrac{\partial u}{\partial t}(x,0)=u_1(x),\ x\in\bar{\Omega}\end{cases}\tag{4.1.57}$$

4.2 分数阶波动方程的广义BDF2-θ修正混合元法

4.2.1 引言

我们继续考虑分数阶波动方程模型（4.2.1）的初边值问题，为了便于表述，考虑如下简记符号形式

$$\begin{aligned}&u_{tt}+{}_0^CD_t^\beta u-u_{xxt}+f(u)=d(x,t),(x,t)\in\Omega\times J\\&u(a,t)=u(b,t)=0,t\in\bar{J}\\&u(x,0)=0,u_t(x,0)=0,x\in\bar{\Omega}\end{aligned}\tag{4.2.1}$$

其中$\Omega=(a,b)$为空间开区域，$J=(0,\ T]$（$0<T<\infty$）为时间区间. 源项$d(x,t)$为一个已知光滑函数，非线性项满足$f(u)\in C^2(\mathbb{R})$且$f(0)=0$. Caputo分数阶导数由（4.1.2）给出.

分数阶波动方程（4.2.1）描述了包括神经传导和波的传播在内的许多物理现象，该方程在$\beta=1$和$\beta=2$时，可分别退化为伪双曲方程和双曲波动方程. 在文献[255]中，Wang等人提出了一种基于$L2\text{-}1_\sigma$公式的混合元方法用于求解含有Caputo时间分数阶导数的波动模型（4.2.1），该方法是通过改进文献[146，151，174]中提出或使用的H^1-Galerkin混合元方法得到的，该方法可以同时逼近三个未知函数. 然而，在文献[255]中，辅助变量v的理论最优误差结果依赖参数$\frac{\beta-1}{2}$，通过选择任意分数参数$\beta\in(1,2)$，都无法得到$\|v(t_n)-v_h^n\|$的最优误差估计结果.

本节，我们提出了全离散的混合有限元格式，其中空间方向使用混合有限元方法逼近，使用文献[137]中提出的位移卷积积分（SCQ）理论框架中的逼近公式之一，即广义BDF2-θ（广义位移二阶向后差分公式）在任意$t_{n-\theta}$时刻对时间导数进行逼近，从而得到基于二阶SCQ公式的混合有限元全离散数值格式. 证明了该全离散格式的稳定性，并推导了三个未知函数的最优误差估计. 通过与文献[255]中的理论误差结果进行比较，我们的方法可以通过选择位移参数$\theta=0$得到辅助变量v在t_n时

刻的L^2-模最优误差结果.

本节主要工作和贡献如下:(I) 提出基于SCQ的广义BDF2-θ混合有限元算法数值求解含有Caputo时间分数阶导数的非线性波动方程;(II) 利用广义BDF2-θ逼近任意时刻$t_{n-\theta}$处的时间分数阶导数，并形成了非线性时间分数阶波动方程的混合有限元全离散格式. 严格证明了数值格式的稳定性，并得到了包括中间变量在内的三个变量的先验误差估计.

本节研究内容具体安排如下：在4.2.2节中，基于广义BDF2-θ结合混合有限元方法形成了非线性时间分数阶波动方程的数值格式. 在4.2.3节，4.2.4节，给出了稳定性分析，并推导了先验误差估计.

4.2.2 广义BDF2−θ混合有限元格式

利用文献[255]（或参见第4.1节）中提到的技术，进一步对于参数$\alpha\in(0, 1]$时，Caputo分数阶微分算子在时刻$t_{n-\theta}$处采用广义BDF2-θ[138]（见（2.3.22））逼近，对空间导数$\phi_x(t_{n-\theta})$，我们用以下公式进行离散

$$\phi_x(t_{n-\theta}) = (1-\theta)\phi_x^n + \theta\phi_x^{n-1} + O(\Delta t^2) \doteq \phi_x^{n-\theta} + O(\Delta t^2) \tag{4.2.2}$$

利用（2.3.22）和（4.2.2），可得

$$\begin{aligned}
&(a)\ \Psi_{\Delta t}^{1,n}u = v^{n-\theta} + R_1^{n-\theta}\\
&(b)\ \sigma^{n-\theta} = v_x^{n-\theta} + R_2^{n-\theta}\\
&(c)\ \Psi_{\Delta t}^{1,n}v + \Psi_{\Delta t}^{\alpha,n}v - \sigma_x^{n-\theta} + f(u^{n-\theta}) = d(x, t_{n-\theta}) + R_3^{n-\theta}
\end{aligned} \tag{4.2.3}$$

其中

$$\begin{aligned}
R_1^{n-\theta} &= \Psi_{\Delta t}^{1,n}u - u_t(t_{n-\theta}) - v(t_{n-\theta}) - v^{n-\theta} = O(\Delta t^2)\\
R_2^{n-\theta} &= \sigma^{n-\theta} - \sigma(t_{n-\theta}) + v_x(t_{n-\theta}) - v_x^{n-\theta} = O(\Delta t^2)\\
R_3^{n-\theta} &= \Psi_{\Delta t}^{1,n}v - v_t(t_{n-\theta}) + \Psi_{\Delta t}^{\alpha,n}v - {}_0^CD_t^{\alpha}v(t_{n-\theta}) + \sigma_x(t_{n-\theta}) - \sigma_x^{n-\theta}\\
&\quad + f(u(t_{n-\theta})) - f(u^{n-\theta}) = O(\Delta t^2)
\end{aligned}$$

由（4.2.3），可得混合弱形式，即求$(u^n, v^n\ \ \sigma^n) \in L^2 \times H_0^1 \times H^1$，满足

$$\begin{aligned}
&(a)\ (\Psi_{\Delta t}^{1,n}u, w) = (v^{n-\theta}, w) + (R_1^{n-\theta}, w)\\
&(b)\ (\sigma^{n-\theta}, \psi_x) = (v_x^{n-\theta}, \psi_x) + (R_2^{n-\theta}, \psi_x)\\
&(c)\ (\Psi_{\Delta t}^{1,n}\sigma, \chi) + \left(\Delta t^{-\alpha}\sum_{j=0}^{n}\omega_j^{(\alpha)}\sigma^{n-j}, \chi\right) + (\sigma_x^{n-\theta}, \chi_x)\\
&= -(g(u^{n-\theta})I_0^{n-\theta}\sigma, \chi) - (d(x, t_{n-\theta}), \chi_x) + (R_3^{n-\theta}, \chi_x) + (R_4^{n-\theta}, \chi)
\end{aligned} \tag{4.2.4}$$

其中

$$
\begin{aligned}
&g(u^{n-\theta})=f'(u^{n-\theta})\\
&I_0^{n-\theta}\sigma=\Delta t\left(\frac{1}{2}\sigma^0+\sum_{k=1}^{n-2}\sigma^k+\left(1+\frac{\theta}{2}\right)\sigma^{n-1}+\frac{1}{2}(1-\theta)\sigma^n\right)\\
&R_4^{n-\theta}=g(u^{n-\theta})\left(\int_0^{t_{n-\theta}}\sigma\mathrm{d}t-I_0^{n-\theta}\sigma\right)=O(\Delta t^2)
\end{aligned}
$$

令$(\bar{u}^n,\ \bar{v}^n,\ \bar{\sigma}^n)\in L^2\times H_0^1\times H^1$是$(u^n,\ v^n,\ \sigma^n)$的时间近似解，可得

$$
\begin{aligned}
&(a)\,(\Psi_{\Delta t}^{1,n}\bar{u},\ w)=(\bar{v}^{n-\theta},\ w)\\
&(b)\,(\bar{\sigma}^{n-\theta},\ \psi_x)=(\bar{v}_x^{n-\theta},\ \psi_x)\\
&(c)\,(\Psi_{\Delta t}^{1,n}\bar{\sigma},\ \chi)+\left(\Delta t^{-\alpha}\sum_{j=0}^{n}\omega_j^{(\alpha)}\bar{\sigma}^{n-j},\ \chi\right)+(\bar{\sigma}_x^{n-\theta},\ \chi_x)\\
&\quad=-(g(\bar{u}^{n-\theta})I_0^{n-\theta}\bar{\sigma},\ \chi)-(d(x,\ t_{n-\theta}),\ \chi_x)
\end{aligned}
\tag{4.2.5}
$$

为了给出全离散的混合有限元格式，我们定义如下有限元空间

$$
\begin{aligned}
&L_h=\{u_h|u_h\in\mathbb{P}^m,\ m\in\mathbb{N}\}\\
&V_h=\{v_h|v_h\in\mathbb{P}^k,\ v_h(a)=v_h(b)=0,\ v_{hx}\in L^2,\ k\in\mathbb{Z}^+\}\\
&H_h=\{\sigma_h|\sigma_h\in\mathbb{P}^r,\ \sigma_{hx}\in L^2,\ r\in\mathbb{Z}^+\}
\end{aligned}
$$

其中$\mathbb{P}^s$是关于χ的次数为$s(s\in\mathbb{N})$的多项式集合. 由（4.2.4），可得混合有限元格式，即求$u_h^n\in L_h\subset L^2$，$v_h^n\in V_h\subset H_0^1$，$\sigma_h^n\in H_h\subset H^1$，满足

$$
\begin{aligned}
&(a)\,(\Psi_{\Delta t}^{1,n}u_h,\ w_h)=(v_h^{n-\theta},\ w_h),\ \forall w_h\in L_h\\
&(b)\,(\sigma_h^{n-\theta},\ \psi_{hx})=(v_{hx}^{n-\theta},\ \psi_{hx}),\ \forall\psi_h\in V_h\\
&(c)\,(\Psi_{\Delta t}^{1,n}\sigma_h,\ \chi_h)+\left(\Delta t^{-\alpha}\sum_{j=0}^{n}\omega_j^{(\alpha)}\sigma_h^{n-j},\ \chi_h\right)+(\sigma_{hx}^{n-\theta},\ \chi_{hx})\\
&\quad=-(g(u_h^{n-\theta})I_0^{n-\theta}\sigma_h,\ \chi_h)-(d(x,\ t_{n-\theta}),\ \chi_{hx}),\ \forall\chi_h\in H_h
\end{aligned}
\tag{4.2.6}
$$

注4.2.1 (1)为了实现基于系统（4.2.6）的数值计算，我们需要考虑在$n=1$的情况下非线性项的启动值，只需取非线性项的半离散近似$g(\bar{u}^{1-\theta})I_0^{1-\theta}\bar{\sigma}=g(\bar{u}^0)I_0^1\bar{\sigma}=g(\bar{u}^0)\Delta t\bar{\sigma}^0$，和全离散近似$g(u_h^{1-\theta})I_0^{1-\theta}\sigma_h=g(u_h^0)I_0^1\sigma_h=g(u_h^0)\Delta t\sigma_h^0$即可.

(2)在这里，我们简要说明怎样推导（4.2.4)(c). 用$-\chi_x$同时乘以（4.2.3)(c)两端，然后在空间区域$\bar{\Omega}=[a,\ b]$上做内积. 以第一项为例，通过分部积分，对于$v\in H_0^1(\Omega)$，我们有

$$
(\Psi_{\Delta t}^{1,n}v,\ -\chi_x)=(\Psi_{\Delta t}^{1,n}v_x,\ \chi)+\left[\chi\Psi_{\Delta t}^{1,n}v\right]|_a^b=(\Psi_\tau^{1,n}\sigma,\ \chi)
$$

这也表明只需满足$\chi\in H^1(\Omega)$. 关于这一问题的讨论，也可参见文献[146].

注4.2.2 (1)在文献[138]中，广义BDF2-θ为如下形式

$$\begin{aligned}{}_0^C D_t^\alpha \phi(t_{n-\theta}) &= \Delta t^{-\alpha}\sum_{j=0}^{n}\omega_j^{(\alpha)}\phi^{n-j} + \Delta t^{-\alpha}\sum_{j=1}^{k} w_{n,j}^{(\alpha)}\phi^j + O(\Delta t^2) \\ &\doteq \Psi_{\Delta t}^{\alpha,n}\phi + S_{\Delta t,k}^{\alpha,n}\phi + O(\Delta t^2)\end{aligned} \quad (4.2.7)$$

其中，$\Psi_{\Delta t}^{\alpha,n}\phi$和$S_{\Delta t,k}^{\alpha,n}$分别被称为卷积部分和初始校正部分. 当我们考虑的模型具有足够光滑的精确解时，初始校正部分不存在. 详细论证可参见文献[138]. 本节，我们仅考虑没有初始校正部分的情形.

（2）在很多文献中经常见到关于Caputo分数阶导数和Riemann-Liouville分数阶导数关系引理成立. 这表明，当初值$\phi^j(0)=0$时，有${}_0^R D_t^\alpha \phi(t) = {}_0^C D_t^\alpha \phi(t)$.

4.2.3 稳定性分析

为了稳定性分析，先引入以下引理.

引理4.2.1[138] 对序列$\{\phi^m\}$, $m \geqslant 2$,

$$\Psi_{\Delta t}^{1,m}(\phi,\phi^m) \geqslant \frac{1}{4\Delta t}(\mathbb{H}_m(\phi) - \mathbb{H}_{m-1}(\phi)) \quad (4.2.8)$$

其中

$$\mathbb{H}_m(\phi) = (3-2\theta)\|\phi^m\|^2 - (1-2\theta)\|\phi^{m-1}\|^2 + 2\|\phi^m - \phi^{m-1}\|^2 \quad (4.2.9)$$

此外，还有

$$\mathbb{H}_m(\phi) \geqslant \|\phi^m\|^2 \quad (4.2.10)$$

其中$\theta \in [0,\ 1/2]$.

证明：只需取$\theta = \frac{\alpha}{2}$，使用类似于文献[126]中的证明方法可得结论.

不失一般性，我们仅考虑当源项$d(x,t)=0$时系统（4.2.6）的稳定性分析.

定理4.2.1 对于全离散格式（4.2.6），以下稳定性成立

$$\|u_h^n\|^2 + \|\sigma_h^n\|^2 + \left\|v_h^{n-\theta}\right\|^2 + \left\|v_{hx}^{n-\theta}\right\|^2 \leqslant C\left(\left\|u_h^0\right\|^2 + \left\|\sigma_h^0\right\|^2\right) \quad (4.2.11)$$

其中C是不依赖于网格步长参数Δt和h的正常数.

证明：当$n \geqslant 2$时，在（4.2.6）(a)中取$w_h = u_h^n$，利用（4.2.8），Cauchy-Schwarz不等式以及Young不等式，可得

$$\begin{aligned}\frac{1}{4\Delta t}(\mathbb{H}_n(u_h) - \mathbb{H}_{n-1}(u_h)) &\leqslant (v_h^{n-\theta}, u_h^n) \\ &\leqslant \frac{1-\theta}{2}\|v_h^n\|^2 + \frac{\theta}{2}\|v_h^{n-1}\|^2 + \frac{1}{2}\|u_h^n\|^2\end{aligned} \quad (4.2.12)$$

对（4.2.12）关于j从2到n求和，利用（4.2.9）和（4.2.10），可得

$$
\begin{aligned}
\|u_h^n\|^2 &\leqslant \mathbb{H}_n(u_h)\\
&\leqslant \Delta t\sum_{j=2}^{n}\left((2-\theta)\left\|v_h^j\right\|^2+2\theta\left\|v_h^{j-1}\right\|^2+2\left\|u_h^j\right\|^2\right)+\mathbb{H}_1(u_h)\\
&\leqslant \Delta t\sum_{j=2}^{n}\left((2-\theta)\left\|v_h^j\right\|^2+2\theta\left\|v_h^{j-1}\right\|^2+2\left\|u_h^j\right\|^2\right)+C(\|u_h^1\|^2+\left\|u_h^0\right\|^2)
\end{aligned}
\tag{4.2.13}
$$

在（4.2.6）(b) 中取$\psi_h = v_h^{n-\theta}$，使用Cauchy-Schwarz不等式和Young不等式，并注意到$v_h^{n-\theta}\in V_h\subset H_0^1$，再利用Poincaré不等式，可得

$$
\left\|v_h^{n-\theta}\right\|^2\leqslant C\left\|v_{hx}^{n-\theta}\right\|^2\leqslant C\left\|\sigma_h^{n-\theta}\right\|^2 \tag{4.2.14}
$$

在（4.2.6）(c) 中，令$\chi_h=\sigma_h^n$，用k替换n，并对k从2到n求和，可得

$$
\begin{aligned}
&\sum_{k=2}^{n}(\Psi_{\Delta t}^{1,k}\sigma_h,\sigma_h^k)+\Delta t^{-\alpha}\sum_{k=2}^{n}\left(\sum_{j=0}^{k}\omega_{k-j}^{(\alpha)}\sigma_h^j,\ \sigma_h^k\right)+\sum_{k=2}^{n}(\sigma_{hx}^{k-\theta},\ \sigma_{hx}^k)\\
&=\sum_{k=2}^{n}\left(-\Delta t g(u_h^{k-\theta})\left(\frac{1}{2}\sigma_h^0+\sum_{j=1}^{k-2}\sigma_h^j+\left(1+\frac{\theta}{2}\right)\sigma_h^{k-1}+\frac{1}{2}(1-\theta)\sigma_h^k\right),\sigma_h^k\right)
\end{aligned}
\tag{4.2.15}
$$

利用Hölder不等式和Young不等式，有

$$
\begin{aligned}
&\frac{1}{4\Delta t}\sum_{k=2}^{n}(\mathbb{H}_k(\sigma_h)-\mathbb{H}_{k-1}(\sigma_h))+\Delta t^{-\alpha}\sum_{k=2}^{n}\left(\sum_{j=0}^{k}\omega_{k-j}^{(\alpha)}\sigma_h^j,\ \sigma_h^k\right)+\sum_{k=2}^{n}(\sigma_{hx}^{k-\theta},\ \sigma_{hx}^k)\\
&\leqslant \Delta t\sum_{k=2}^{n}\left(\left\|g(u_h^{k-\theta})\right\|_\infty\left\|\frac{1}{2}\sigma_h^0+\sum_{j=1}^{k-2}\sigma_h^j+\left(1+\frac{\theta}{2}\right)\sigma_h^{k-1}+\frac{1}{2}(1-\theta)\sigma_h^k\right\|\left\|\sigma_h^k\right\|\right)\\
&\leqslant C\Delta t\sum_{k=2}^{n}\left(\left\|\sigma_h^k\right\|\sum_{j=0}^{k}\left\|\sigma_h^j\right\|\right)\\
&\leqslant C\sum_{k=2}^{n}\left(\Delta t\sum_{j=0}^{k}\left\|\sigma_h^j\right\|^2+\frac{\Delta t(k+1)}{2}\left\|\sigma_h^k\right\|^2\right)
\end{aligned}
\tag{4.2.16}
$$

用$4\Delta t$同时乘以（4.2.16）两端，利用Young不等式和三角不等式，可得

$$
\begin{aligned}
&\mathbb{H}_n(\sigma_h)+4\Delta t^{1-\alpha}\sum_{k=2}^{n}\left(\sum_{j=0}^{k}\omega_{k-j}^{(\alpha)}\sigma_h^j,\ \sigma_h^k\right)+4\Delta t\sum_{k=2}^{n}(\sigma_{hx}^{k-\theta},\ \sigma_{hx}^k)\\
&\leqslant C\Delta t\sum_{k=0}^{n}\left\|\sigma_h^k\right\|^2+\mathbb{H}_1(\sigma_h)\\
&\leqslant C\Delta t\sum_{k=0}^{n}\left\|\sigma_h^k\right\|^2+C\left(\|\sigma_h^1\|^2+\left\|\sigma_h^0\right\|^2\right)
\end{aligned}
\tag{4.2.17}
$$

我们只需再对$n=1$的情形做分析即可. 类似于（4.2.13）和（4.2.17）的分析过程，易得

$$\|u_h^1\|^2 \leqslant C\Delta t\left(\|v_h^1\|^2+\Delta t\left\|v_h^0\right\|^2+\|u_h^1\|^2\right)+\left\|u_h^0\right\|^2 \tag{4.2.18}$$

和

$$\|\sigma_h^1\|^2+\Delta t^{1-\alpha}\sum_{j=0}^{1}\left(\omega_{1-j}^{(\alpha)}\sigma_h^j,\ \sigma_h^1\right)+\Delta t\left(\sigma_{hx}^{1-\theta},\ \sigma_{hx}^1\right)\leqslant C\left\|\sigma_h^0\right\|^2 \tag{4.2.19}$$

联立（4.2.13)，（4.2.17)，（4.2.18）和（4.2.19)，有

$$\|u_h^n\|^2 \leqslant C\left(\left\|u_h^0\right\|^2+\Delta t\sum_{j=0}^{n}\left\|v_h^j\right\|^2+\Delta t\sum_{j=1}^{n}\left\|u_h^j\right\|^2\right) \tag{4.2.20}$$

和

$$\begin{aligned}&\|\sigma_h^n\|^2+\Delta t^{1-\alpha}\sum_{k=0}^{n}\left(\sum_{j=0}^{k}\omega_{k-j}^{(\alpha)}\sigma_h^j,\ \sigma_h^k\right)+\Delta t\sum_{k=1}^{n}\left(\sigma_{hx}^{k-\theta},\ \sigma_{hx}^k\right)\\&\leqslant C\left(\left\|\sigma_h^0\right\|^2+\Delta t\sum_{k=0}^{n}\left\|\sigma_h^k\right\|^2\right)\end{aligned} \tag{4.2.21}$$

联立（4.2.14)，（4.2.20）以及（4.2.21)，利用引理2.3.11和2.3.12，可得

$$\begin{aligned}&\|u_h^n\|^2+\|\sigma_h^n\|^2+\left\|v_h^{n-\theta}\right\|^2+\left\|v_{hx}^{n-\theta}\right\|^2\\&\leqslant C\left(\left\|u_h^0\right\|^2+\left\|\sigma_h^0\right\|^2+\Delta t\sum_{k=0}^{n}\left(\left\|u_h^k\right\|^2+\left\|v_h^k\right\|^2+\left\|\sigma_h^k\right\|^2\right)\right)\end{aligned} \tag{4.2.22}$$

利用Gronwall引理，完成定理的证明.

4.2.4　最优误差估计

基于三个投影算子引理4.1.4-4.1.6以及相应的估计不等式，可得系统（4.2.6）的最优误差估计结果.

定理4.2.2　设$\Lambda_h\bar{u}(0)=u_h^0$，$\Upsilon_h\bar{v}(0)=v_h^0$以及$\Pi_h\bar{\sigma}(0)=\sigma_h^0$，则存在一个不依赖于$(h,\ \Delta t)$的正常数$C$，满足

$$\|u(t_n)-u_h^n\|+\|\sigma(t_n)-\sigma_h^n\|+\left\|v(t_{n-\theta})-v_h^{n-\theta}\right\|\leqslant C\left(h^{\min\{m+1,\ r+1,\ k+1\}}+\Delta t^2\right)$$

证明：便于分析，将误差改写为

$$\begin{aligned}\bar{u}(t_n)-u_h^n&=\left(\bar{u}(t_n)-\Lambda_h\bar{u}^n\right)+\left(\Lambda_h\bar{u}^n-u_h^n\right)=\rho^n+\vartheta^n\\\bar{v}\ \ t_n\ \ -v_h^n&=\left(\bar{v}(t_n)-\Upsilon_h\bar{v}^n\right)+\left(\Upsilon_h\bar{v}^n-v_h^n\right)=\zeta^n+\xi^n\\\bar{\sigma}(t_n)-\sigma_h^n&=\left(\bar{\sigma}(t_n)-\Pi_h\bar{\sigma}^n\right)+\left(\Pi_h\bar{\sigma}^n-\sigma_h^n\right)=\eta^n+\delta^n\end{aligned}$$

用（4.2.5)(a) 减去（4.2.6)(a)，取$\omega_h=\vartheta^n$，应用引理4.1.4中的投影，

Cauchy-Schwarz不等式以及Young不等式，可得

$$(\Psi_{\Delta t}^{1,n}v, v^n) = -(\Psi_{\Delta t}^{1,n}\rho, v^n) + (\zeta^{n-\theta} + \xi^{n-\theta}, v^n) \leqslant \frac{1}{2}\left(\left\|\Psi_{\Delta t}^{1,n}\rho\right\|^2 + \left\|\xi^{n-\theta}\right\|^2 + \left\|\zeta^{n-\theta}\right\|^2\right) + \frac{3}{2}\|v^n\|^2 \quad (4.2.23)$$

在上式中，用m替换n，关于m从2到n求和，应用引理4.2.1，有

$$\begin{aligned}\|v^n\|^2 &\leqslant \mathbb{H}_n(v) \\ &\leqslant C\Delta t\sum_{m=2}^{n}\left(\left\|\Psi_{\Delta t}^{1,n}\rho\right\|^2 + \left\|\xi^{n-\theta}\right\|^2 + \left\|\zeta^{n-\theta}\right\|^2\right) \\ &\quad + C\Delta t\sum_{m=2}^{n}\|v^m\|^2 + C(\|v^1\|^2 + \|v^0\|^2)\end{aligned} \quad (4.2.24)$$

用（4.2.5）(*b*) 减去（4.2.6）(*b*)，令$\psi_h = \xi^{n-\theta}$，应用投影（4.1.5），可得

$$(\delta^{n-\theta}, \xi_x^{n-\theta}) = -(\eta^{n-\theta}, \xi_x^{n-\theta}) + \left\|\xi_x^{n-\theta}\right\|^2 \quad (4.2.25)$$

应用Cauchy-Schwarz不等式，Young不等式以及Poincaré不等式，有

$$\left\|\xi_x^{n-\theta}\right\|^2 + \left\|\xi^{n-\theta}\right\|^2 \leqslant C\left(\left\|\eta^{n-\theta}\right\|^2 + \|\delta^n\|^2 + \|\delta^{n-1}\|^2\right) \quad (4.2.26)$$

用（4.2.5）(*c*) 减去（4.2.6）(*c*)，令$\chi_h = \delta^n$，应用投影（4.1.6），Hölder不等式以及Young不等式，可得

$$\begin{aligned}&(\Psi_{\Delta t}^{1,n}\delta, \delta^n) + (\Psi_{\Delta t}^{\alpha,n}\delta, \delta^n) + (\delta_x^{n-\theta}, \delta_x^n) \\ &= -(\Psi_{\Delta t}^{1,n}\eta, \delta^n) - (\Psi_{\Delta t}^{\alpha,n}\eta, \delta^n) + \lambda(\eta^{n-\theta}, \delta^n) \\ &\quad -(g(\bar{u}^{n-\theta})I_0^{n-\theta}\bar{\sigma} - g(u_h^{n-\theta})I_0^{n-\theta}\sigma_h, \delta^n) \\ &= -(\Psi_{\Delta t}^{1,n}\eta, \delta^n) - (\Psi_{\Delta t}^{\alpha,n}\eta, \delta^n) + \lambda(\eta^{n-\theta}, \delta^n) \\ &\quad -(g(\bar{u}^{n-\theta})I_0^{n-\theta}\bar{\sigma} - g(u_h^{n-\theta})I_0^{n-\theta}\bar{\sigma} + g(u_h^{n-\theta})I_0^{n-\theta}\bar{\sigma} - g(u_h^{n-\theta})I_0^{n-\theta}\sigma_h, \delta^n) \\ &= -(\Psi_{\Delta t}^{1,n}\eta, \delta^n) - (\Psi_{\Delta t}^{\alpha,n}\eta, \delta^n) + \lambda(\eta^{n-\theta}, \delta^n) \\ &\quad -((g(\bar{u}^{n-\theta}) - g(u_h^{n-\theta}))I_0^{n-\theta}\bar{\sigma}, \delta^n) - (g(u_h^{n-\theta})I_0^{n-\theta}(\bar{\sigma} - \sigma_h), \delta^n) \\ &\leqslant \frac{1}{2}\left\|\Psi_{\Delta t}^{1,n}\eta\right\|^2 + \frac{1}{2}\left\|\Psi_{\Delta t}^{\alpha,n}\eta\right\|^2 + \frac{\lambda(1-\theta)}{2}\|\eta^n\|^2 + \frac{\lambda\theta}{2}\|\eta^{n-1}\|^2 + \left(\frac{3}{2} + \frac{\lambda}{2}\right)\|\delta^n\|^2 \\ &\quad + \left(\left\|g(\bar{u}^{n-\theta}) - g(u_h^{n-\theta})\right\|\left\|I_0^{n-\theta}\bar{\sigma}\right\|_\infty + \left\|g(u_h^{n-\theta})\right\|_\infty\left\|I_0^{n-\theta}(\bar{\sigma} - \sigma_h)\right\|\right)\|\delta^n\| \\ &\leqslant \frac{1}{2}\left\|\Psi_{\Delta t}^{1,n}\eta\right\|^2 + \frac{1}{2}\left\|\Psi_{\Delta t}^{\alpha,n}\eta\right\|^2 + \frac{\lambda(1-\theta)}{2}\|\eta^n\|^2 + \frac{\lambda\theta}{2}\|\eta^{n-1}\|^2 + \left(\frac{3}{2} + \frac{\lambda}{2}\right)\|\delta^n\|^2 \\ &\quad + (C\|g'(\varsigma)\|_\infty\|\rho^{n-\theta} + v^{n-\theta}\| + C\Delta t\|\frac{1}{2}(\eta^0 + \delta^0) + \sum_{j=1}^{n-1}(\eta^j + \delta^j) \\ &\quad + \left(1 - \frac{\theta}{2}\right)(\eta^{n-1} + \delta^{n-1}) + \frac{1}{2}(1-\theta)(\eta^n + \delta^n)\|)\|\delta^n\|\end{aligned} \quad (4.2.27)$$

$$\leqslant \frac{1}{2}\left\|\Psi_{\Delta t}^{1,n}\eta\right\|^2 + \frac{1}{2}\left\|\Psi_{\Delta t}^{\alpha,n}\eta\right\|^2 + C(\|\eta^n\|^2 + \|\eta^{n-1}\|^2 + \|\rho^n\|^2 + \|\rho^{n-1}\|^2)$$

$$+C(\|\delta^n\|^2 + \|v^n\|^2 + \|v^{n-1}\|^2) + C\Delta t\sum_{k=0}^{n}(\|\eta^k\|^2 + \|\delta^k\|^2)$$

在上式中，用m代替n，并对m从2到n求和，有

$$\sum_{m=2}^{n}(\Psi_{\Delta t}^{1,m}\delta,\delta^m) + \Delta t^{-\alpha}\sum_{m=2}^{n}\left(\sum_{j=0}^{m}\omega_{m-j}^{(\alpha)}\delta^j,\ \delta^m\right) + \sum_{m=2}^{n}(\delta_x^{m-\theta},\ \delta_x^m)$$

$$\leqslant C\sum_{m=2}^{n}\left(\left\|\Psi_{\Delta t}^{\alpha,m}\eta\right\|^2 + \left\|\Psi_{\Delta t}^{1,m}\eta\right\|^2 + \|\delta^m\|^2\right) + C\sum_{m=1}^{n}(\|\rho^m\|^2 + \|\eta^m\|^2 + \|v^m\|^2) \quad (4.2.28)$$

$$+C\Delta t\sum_{m=1}^{n}\sum_{k=0}^{n}(\|\eta^k\|^2 + \|\delta^k\|^2)$$

注意到文献[120，138]中提到的技术，使用类似的方法，可得

$$\left\|\Psi_{\Delta t}^{\alpha,n}\eta\right\| \leqslant \left\|\Pi_h({}_0^CD_t^\alpha\bar{\sigma}^{n-\theta}) - {}_0^CD_t^\alpha\bar{\sigma}^{n-\theta}\right\| \leqslant Ch^{r+1} \quad (4.2.29)$$

以及

$$\left\|\Psi_{\Delta t}^{1,n}\eta\right\| \leqslant Ch^{r+1} \quad (4.2.30)$$

用$4\Delta t$同时乘以（4.2.28）两端，联立（4.1.35），（4.2.29）和（4.2.30），并应用引理4.1.4，可得

$$\begin{aligned}&\|\delta^n\|^2 + \Delta t^{1-\alpha}\sum_{m=2}^{n}\left(\sum_{j=0}^{m}\omega_{m-j}^{(\alpha)}\delta^j,\ \delta^m\right) + \Delta t\sum_{m=2}^{n}(\delta_x^{m-\theta},\ \delta_x^m)\\ &\leqslant C(h^{2k+2}+h^{2r+2}) + C\Delta t\sum_{m=0}^{n}\|\delta^m\|^2 + C\Delta t\sum_{m=1}^{n}\|v^m\|^2 + \|\delta^1\|^2 + \|\delta^0\|^2\end{aligned} \quad (4.2.31)$$

联立（4.2.31），（4.2.24）和（4.2.26），可得以下估计

$$\begin{aligned}&\|\delta^n\|^2 + \|v^n\|^2 + \left\|\xi^{n-\theta}\right\|^2 + \left\|\xi_x^{n-\theta}\right\|^2\\ &+\Delta t^{1-\alpha}\sum_{m=2}^{n}\left(\sum_{j=0}^{m}\omega_{m-j}^{(\alpha)}\delta^j,\ \delta^m\right) + \Delta t\sum_{m=2}^{n}(\delta_x^{m-\theta},\ \delta_x^m)\\ &\leqslant C\left(h^{2k+2}+h^{2r+2} + \Delta t\sum_{m=2}^{n}\left(\left\|\Psi_{\Delta t}^{1,n}\rho\right\|^2 + \left\|\zeta^{n-\theta}\right\|^2\right)\right)\\ &+C\Delta t\sum_{m=0}^{n}\|\delta^m\|^2 + C\Delta t\sum_{m=1}^{n}\|v^m\|^2 + C(\|v^1\|^2 + \|\delta^1\|^2 + \|v^0\|^2 + \|\delta^0\|^2)\end{aligned} \quad (4.2.32)$$

对于$n = 1$的情形，使用类似于（4.2.32）的推导过程，易得

$$
\begin{aligned}
&\|\delta^1\|^2+\|v^1\|^2+\left\|\xi^{1-\theta}\right\|^2+\left\|\xi_x^{1-\theta}\right\|^2\\
&+\Delta t^{1-\alpha}\left(\sum_{j=0}^{1}\omega_{1-j}^{(\alpha)}\delta^j,\ \delta^m\right)+\Delta t(\delta_x^{1-\theta},\ \delta_x^1)\\
&\leqslant C(h^{2k+2}+h^{2r+2}+h^{2m+2}+\|v^0\|^2+\|\delta^0\|^2)
\end{aligned}
\tag{4.2.33}
$$

联立（4.2.32）和（4.2.33），应用Gronwall不等式，可得

$$
\begin{aligned}
&\|\delta^n\|^2+\|v^n\|^2+\left\|\xi^{n-\theta}\right\|^2+\left\|\xi_x^{n-\theta}\right\|^2\\
&+\Delta t^{1-\alpha}\sum_{m=0}^{n}\left(\sum_{j=0}^{m}\omega_{m-j}^{(\alpha)}\delta^j,\ \delta^m\right)+\Delta t\sum_{m=1}^{n}(\delta_x^{m-\theta},\ \delta_x^m)\\
&\leqslant C(h^{2k+2}+h^{2r+2}+h^{2m+2})
\end{aligned}
\tag{4.2.34}
$$

联立（4.1.35），（4.1.36）和（4.1.37），应用引理2.3.11–2.3.12以及三角不等式，有

$$
\|\bar{u}(t_n)-u_h^n\|+\|\bar{\sigma}(t_n)-\sigma_h^n\|+\left\|\bar{v}(t_{n-\theta})-v_h^{n-\theta}\right\|\leqslant Ch^{\min\{m+1,\ r+1,\ k+1\}}\tag{4.2.35}
$$

对（4.2.35）使用三角不等式，有

$$
\begin{aligned}
&\|u(t_n)-u_h^n\|+\|\sigma(t_n)-\sigma_h^n\|+\left\|v(t_{n-\theta})-v_h^{n-\theta}\right\|\\
&\leqslant\|u(t_n)-\bar{u}(t_n)\|+\|\bar{u}(t_n)-u_h^n\|+\|\sigma(t_n)-\bar{\sigma}(t_n)\|\\
&\quad+\|\bar{\sigma}(t_n)-\sigma_h^n\|+\|v(t_{n-\theta})-\bar{v}(t_{n-\theta})\|+\left\|\bar{v}(t_{n-\theta})-v_h^{n-\theta}\right\|\\
&\leqslant\|\bar{u}(t_n)-u_h^n\|+\|\bar{\sigma}(t_n)-\sigma_h^n\|+\left\|\bar{v}(t_{n-\theta})-v_h^{n-\theta}\right\|+C\Delta t^2
\end{aligned}
\tag{4.2.36}
$$

至此，最优误差估计得证.

4.2.5 结果讨论

（1）本节研究的混合元方法，在误差估计讨论中，没有考虑误差对解的正则性的依赖关系. 实际上，可采用类似文献[140]中的处理办法，对本节考虑的混合有限元全离散系统进行分析，得到与解的正则性相关的误差估计结果，这里不再做详细讨论.

（2）所提出的时间二阶全离散的混合有限元数值格式是基于Pani的空间H^1-Galerkin混合有限元方法结合时间二阶SCQ公式得到的，故不需要满足LBB条件. 此外，多项式基函数的次数k，m和r可以独立选取.

（3）通过引入两个中间变量，原问题转化为一个时空方向上的低阶耦合系统. 对该系统进行数值逼近的时间方法，有多种选择. 从计算的角度而言，这些方法之间只存在微小差别，但不同逼近技术的使用在理论分析中可能存在很大区别，给学者

带来诸多挑战. 例如，本节的稳定性和误差估计的理论分析中，我们使用的是一些正定性质，与文献[255]中使用的迭代技术带来的挑战是不同的.

4.3　高维分数阶伪双曲波方程的高阶WSGD两重网格混合元法

4.3.1　引言

本节，我们考虑高维非线性分数阶伪双曲波动方程

$$\begin{cases} {}_0^RD_t^{\beta}u(\mathbf{x},t)+u_t-{}_0^RD_t^{\alpha}\Delta u-\Delta u+g(u)=f(\mathbf{x},t),(\mathbf{x},t)\in\Omega\times J \\ u(\mathbf{x},0)=u_0(\mathbf{x}),u_t(\mathbf{x},0)=u_1(\mathbf{x}),\mathbf{x}\in\bar{\Omega} \\ u(\mathbf{x},t)=0,(\mathbf{x},t)\in\partial\Omega\times\bar{J} \end{cases} \tag{4.3.1}$$

其中$\Omega\subset\mathbb{R}^d$，$d=2,3$为有界凸开区域，$\partial\Omega$为其边界. $J=(0,T]$（$0<T<\infty$）为时间区间. $u_0(\mathbf{x})$和$u_1(\mathbf{x})$为给定初始函数，$f(\mathbf{x},t)$是给定的源项函数，非线性项$g(u)\in C^2(\mathbb{R})$，分数阶参数$\beta=\alpha+1$，${}_0^RD_t^{\alpha}w(x,t)$为Riemann-Liouville分数阶导数，其定义如下

$${}_0^RD_t^{\alpha}w(x\ \ t)=\frac{1}{\Gamma(1-\alpha)}\frac{\partial}{\partial t}\int_0^t\frac{w(x,s)}{(t-s)^{\alpha}}\mathrm{d}s,\ \alpha\in(0,1) \tag{4.3.2}$$

以及

$${}_0^RD_t^{\beta}w(x,t)=\frac{1}{\Gamma(2-\beta)}\frac{\partial^2}{\partial t^2}\int_0^t\frac{w(x,s)}{(t-s)^{\beta-1}}\mathrm{d}s,\ \beta\in(1,2) \tag{4.3.3}$$

模型（4.3.1）可以用来描述包括波的传播和扩散在内的物理现象的一类重要物理模型. 特别地，当$\beta=1$时，原模型可退化为扩散方程；当$\beta=2$时，该模型可以化为伪双曲方程[151, 153]；对于$1<\beta<2$时，该模型是这里考虑的一类分数阶波动方程模型（也称为分数阶伪双曲波动方程），它同时具备黏性、弹性等重要性质.

正如学者所知，当数值求解高维模型时，空间方向计算将会耗费大量的计算时间，因此设计高效处理高维空间的快速算法是非常有必要的. 这里的主要目的是设计求解高维非线性分数阶伪双曲波动方程（4.3.1）的快速空间两重网格全离散混合有限元算法. 时间方向使用BDF2-θ结合WSGD算子离散，空间方向使用两重网格的混合有限元方法逼近. 空间两重网格有限元算法由Xu[229, 230]为了快速求解半线性椭圆问题和非线性偏微分方程边值问题而提出，其优点是能够高效地处理空间方向

计算耗时问题，在很大程度上提升计算效率. 因其高效实用特点得到广泛关注和应用，例如学者们已将基于有限元、混合有限元或有限体积元的两重网格方法应用于反应扩散模型[231-233]、特征值问题[234, 235]、Kelvin-Voigt模型[236]、Allen-Cahn方程[237]、积分微分方程[238, 239]、半线性椭圆问题[240]、半线性或非线性抛物方程[241, 242]、Maxwell方程[243]、Sobolev方程[244]等整数阶模型的数值求解. 2015年，Liu等人在文献[245]中，发展了数值求解四阶非线性分数阶反应扩散方程的空间两重网格算法，给出误差估计等理论分析，并通过数值计算结果对比发现两重网格有限元算法在计算效率上的优势. 2016年以来，学者相继发展了高效求解分数阶模型方程的两重网格有限元方法和两重网格有限差分方法，相关研究成果参见分数阶Cable方程[117]、变分数阶的移动/非移动对流扩散模型[246]、分数阶抛物方程[247]、分数阶扩散模型[248, 249]. 从文献研究结果中能够看到，学者们主要基于标准有限元方法、传统混合元方法、扩展混合元方法、有限差分方法、有限体积元方法的两重网格算法开展研究工作. 这里，我们继续基于非标准H^1-Galerkin混合有限元的空间两重网格算法展开研究，算法主要包含两个主要步骤：首先，直接迭代求解在粗网格空间V_H下的非线性混合元系统；其次，在细网格空间V_h下，基于第一步计算并插值所得所有较粗糙的数值解进行Taylor展开，进而形成能够直接求解的一个线性系统，因此避免在细网格上直接求解非线性混合元系统而导致的计算耗时问题.

本节主要工作和贡献如下：(1) 提出数值求解高维非线性分数阶伪双曲波动方程模型的基于加权位移Grünwald差分（WSGD）算子结合空间两重网格混合有限元快速算法；(2) 利用二阶WSGD公式逼近时间分数阶导数，形成非线性时间分数阶波动方程的空间两重网格全离散混合有限元格式，给出未知纯量函数和辅助函数的先验误差估计的严格证明.

研究内容具体安排如下：在4.3.2节中，基于WSGD公式结合混合有限元方法形成了非线性时间分数阶伪双曲波动方程的空间两重网格全离散数值格式. 在4.3.3节，详细证明了误差估计结果.

4.3.2 两重网格混合元数值格式

引入中间辅助函数$q = {}_0^R D_t^{\alpha} \nabla u + \nabla u$，将系统（4.3.1）改写为如下等价的低阶耦合系统：

$$\begin{cases} {}_0^R D_t^{\alpha} \nabla u + \nabla u = q \\ {}_0^R D_t^{\beta} u + u_t - \nabla \cdot q + g(u) = f \end{cases} \tag{4.3.4}$$

令$\mathbf{W}=\left\{\mathbf{w}\in(L^2(\Omega))^d:\nabla\cdot\mathbf{w}\in L^2(\Omega),\ d=2,3,\right\}$相应的范数定义为$\|\mathbf{w}\|_{H(\mathrm{div},\Omega)}=(\|\mathbf{w}\|^2+\|\nabla\cdot\mathbf{w}\|^2)^{\frac{1}{2}}$. 分别用$\nabla v$同时乘以方程（4.3.4）的第一个等式两端，用$-\nabla\cdot\omega$同时乘以方程（4.3.4）的第二个等式两端，然后在区域Ω上积分，利用边界条件，可得如下弱形式，即求$(u,q)\in H_0^1\times\mathbf{W}$，满足

$$\begin{cases}({}_0^RD_t^\alpha\nabla u,\nabla v)+(\nabla u,\nabla v)=(q,\nabla v),\ v\in H_0^1\\(q_t,\omega)+(\nabla\cdot q,\nabla\cdot\omega)-(g,\nabla\cdot\omega)=(f,-\nabla\cdot\omega),\ \omega\in\mathbf{W}\end{cases}\tag{4.3.5}$$

对$[0,\ T]$上的光滑函数u和q，记$u^n=u(\cdot,t_n)$，$q^n=q(\cdot,t_n)$. 为了建立数值格式，需引入WSGD算子公式及相关性质（参见2.3节相关内容）及以下逼近公式.

引理4.3.1 设$v(t)\in C^3[0,T]$，在时刻$t_{n-\theta}$处，对于任意$\theta\in\left[0,\ \frac{1}{2}\right]$，如下对于一阶时间导数逼近公式成立

$$v_t(t_{n-\theta})=\begin{cases}\partial_t\left[v^{n-\theta}\right]+O(\Delta t^2),\ n\geqslant 2\\\partial_t[v^1]+O(\Delta t),\ n=1\end{cases}\tag{4.3.6}$$

其中

$$\begin{aligned}\partial_t\left[v^{n-\theta}\right]&\doteq\frac{(3-2\theta)v^n-(4-4\theta)v^{n-1}+(1-2\theta)v^{n-2}}{2\Delta t}\\\partial_t[v^1]&\doteq\frac{v^1-v^0}{\Delta t}\end{aligned}\tag{4.3.7}$$

引理4.3.2 在时刻$t_{n-\theta}$处，对于任意$\theta\in\left[0,\ \frac{1}{2}\right]$以及$v(t)\in C^2[0,T]$，有

$$f(t_{n-\theta})=(1-\theta)f^n+\theta f^{n-1}+O(\Delta t^2)\doteq f^{n-\theta}+O(\Delta t^2)\tag{4.3.8}$$

和

$$g(v(t_{n-\theta}))=(1-\theta)g(v^n)+\theta g(v^{n-1})+O(\Delta t^2)\doteq g\left[v^{n-\theta}\right]+O(\Delta t^2)\tag{4.3.9}$$

引理4.3.3 在时刻t_n处，对阶为$\alpha\in(0,1)$的Riemann-Liouville分数阶导数有如下二阶逼近公式

$${}_0^RD_t^\alpha v(t_n)=\Delta t^{-\alpha}\sum_{i=0}^{n}\mathcal{A}_\alpha(i)v^{n-i}+O(\Delta t^2)\doteq I_\alpha^n[v^n]+O(\Delta t^2)\tag{4.3.10}$$

其中系数$\mathcal{A}_\alpha(i)$与引理2.3.2中的$q_\alpha(i)$相同，相关性质参见引理2.3.2.

基于混合弱形式（4.3.5），引理4.3.1-4.3.3中的逼近公式，可得如下等价弱形式：

当$n=1$时：

$$\begin{aligned}&(I_\alpha^{1-\theta}\left[\nabla u^{1-\theta}\right],\nabla v)+(\nabla u^{1-\theta},\nabla v)=(q^{1-\theta},\nabla v)+(E_1^{1-\theta},\nabla v)\\&\left(\frac{q^1-q^0}{\Delta t},\omega\right)+(\nabla\cdot q^{1-\theta},\nabla\cdot\omega)+(g\left[u^{1-\theta}\right],-\nabla\cdot\omega)\\&=(f^{1-\theta},-\nabla\cdot\omega)+\left(\sum_{k=1}^{3}\bar{E}_k^{1-\theta},\nabla\cdot\omega\right)\end{aligned}\tag{4.3.11}$$

当$n \geqslant 2$时：

$$\begin{aligned}&(I_\alpha^{n-\theta}[\nabla u^{n-\theta}], \nabla v)+(\nabla u^{n-\theta}, \nabla v)=(q^{n-\theta}, \nabla v)+(E_1^{n-\theta}, \nabla v)\\&(\partial_t[q^{n-\theta}], \omega)+(\nabla\cdot q^{n-\theta}, \nabla\cdot\omega)+(g[u^{n-\theta}], -\nabla\cdot\omega)\\&=(f^{n-\theta}, -\nabla\cdot\omega)+\left(\sum_{k=1}^{3}\bar{E}_k^{n-\theta}, \nabla\cdot\omega\right)\end{aligned}\tag{4.3.12}$$

其中

$$\begin{aligned}&\bar{E}_1^{1-\theta}=\partial_t[q^1]-q_t(t_{1-\theta})=O(\Delta t)\\&E_1^{n-\theta}={}_0^RD_t^\alpha\nabla u^{n-\theta}-I_\alpha^{n-\theta}[\nabla u^{n-\theta}]=O(\Delta t^2)\\&\bar{E}_1^{n-\theta}=\partial_t^{n-\theta}[q]-q_t(t_{n-\theta})=O(\Delta t^2)\\&\bar{E}_2^{n-\theta}=g[u^{n-\theta}]-g(u(t_{n-\theta}))=O(\Delta t^2)\\&\bar{E}_3^{n-\theta}=f^{n-\theta}-f(t_{n-\theta})=O(\Delta t^2)\\&I_\alpha^{n-\theta}[\nabla u^{n-\theta}]\doteq(1-\theta)I_\alpha^n[\nabla u^n]+\theta I_\alpha^{n-1}[\nabla u^{n-1}]\end{aligned}\tag{4.3.13}$$

以下将讨论空间两重网格混合有限元算法，为此需要对空间区域做两重网格剖分，并记$\mathcal{T}_H$和$\mathcal{T}_h$分别为粗网格剖分和细网格剖分，其中H和h分别为粗、细网格剖分下对应的剖分单元的最大直径. 现在，给出时刻$t_{n-\theta}$处的全离散两重网格混合有限元格式，记U_H^n, Q_H^n以及U_h^n, Q_h^n分别为粗网格和细网格下数值解，V_H, $\mathbf{W}_H$和V_h, $\mathbf{W}_h$分别是关于空间剖分$\mathcal{T}_H$和$\mathcal{T}_h$的连续多项式函数和分段多项式函数构成的子空间，满足$V_H\subset V_h\subset H_0^1$和$\mathbf{W}_H\subset\mathbf{W}_h\subset\mathbf{W}$.

步骤1. 首先，求解空间粗网格$\mathcal{T}_H$下的非线性系统，即求(U_H^n, Q_H^n): $[0, T]\times[0, T]\mapsto V_H\times\mathbf{W}_H$满足

当$n=1$时：

$$\begin{aligned}&(I_\alpha^{1-\theta}[\nabla U_H^{1-\theta}], \nabla v_H)+(\nabla U_H^{1-\theta}, \nabla v_H)=(Q_H^{1-\theta}, \nabla v_H)\\&\left(\frac{Q_H^1-Q_H^0}{\Delta t}, \omega_H\right)+(\nabla\cdot Q_H^{1-\theta}, \nabla\cdot\omega_H)+(g[U_H^{1-\theta}], -\nabla\cdot\omega_H)=(f^{1-\theta}, -\nabla\cdot\omega_H)\end{aligned}\tag{4.3.14}$$

当$n \geqslant 2$时：

$$\begin{aligned}&(I_\alpha^{n-\theta}[\nabla U_H^{n-\theta}], \nabla v_H)+(\nabla U_H^{n-\theta}, \nabla v_H)=(Q_H^{n-\theta}, \nabla v_H)\\&(\partial_t[Q_H^{n-\theta}], \omega_H)+(\nabla\cdot Q_H^{n-\theta}, \nabla\cdot\omega_H)+(g[U_H^{n-\theta}], -\nabla\cdot\omega_H)=(f^{n-\theta}, -\nabla\cdot\omega_H)\end{aligned}\tag{4.3.15}$$

步骤2. 其次，求解空间细网格$\mathcal{T}_h$下的线性系统，即求(U_h^n, Q_h^n): $[0, T]\times[0, T]\mapsto\mathrm{V}_h\times\mathbf{W}_h$满足

当$n=1$时：

$$
\begin{aligned}
&(I_{\alpha}^{1-\theta}[\nabla U_h^{1-\theta}],\ \nabla v_h)+(\nabla U_h^{1-\theta},\ \nabla v_h)=(Q_h^{1-\theta},\ \nabla v_h)\\
&(g[U_H^{1-\theta}]+g'[U_H^{1-\theta}](U_h^{1-\theta}-U_H^{1-\theta}),\ -\nabla\cdot\omega_h)\\
&+\left(\frac{Q_h^1-Q_h^0}{\Delta t},\ \omega_h\right)+(\nabla\cdot Q_h^{1-\theta},\ \nabla\cdot\omega_h)=(f^{1-\theta},\ -\nabla\cdot\omega_h)
\end{aligned}
\tag{4.3.16}
$$

当$n\geqslant 2$时：

$$
\begin{aligned}
&(I_{\alpha}^{n-\theta}[\nabla U_h^{n-\theta}],\nabla v_h)+(\nabla U_h^{n-\theta},\ \nabla v_h)=(Q_h^{n-\theta},\nabla v_h)\\
&(g[U_H^{n-\theta}]+g'[U_H^{n-\theta}](U_h^{n-\theta}-U_H^{n-\theta}),\ -\nabla\cdot\omega_h)\\
&+(\partial_t[Q_h^{n-\theta}],\ \omega_h)+(\nabla\cdot Q_h^{n-\theta},\ \nabla\cdot\omega_h)=(f^{n-\theta},\ -\nabla\cdot\omega_h)
\end{aligned}
\tag{4.3.17}
$$

4.3.3 误差估计

为了分析两重网格混合有限元系统的误差，有必要引入两个投影算子和相关估计不等式，为了表述方便使用$\mathfrak{h}$表示h或H.

引理4.3.4 定义投影算子$\mathcal{R}_{\mathfrak{h}}: H_0^1(\Omega)\to V_{\mathfrak{h}}$，满足

$$
(\nabla(z-\mathcal{R}_{\mathfrak{h}}z),\ \nabla z_{\mathfrak{h}})=0,\ z_{\mathfrak{h}}\in V_{\mathfrak{h}}
\tag{4.3.18}
$$

且有以下估计不等式

$$
\|z-\mathcal{R}_{\mathfrak{h}}z\|+\mathfrak{h}\|\nabla(z-\mathcal{R}_{\mathfrak{h}}z)\|\leqslant C\mathfrak{h}^{k+1}\|z\|_{k+1},\ z\in H_0^1(\Omega)\cap H^{k+1}(\Omega)
\tag{4.3.19}
$$

引理4.3.5[146] 定义投影算子$\Pi_{\mathfrak{h}}: H^1(\Omega)\to \mathbf{W}_{\mathfrak{h}}$:

$$
\mathcal{A}(q-\Pi_{\mathfrak{h}}q,\ \chi_{\mathfrak{h}})=0,\ \chi_{\mathfrak{h}}\in \mathbf{W}_{\mathfrak{h}}
\tag{4.3.20}
$$

其中，$\mathcal{A}(q,\ \phi_{\mathfrak{h}})\doteq(\nabla\cdot q,\ \nabla\cdot\phi_{\mathfrak{h}})+(q,\ \phi_{\mathfrak{h}})$. 并且，有以下估计不等式

$$
\|q-\Pi_{\mathfrak{h}}q\|_{H(\mathrm{div},\ \Omega)}+\|q_t-\Pi_{\mathfrak{h}}q_t\|_{H(\mathrm{div},\ \Omega)}\leqslant C\mathfrak{h}^r(\|q\|_{r+1}+\|q_t\|_{r+1}),\ q\in H^{r+1}(\Omega)
\tag{4.3.21}
$$

引理4.3.6[120, 130] 序列$v^n\ (n\geqslant 2)$满足下列不等式

$$
(\partial_t[v^{n-\theta}],\ v^{n-\theta})\geq\frac{1}{4\Delta t}(\mathbb{H}[v^n]-\mathbb{H}[v^{n-1}])
\tag{4.3.22}
$$

$$
\mathbb{H}[v^n]=(3-2\theta)\|v^n\|^2-(1-2\theta)\|v^{n-1}\|^2+(2-\theta)(1-2\theta)\|v^n-v^{n-1}\|^2
$$

以及

$$
\mathbb{H}[v^n]\geqslant\frac{1}{1-\theta}\|v^n\|^2,\ \theta\in\left[0,\ \frac{1}{2}\right]
\tag{4.3.23}
$$

引理4.3.7[248, 250] 对任意函数$u\in H_0^1(\Omega)$，有

$$
\|u\|_{L^4}\leqslant\|u\|^{\frac{1}{2}}\|\nabla u\|^{\frac{1}{2}}
\tag{4.3.24}
$$

定理4.3.1 设$u(\cdot,\ t_n)$，$q(\cdot,\ t_n)$是方程（4.3.1）的解，U_H^n，Q_H^n以及U_h^n，Q_h^n分别是混合有限元系统（4.3.14）—（4.3.15）以及（4.3.14）—（4.3.17）的数值解，则存在

一个仅依赖于$u(\cdot, t_n)$和$q(\cdot, t_n)$的常数$C > 0$，满足

$$\|q^n - Q_h^n\| + \left(\Delta t \sum_{l=1}^{n} \left\|u^{l-\theta} - U_h^{l-\theta}\right\|^2\right)^{\frac{1}{2}} \leqslant C(\Delta t^2 + h^{\min\{k+1,\ r\}} + H^{\min\{2k,\ 2r\}})$$

$$\left(\Delta t \sum_{l=1}^{n} \left\|u^{l-\theta} - U_h^{l-\theta}\right\|_1^2\right)^{\frac{1}{2}} \leqslant C(\Delta t^2 + h^{\min\{k,\ r\}} + H^{\min\{2k,\ 2r\}}) \tag{4.3.25}$$

$$\left(\Delta t \sum_{l=1}^{n} \left\|q^{l-\theta} - Q_h^{l-\theta}\right\|_{H(\mathrm{div},\ \Omega)}^2\right)^{\frac{1}{2}} \leqslant C(\Delta t^2 + h^{\min\{k+1,\ r\}} + H^{\min\{2k,\ 2r\}})$$

证明：为简便，将误差重写为：

$$u^n - U_H^n = u^n - \mathcal{R}_H u^n + \mathcal{R}_H u^n - U_H^n = \eta_H^n + \xi_H^n$$
$$q^n - Q_H^n = q^n - \Pi_H q^n + \Pi_H q^n - Q_H^n = \rho_H^n + \sigma_H^n$$
$$u^n - U_h^n = u^n - \mathcal{R}_h u^n + \mathcal{R}_h u^n - U_h^n = \eta_h^n + \xi_h^n$$
$$q^n - Q_h^n = q^n - \Pi_h q^n + \Pi_h q^n - Q_h^n = \rho_h^n + \sigma_h^n$$

(1)粗网格系统的误差估计.

利用引理4.3.4和4.3.5中的投影算子，粗网格系统的误差方程为：

当$n = 1$时：

$$\begin{aligned}
&(I_\alpha^{1-\theta}[\nabla\xi_H^{1-\theta}], \nabla v_H) + (\nabla\xi_H^{1-\theta}, \nabla v_H) = (\rho_H^{1-\theta} + \sigma_H^{1-\theta}, \nabla v_H) + (E_1^{1-\theta}, \nabla v_H)\\
&\left(\frac{\sigma_H^1 - \sigma_H^0}{\Delta t}, \omega_H\right) + (\nabla\cdot\sigma_H^{1-\theta}, \nabla\cdot\omega_H) + (g[u^{1-\theta}] - g[U_H^{1-\theta}], -\nabla\cdot\omega_H)\\
&= -\left(\frac{\rho_H^1 - \rho_H^0}{\Delta t}, \omega_H\right) + (\rho_H^{1-\theta}, \omega_H) + \left(\sum_{k=1}^{3} \bar{E}_k^{1-\theta}, \nabla\cdot\omega_H\right)
\end{aligned} \tag{4.3.26}$$

当$n \geqslant 2$时：

$$\begin{aligned}
&(I_\alpha^{n-\theta}[\nabla\xi_H^{n-\theta}], \nabla v_H) + (\nabla\xi_H^{n-\theta}, \nabla v_H) = (\rho_H^{n-\theta} + \sigma_H^{n-\theta}, \nabla v_H) + (E_1^{n-\theta}, \nabla v_H)\\
&(\partial_t[\sigma_H^{n-\theta}], \omega_H) + (\nabla\cdot\sigma_H^{n-\theta}, \nabla\cdot\omega_H) + (g[u^{n-\theta}] - g[U_H^{n-\theta}], -\nabla\cdot\omega_H)\\
&= -(\partial_t[\rho_H^{n-\theta}], \omega_H) + (\rho_H^{n-\theta}, \omega_H) + \left(\sum_{k=1}^{3} \bar{E}_k^{n-\theta}, \nabla\cdot\omega_H\right)
\end{aligned} \tag{4.3.27}$$

在（4.3.27）中，令$\omega_H = \sigma_H^{n-\theta}$，利用引理4.3.6，Cauchy-Schwarz不等式及Young不等式，可得

$$\begin{aligned}
&\frac{1}{4\Delta t}(\mathbb{H}(\sigma_H^n)-\mathbb{H}(\sigma_H^{n-1}))+(1-3\varepsilon)\left\|\nabla\cdot\sigma_H^{n-\theta}\right\|^2\\
&\leqslant\frac{1}{4\varepsilon}\left((2-\theta)\|g^{n-1}-g_H^{n-1}\|^2+(1-\theta)\|g^{n-2}-g_H^{n-2}\|^2+\sum_{k=1}^{3}\left\|\bar{E}_k^{n-\theta}\right\|^2\right)\\
&+\frac{1}{2}\left\|\partial_t[\rho_H^{n-\theta}]\right\|^2+\frac{1+\lambda}{2}\left\|\sigma_H^{n-\theta}\right\|^2+\frac{\lambda}{2}\left\|\rho_H^{n-\theta}\right\|^2\\
&\leqslant C(\left\|\eta_H^{n-\theta}\right\|^2+\left\|\xi_H^{n-\theta}\right\|^2+\left\|\sigma_H^{n-\theta}\right\|^2+\Delta t^4)+\frac{1}{2}\left\|\partial_t[\rho_H^{n-\theta}]\right\|^2+\frac{1}{2}\left\|\rho_H^{n-\theta}\right\|^2
\end{aligned}\tag{4.3.28}$$

用$4\Delta t$同乘（4.3.28）两端，并用l代替n，然后对1从2到n求和，可得

$$\begin{aligned}
&\mathbb{H}(\sigma_H^n)+4\Delta t(1-3\varepsilon)\sum_{l=2}^{n}\left\|\nabla\cdot\sigma_H^{l-\theta}\right\|^2\\
&\leqslant\mathbb{H}(\sigma_H^1)+C\Delta t\sum_{l=1}^{n}(\left\|\eta_H^l\right\|^2+\left\|\xi_H^l\right\|^2+\left\|\sigma_H^l\right\|^2+\Delta t^4)\\
&+2\Delta t\sum_{l=2}^{n}\left\|\partial t[\rho_H^{n-\theta}]\right\|^2+2\Delta t\lambda\sum_{l=2}^{n}\left\|\rho_H^{l-\theta}\right\|^2\\
&\leqslant\mathbb{H}(\sigma_H^1)+C\Delta t\sum_{l=1}^{n}(\left\|\eta_H^{l-\theta}\right\|^2+\left\|\xi_H^{l-\theta}\right\|^2+\left\|\sigma_H^{l-\theta}\right\|^2+\Delta t^4)\\
&+(3-2\theta)\int_{t_0}^{t_n}\|\rho_{Ht}\|^2\mathrm{d}s+2\Delta t\sum_{l=2}^{n}\left\|\rho_H^{l-\theta}\right\|^2\\
&\leqslant\mathbb{H}(\sigma_H^1)+\mathrm{C}\Delta t\sum_{l=1}^{n}(\left\|\xi_H^{l-\theta}\right\|^2+\left\|\sigma_H^{l-\theta}\right\|^2)+C(H^{2k+2}+H^{2r}+\Delta t^4)
\end{aligned}\tag{4.3.29}$$

在（4.3.27）中，令$v_H=\xi_H^{n-\theta}$，将结果从1到n求和，应用Cauchy-Schwarz不等式和Young不等式，有

$$\begin{aligned}
&\sum_{l=1}^{n}(I_\alpha^{l-\theta}[\nabla\xi_H^{l-\theta}],\nabla\xi_H^{l-\theta})+\sum_{l=1}^{n}(1-3\varepsilon)\left\|\nabla\xi_H^{l-\theta}\right\|^2\\
&=\left((1-\theta)\Delta t^{-\alpha}\sum_{l=1}^{n}\sum_{i=0}^{l}\mathcal{A}_\alpha(i)\nabla\xi_H^{l-i}+\theta\Delta t^{-\alpha}\sum_{l=1}^{n}\sum_{i=0}^{l}\mathcal{A}_\alpha(i)\nabla\xi_H^{l-1-i},\nabla\xi_H^{l-\theta}\right)\\
&+\sum_{l=1}^{n}(1-3\varepsilon)\left\|\nabla\xi_H^{l-\theta}\right\|^2\\
&\leqslant\sum_{l=1}^{n}C\left(\left\|\rho_H^{l-\theta}\right\|^2+\left\|\sigma_H^{l-\theta}\right\|^2\right)+\sum_{l=1}^{n}\left\|E_1^{l-\theta}\right\|^2
\end{aligned}\tag{4.3.30}$$

利用引理2.3.4和Poincaré不等式，当$n\geqslant1$时，有

$$\begin{aligned}\Delta t\sum_{l=1}^{n}(1-3\varepsilon)\left\|\xi_H^{l-\theta}\right\|^2 &\leqslant \Delta t\sum_{l=1}^{n}(1-3\varepsilon)\left\|\nabla\xi_H^{l-\theta}\right\|^2\\ &\leqslant C(H^{2r}+\Delta t^4)+\Delta t\sum_{l=1}^{n}\left\|\sigma_H^{l-\theta}\right\|^2\end{aligned}\tag{4.3.31}$$

为了分析$\mathbb{H}(\sigma_H^1)$，在（4.3.26）中取$\omega_H=\sigma_H^{1-\theta}$，利用Cauchy-Schwarz不等式和Young不等式，可得

$$\begin{aligned}&\|\sigma_H^1\|^2+2\Delta t\left\|\nabla\cdot\sigma_H^{1-\theta}\right\|^2\\ &=2\Delta t(g^0-g_H^0,\nabla\cdot\sigma_H^{1-\theta})-2(\rho_H^1-\rho_H^0,\sigma_H^{1-\theta})\\ &\quad+2\Delta t\left(\sum_{k=1}^{3}\bar{E}_k^{1-\theta},\nabla\cdot\sigma_H^{1-\theta}\right)+2\Delta t\lambda(\rho_H^{1-\theta},\sigma_H^{1-\theta})\\ &\leqslant\|\sigma_H^0\|^2+2\Delta t\left\|g[u^{1-\theta}]-g[U_H^{1-\theta}]\right\|\left\|\nabla\cdot\sigma_H^{1-\theta}\right\|+C\sum_{k=1}^{3}\left\|\Delta t\bar{E}_k^{1-\theta}\right\|^2\\ &\quad+C\left(\|\rho_H^1-\rho_H^0\|^2+\left\|\rho_H^{1-\theta}\right\|^2\right)+2\varepsilon\Delta t\left\|\nabla\cdot\sigma_H^{1-\theta}\right\|^2+\varepsilon\left\|\sigma_H^{1-\theta}\right\|^2\\ &\leqslant\|\sigma_H^0\|^2+C(H^{2k+2}+H^{2r}+\Delta t^4)+6\varepsilon\Delta t\left\|\nabla\cdot\sigma_H^{1-\theta}\right\|^2+\varepsilon\left\|\sigma_H^{1-\theta}\right\|^2\\ &\quad+C\Delta t\left\|\xi_H^{l-\theta}\right\|^2\end{aligned}\tag{4.3.32}$$

因此有

$$\begin{aligned}&\mathbb{H}(\sigma_H^1)+2\Delta t(1-3\varepsilon)\left\|\nabla\cdot\sigma_H^{l-\theta}\right\|^2\\ &\leqslant C\|\sigma_H^0\|^2+C\Delta t\left\|\xi_H^{1-\theta}\right\|^2+C(H^{2k+2}+H^{2r}+\Delta t^4)\end{aligned}\tag{4.3.33}$$

联立（4.3.33）和（4.3.29），并应用（4.3.31）和Gronwall不等式，有

$$\|\sigma_H^n\|^2+4\Delta t(1-3\varepsilon)\sum_{l=1}^{n}\left\|\nabla\cdot\sigma_H^{l-\theta}\right\|^2\leqslant C\|\sigma_H^0\|^2+C(H^{2k+2}+H^{2r}+\Delta t^4)\tag{4.3.34}$$

应用三角不等式，易得

$$\begin{aligned}&\|q^n-Q_H^n\|+\left(\Delta t\sum_{l=0}^{n}\left\|u^{l-\theta}-U_H^{l-\theta}\right\|^2\right)^{\frac{1}{2}}\leqslant C(\Delta t^2+H^{\min\{k+1,r\}})\\ &\left(\Delta t\sum_{l=1}^{n}\left\|u^{l-\theta}-U_H^{1-\theta}\right\|_1^2\right)^{\frac{1}{2}}\leqslant C(\Delta t^2+H^{\min\{k,r\}})\end{aligned}\tag{4.3.35}$$

（2）空间两网格系统的误差分析.

利用引理4.3.4和4.3.5中的投影算子，细网格系统的误差方程为：

当$n=1$时：

$$\begin{aligned}&(I_\alpha^{1-\theta}[\nabla\xi_h^{1-\theta}],\nabla v_h)+(\nabla\xi_h^{1-\theta},\nabla v_h)=(\rho_h^{1-\theta}+\sigma_h^{1-\theta},\nabla v_h)+(E_1^{1-\theta},\nabla v_h)\\ &(g[u^{1-\theta}]-(g[U_H^{1-\theta}]+g'[U_H^{1-\theta}](U_h^{1-\theta}-U_H^{1-\theta})),-\nabla\cdot\omega_h)\end{aligned}\tag{4.3.36}$$

$$+\left(\frac{\sigma_h^1-\sigma_h^0}{\Delta t},\ \omega_h\right)+(\nabla\cdot\sigma_h^{1-\theta},\nabla\cdot\omega_h)$$
$$=-\left(\frac{\rho_h^1-\rho_h^0}{\Delta t},\ \omega_h\right)+(\rho_h^{1-\theta},\ \omega_h)+\left(\sum_{k=1}^{3}\bar{E}_k^{1-\theta},\nabla\cdot\omega_h\right)$$

当$n\geqslant 2$时：

$$(I_\alpha^{n-\theta}[\nabla\xi_h^{n-\theta}],\nabla v_h)+(\nabla\xi_h^{n-\theta},\nabla v_h)=(\rho_h^{n-\theta}+\sigma_h^{n-\theta},\nabla v_h)+(E_1^{n-\theta},\nabla v_h)$$
$$(g[u^{n-\theta}]-(g[U_H^{n-\theta}]+g'[U_H^{n-\theta}](U_h^{n-\theta}-U_H^{n-\theta})),-\nabla\cdot\omega_h)$$
$$+(\partial_t[\sigma_h^{n-\theta}],\omega_h)+(\nabla\cdot\sigma_h^{n-\theta},\nabla\cdot\omega_h) \tag{4.3.37}$$
$$=-(\partial_t[\rho_h^{n-\theta}],\omega_h)+(\rho_h^{n-\theta},\omega_h)+\left(\sum_{k=1}^{3}\bar{E}_k^{n-\theta},\nabla\cdot\omega_h\right)$$

在（4.3.37）中，令$\omega_h=\sigma_h^{n-\theta}$，利用Taylor展开式处理非线性项，再使用Cauchy-Schwarz不等式和Young不等式，可得

$$\frac{1}{4\Delta t}\left(\mathbb{H}(\sigma_h^n)-\mathbb{H}(\sigma_h^{n-1})\right)+(1-4\varepsilon)\left\|\nabla\cdot\sigma_h^{n-\theta}\right\|^2$$
$$\leqslant\frac{C}{4\varepsilon}\left(\left\|g'(U_H^{n-\theta})\right\|_\infty^2\left(\left\|\eta_h^{n-\theta}\right\|^2+\left\|\xi_h^{n-\theta}\right\|^2\right)+\left\|g''(\bar{U}_H^{n-\theta})\right\|_\infty^2\left\|(u^{n-\theta}-U_H^{n-\theta})^2\right\|^2\right. \tag{4.3.38}$$
$$\left.+\left\|\partial_t[\rho_h^{n-\theta}]\right\|^2+\left\|\rho_h^{n-\theta}\right\|^2+\sum_{k=1}^{3}\left\|\bar{E}_k^{n-\theta}\right\|^2+\Delta t^4\right)+2\varepsilon\left\|\sigma_h^{n-\theta}\right\|^2$$

经过和（4.3.29）类似的推导过程，有

$$\mathbb{H}(\sigma_h^n)+4\Delta t(1-4\varepsilon)\sum_{l=2}^{n}\left\|\nabla\cdot\sigma_h^{l-\theta}\right\|^2$$
$$\leqslant\mathbb{H}(\sigma_h^1)+C\Delta t\sum_{l=2}^{n}(\left\|\eta_h^{l-\theta}\right\|^2+\left\|\xi_h^{l-\theta}\right\|^2+\left\|\sigma_h^{l-\theta}\right\|^2+\left\|\partial_t[\rho_h^{l-\theta}]\right\|^2$$
$$+\left\|\rho_h^{l-\theta}\right\|^2+\left\|(u^{l-\theta}-U_H^{l-\theta})^2\right\|^2+\Delta t^4)$$
$$\leqslant\mathbb{H}(\sigma_h^1)+C\Delta t\sum_{l=2}^{n}(\left\|\xi_h^{l-\theta}\right\|^2+\left\|\sigma_h^{l-\theta}\right\|^2+\left\|u^{l-\theta}-U_H^{l-\theta}\right\|_{L^4}^4) \tag{4.3.39}$$
$$+(3-2\theta)\int_{t_0}^{t_n}\|\rho_{ht}\|^2\mathrm{d}s+C(h^{2r+2}+h^{2k+2}+\Delta t^4)$$
$$\leqslant\mathbb{H}(\sigma_h^1)+C(h^{2k+2}+h^{2r}+\Delta t^4)$$
$$+C\Delta t\sum_{l=2}^{n}(\left\|\xi_h^{l-\theta}\right\|^2+\left\|\sigma_h^{l-\theta}\right\|^2+\left\|u^{l-\theta}-U_H^{l-\theta}\right\|_{L^4}^4)$$

在（4.3.36）中，令$\omega_h=\sigma_h^{1-\theta}$，使用Taylor公式处理非线性项，有

$$
\begin{aligned}
&\|\sigma_h^1\|^2+(1-2\theta)\left\|\sigma_h^1-\sigma_h^0\right\|+2\Delta t\left\|\nabla\cdot\sigma_h^{1-\theta}\right\|^2\\
&=\left\|\sigma_h^0\right\|^2+2(\rho_h^1-\rho_h^0,\ \sigma_h^{1-\theta})+2\Delta t(g'(U_H^{1-\theta})(\eta_h^{1-\theta}+\xi_h^{1-\theta})\\
&\quad+g''(\bar{U}_H^{1-\theta})(u^{1-\theta}-U_H^{1-\theta})^2+O(\Delta t^2),\nabla\cdot\sigma_h^{1-\theta})\\
&\quad+2\left(\Delta t\sum_{k=1}^{3}\bar{E}_k^{1-\theta},\ \nabla\cdot\sigma_h^{1-\theta}\right)+2\Delta t(\rho_h^{1-\theta},\ \sigma_h^{1-\theta})\\
&\leqslant\left\|\sigma_h^0\right\|^2+C\Delta t\left(\left\|(u^{1-\theta}-U_H^{1-\theta})^2\right\|^2+\left\|\sigma_h^{1-\theta}\right\|^2+\left\|\xi_h^{1-\theta}\right\|^2\right)\\
&\quad+C(h^{2k+2}+h^{2r}+\Delta t^4)+8\varepsilon\Delta t\left\|\nabla\cdot\sigma_h^{1-\theta}\right\|^2
\end{aligned}
\tag{4.3.40}
$$

联立（4.3.40）和（4.3.39），并利用（4.3.23），可得

$$
\begin{aligned}
&\|\sigma_h^n\|^2+C\Delta t(1-4\varepsilon)\sum_{l=1}^{n}\left\|\nabla\cdot\sigma_h^{l-\theta}\right\|^2\\
&\leqslant C(h^{2k+2}+h^{2r}+\Delta t^4)+C\Delta t\sum_{l=1}^{n}(\left\|\xi_h^{l-\theta}\right\|^2+\left\|\sigma_h^{l-\theta}\right\|^2+\left\|u^{l-\theta}-U_H^{l-\theta}\right\|_{L^4}^4)
\end{aligned}
\tag{4.3.41}
$$

在（4.3.37）中，令$v_h=\xi_h^{n-\theta}$，使用类似于（4.3.31）的推导方法，可得

$$
\begin{aligned}
C\Delta t\sum_{l=1}^{n}(1-3\varepsilon)\left\|\xi_h^{l-\theta}\right\|^2&\leqslant C\Delta t\sum_{l=1}^{n}(1-3\varepsilon)\left\|\nabla\xi_h^{l-\theta}\right\|^2\\
&\leqslant C(h^{2r}+\Delta t^4)+\Delta t\sum_{l=1}^{n}\left\|\sigma_h^{l-\theta}\right\|^2
\end{aligned}
\tag{4.3.42}
$$

利用（4.3.35），可得

$$
\begin{aligned}
&C\Delta t\sum_{l=1}^{n}\left\|u^{l-\theta}-U_H^{l-\theta}\right\|^2\leqslant C(\Delta t^4+H^{\min\{2k+2,\ 2r\}})\\
&C\Delta t\sum_{l=1}^{n}\left\|\nabla(u^{l-\theta}-U_H^{l-\theta})\right\|^2\leqslant C(\Delta t^4+H^{\min\{2k,\ 2r\}})
\end{aligned}
\tag{4.3.43}
$$

应用引理4.3.7和（4.3.43），可得

$$
\begin{aligned}
&C\Delta t\sum_{l=1}^{n}\left\|u^{l-\theta}-U_H^{l-\theta}\right\|_{L^4}^4\\
&\leqslant C\Delta t\sum_{l=1}^{n}\left\|u^{l-\theta}-U_H^{l-\theta}\right\|^2\left\|\nabla(u^{l-\theta}-U_H^{l-\theta})\right\|^2\\
&\leqslant C\Delta t\sum_{l=1}^{n}(\left\|u^{l-\theta}-U_H^{l-\theta}\right\|^4+\left\|\nabla(u^{l-\theta}-U_H^{l-\theta})\right\|^4)\\
&\leqslant C(H^{\min\{4k,\ 4r\}}+\Delta t^8)
\end{aligned}
\tag{4.3.44}
$$

将（4.3.42）和（4.3.44）代入（4.3.41），并应用Gronwall不等式，有

$$
\|\sigma_h^n\|^2+C\Delta t(1-4\varepsilon)\sum_{l=1}^{n}\left\|\nabla\cdot\sigma_h^{l-\theta}\right\|^2\leqslant C(h^{\min\{2k+2,\ 2r\}}+H^{\min\{4k,\ 4r\}}+\Delta t^4)
\tag{4.3.45}
$$

应用三角不等式完成定理4.3.1的证明.

4.3.4 结果讨论

(1)由于本节所考虑的问题为混合系统，在推导过程中需要同时使用有限元空间的近似性质，所以函数u和中间变量q的误差估计收敛阶同时依赖空间V_h的次数k和空间$\mathbf{W}_h$的次数r.

(2)然而，对于独立的k和r，我们也看到，上述变量的L^2-模误差估计达不到最优收敛阶，主要原因是我们的证明依赖有限元空间$\mathbf{W}_h$中的投影算子Π_h的近似性质所致. 利用一种修正算子，可以解决上述误差估计收敛阶的掉阶问题. 详细的讨论和具体方法可参见文献[146，148].

(3)本节考虑的是高维模型，相比直接迭代求解非线性混合元系统，这里考虑的空间两网格混合元算法能够很好地减少空间方向的计算时间. 总之，我们的目的是为了提升非线性混合有限元系统的计算效率而提出快速时间和空间两网格混合元算法.

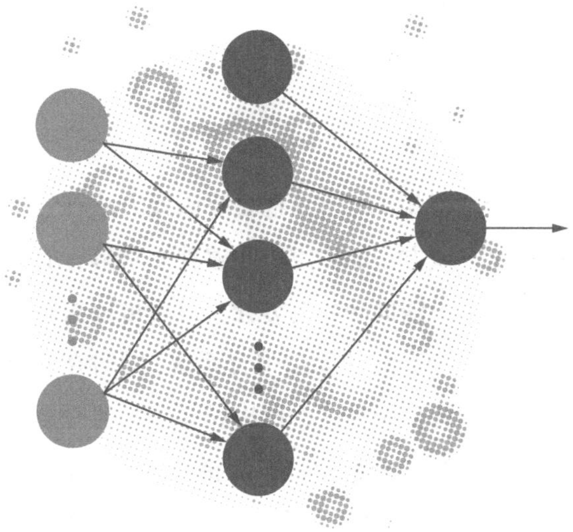

5 两类分数阶偏微分方程的分裂混合元方法

分裂型H^1-Galerkin混合有限元方法首先由Liu等[251]通过求解一维伪双曲型方程而提出，该方法的优点是能够独立求解含有第二中间辅助函数的方程，然后可以求出含有第一辅助函数的方程，最后可以求解原函数所在的方程，这样避免了直接求解含有三个变量的复杂耦合系统．同时在文献[252]中，作者考虑了Sobolev方程的混合元方法分裂格式，给出误差等数值理论分析，并通过数值算例验证了算法的可行性．在文献[253]中，作者将该方法结合时空有限元方法数值求解Sobolev方程模型．这里，我们将设计分数阶Sobolev方程和分数阶伪双曲型方程的H^1-Galerkin分裂混合有限元数值格式，并讨论误差估计等数值理论．同时也对分数阶伪双曲型方程提出了简化分裂混合有限元格式，并对多类时间离散格式给出详细讨论．

5.1 分数阶Sobolev方程的WSGD分裂混合元法

5.1.1 引言

本节，我们考虑高维分数阶Sobolev方程

$$\begin{cases} {}_0^RD_t^\alpha u - {}_0^RD_t^\alpha \Delta u - \Delta u + u = f(\mathbf{x}, t), (\mathbf{x}, t) \in \Omega \times J \\ u(\mathbf{x}, 0) = u_0(\mathbf{x}), \mathbf{x} \in \bar{\Omega} \\ u(\mathbf{x}, t) = 0, (\mathbf{x}, t) \in \partial\Omega \times \bar{J} \end{cases} \tag{5.1.1}$$

其中$\Omega \subset \mathbb{R}^d$, $d = 2, 3$为有界凸开区域，$\partial\Omega$为其边界．$J=(0, T](0<T<\infty)$为时间区间．$u_0(\mathbf{x})$是给定的初值函数，$f(\mathbf{x}, t)$是已知的源项，分数阶导数由（4.3.2）定义．

Sobolev方程能够用于描述重要物理现象，如流体穿过岩石裂缝的渗流理论、土壤中湿气的迁移问题和不同介质的热传导问题等．由于它在物理方面的重要表现，得到很多学者的关注．随着问题研究的快速发展，为了能够更加精确地描述相关物理现象，一些学者开始考虑分数阶Sobolev方程模型．在文献[254]中，Liu等基于Caputo型分数阶Sobolev方程($u_t - {}_0^CD_t^\alpha \Delta u - \Delta u = f(x, y, t)$)开展研究工作，文中设计了修正降阶格式，给出了误差估计的详细推导过程，通过数值例子验证了算法的

可行性. 在2023年，Niu等在文献[58]中基于分布阶分数阶Sobolev方程提出了快速高阶紧致差分格式，并对其稳定性和误差估计给出详细的讨论分析，也通过大量数值例子及计算数据验证了算法的计算效率及理论结果的正确性.

本节，将构建全离散分裂H^1-Galerkin混合有限元方法（时间方向采用二阶WSGD算子逼近公式离散，空间上采用分裂混合有限元方法逼近）数值求解分数阶Sobolev方程模型（5.1.1），分析分裂混合元格式的稳定性，推导误差估计结果.

5.1.2 分裂混合元格式

引入中间变量$\mathbf{q} = \nabla u$和$\sigma = u - \nabla \cdot \mathbf{q}$，方程（5.1.1）可改写为如下系统

$$\begin{cases} \nabla u = \mathbf{q} \\ \sigma = u - \nabla \cdot \mathbf{q} \\ {}_0^R D_t^\alpha \sigma + \sigma = f \end{cases} \tag{5.1.2}$$

令$\mathbf{W} = \{\mathbf{w} \in (L^2(\Omega))^d : \nabla \cdot \mathbf{w} \in L^2(\Omega),\ d = 2, 3\}$，相应的范数定义为$\| \mathbf{w} \|_{H(\mathrm{div},\,\Omega)} = (\| \mathbf{w} \|^2 + \| \nabla \cdot \mathbf{w} \|^2)^{\frac{1}{2}}$. 分别用$\nabla v$同时乘以方程（5.1.2）的第一个等式两端，用$-\nabla \cdot \omega$同时乘以方程（5.1.2）的第二个等式两端和用$z$同时乘以方程（5.1.2）的第三个等式两端，然后在区域Ω上积分，利用边界条件，可得如下弱形式，即求$(u, \mathbf{q}, \sigma) \in H_0^1 \times \mathbf{W} \times L^2$，满足

$$\begin{cases} (\nabla u,\ \nabla v) = (\mathbf{q},\ \nabla v),\ v \in H_0^1 \\ (\mathbf{q},\ \omega) + (\nabla \cdot \mathbf{q},\ \nabla \cdot \omega) = (\sigma,\ -\nabla \cdot \omega),\ \omega \in \mathbf{W} \\ ({}_0^R D_t^\alpha \sigma,\ z) + (\sigma,\ z) = (f,\ z),\ z \in L^2 \end{cases} \tag{5.1.3}$$

使用WSGD算子逼近公式，可得如下等价弱形式

$$\begin{aligned} &(\nabla u^n, \nabla v) = (\mathbf{q}^n, \nabla v) \\ &(\mathbf{q}^n,\ \omega) + (\nabla \cdot \mathbf{q}^n,\ \nabla \cdot \omega) = (\sigma^n,\ -\nabla \cdot \omega) \\ &\left(\Delta t^{-\alpha} \sum_{i=0}^{n} q_\alpha(i) \sigma^{n-i},\ z\right) + (\sigma^n,\ z) = (f^n,\ z) + (E_1^n,\ z) \end{aligned} \tag{5.1.4}$$

其中

$$E_1^n = \Delta t^{-\alpha} \sum_{i=0}^{n} q_\alpha(i) \sigma^{n-i} - {}_0^R D_t^\alpha \sigma^n = O(\Delta t^2)$$

相应的混合有限元格式为：求$(u_h^n,\ \mathbf{q}_h^n,\ \sigma_h^n) \in V_h \times \mathbf{W}_h \times L_h \subset H_0^1 \times \mathbf{W} \times L^2$，满足

$$\begin{aligned}&(\nabla u_h^n,\ \nabla v_h)=(\mathbf{q}_h^n,\ \nabla v_h)\\&(\mathbf{q}_h^n,\ \omega_h)+(\nabla\cdot\mathbf{q}_h^n,\ \nabla\cdot\omega_h)=(\sigma_h^n,\ -\nabla\cdot\omega_h)\\&\left(\Delta t^{-\alpha}\sum_{i=0}^{n}q_\alpha(i)\sigma_h^{n-i},\ z_h\right)+(\sigma_h^n,\ z_h)=(f^n,\ z_h)\end{aligned}\tag{5.1.5}$$

5.1.3 稳定性分析

定理5.1.1 混合有限元系统（5.1.5）满足如下稳定性不等式

$$\left(\Delta t\sum_{n=0}^{P}(\|u_h^n\|_1^2+\|\mathbf{q}_h^n\|_{H(\mathrm{div},\ \Omega)}^2+\|\sigma_h^n\|^2)\right)^{\frac{1}{2}}\leqslant C\left(\Delta t\sum_{n=0}^{P}\|f^n\|^2\right)^{\frac{1}{2}}\tag{5.1.6}$$

证明：在混合有限元系统（5.1.5）中分别取$v_h=u_h^n$和$\omega_h=\mathbf{q}_h^n$，然后将两个结果方程相加，使用Cauchy-Schwarz不等式及Young不等式，可得

$$\begin{aligned}&\|\nabla u_h^n\|^2+\|\mathbf{q}_h^n\|^2+\|\nabla\cdot\mathbf{q}_h^n\|^2\\&=(\mathbf{q}_h^n,\ \nabla v_h)-(\sigma_h^n,\ \nabla\cdot\mathbf{q}_h^n)\\&\leqslant\frac{1}{2}(\|\nabla u_h^n\|^2+\|\mathbf{q}_h^n\|^2+\|\nabla\cdot\mathbf{q}_h^n\|^2)+\frac{1}{2}\|\sigma_h^n\|^2\end{aligned}\tag{5.1.7}$$

注意到$u_h^n\in H_0^1$，使用Poincaré不等式，可得

$$\|u_h^n\|_1^2+\|\mathbf{q}_h^n\|^2+\|\nabla\cdot\mathbf{q}_h^n\|^2\leqslant C\|\sigma_h^n\|^2\tag{5.1.8}$$

在混合有限元系统（5.1.5）中取$v_h=\sigma_h^n$，使用Cauchy-Schwarz不等式及Young不等式，可得

$$\left(\Delta t^{-\alpha}\sum_{i=0}^{n}q_\alpha(i)\sigma_h^{n-i},\ \sigma_h^n\right)+\|\sigma_h^n\|^2\leqslant\|f^n\|^2\tag{5.1.9}$$

用$2C$同时乘以（5.1.9）两端，将结果不等式与（5.1.8）相加，可得

$$\|u_h^n\|_1^2+\|\mathbf{q}_h^n\|^2+\|\nabla\cdot\mathbf{q}_h^n\|^2+2C\left(\Delta t^{-\alpha}\sum_{i=0}^{n}q_\alpha(i)\sigma_h^{n-i},\ \sigma_h^n\right)+C\|\sigma_h^n\|^2\tag{5.1.10}$$
$$\leqslant 2C\|f^n\|^2$$

在（5.1.10）两端对n从0到$P(\leqslant N)$求和，并乘以Δt，应用正定性引理2.3.4，可得

$$\Delta t\sum_{n=0}^{P}(\|u_h^n\|_1^2+\|\mathbf{q}_h^n\|^2+\|\nabla\cdot\mathbf{q}_h^n\|^2+\|\sigma_h^n\|^2)\leqslant C\Delta t\sum_{n=0}^{P}\|f^n\|^2\tag{5.1.11}$$

因此，稳定性结果成立.

5.1.4 误差估计

定理5.1.2 设$u(\cdot,t_n)$, $\mathbf{q}(\cdot,t_n)$, $\sigma(\cdot,t_n)$是混合弱形式（5.1.4）的解，u_h^n，$\mathbf{q}_h^n$，σ_h^n是混合有限元系统（5.1.5）的数值解，则存在一个正常数$C>0$，满足

$$\left(\Delta t\sum_{n=0}^{P}\|u^n-u_h^n\|^2\right)^{\frac{1}{2}}\leqslant C(\Delta t^2+h^{m+1}+h^{\min\{r+1,k+1\}})$$

$$\left(\Delta t\sum_{n=0}^{P}\|u^n-u_h^n\|_1^2\right)^{\frac{1}{2}}\leqslant C(\Delta t^2+h^{m+1}+h^{\min\{r+1,k\}})$$

$$\left(\Delta t\sum_{n=0}^{P}\|\mathbf{q}^n-\mathbf{q}_h^n\|^2\right)^{\frac{1}{2}}\leqslant C(\Delta t^2+h^{r+1}+h^{m+1})$$

$$\left(\Delta t\sum_{n=0}^{P}\|\mathbf{q}^n-\mathbf{q}_h^n\|_{H(\mathrm{div},\Omega)}^2\right)^{\frac{1}{2}}\leqslant C(\Delta t^2+h^{r}+h^{m+1})$$

$$\left(\Delta t\sum_{n=0}^{P}\|\sigma^n-\sigma_h^n\|^2\right)^{\frac{1}{2}}\leqslant C(\Delta t^2+h^{m+1})$$

证 明：用（5.1.4）减去（5.1.5），使用投影引理4.3.4—4.3.5，引理4.1.4，Cauchy-Schwarz不等式和三角不等式，可得

$$\begin{aligned}
&\|\nabla\mathcal{R}_hu^n-\nabla u_h^n\|^2\\
&=(\nabla\mathcal{R}_hu^n-\nabla u_h^n,\nabla\mathcal{R}_hu^n-\nabla u_h^n)\\
&=(\nabla u^n-\nabla u_h^n,\nabla\mathcal{R}_hu^n-\nabla u_h^n)\\
&=(\mathbf{q}^n-\mathbf{q}_h^n,\nabla\mathcal{R}_hu^n-\nabla u_h^n)\\
&\leqslant\|\mathbf{q}^n-\mathbf{q}_h^n\|\|\nabla\mathcal{R}_hu^n-\nabla u_h^n\|\\
&\leqslant(\|\mathbf{q}^n-\Pi_h\mathbf{q}^n\|+\|\Pi_h\mathbf{q}^n-\mathbf{q}_h^n\|)\|\nabla\mathcal{R}_hu^n-\nabla u_h^n\|
\end{aligned}\tag{5.1.12}$$

$$\begin{aligned}
&\|\Pi_h\mathbf{q}^n-\mathbf{q}_h^n\|_{H(\mathrm{div},\Omega)}^2\\
&=(\Pi_h\mathbf{q}^n-\mathbf{q}_h^n,\boldsymbol{\Pi}_h\mathbf{q}^n-\mathbf{q}_h^n)+(\nabla\cdot(\Pi_h\mathbf{q}^n-\mathbf{q}_h^n),\nabla\cdot(\Pi_h\mathbf{q}^n-\mathbf{q}_h^n))\\
&=(\mathbf{q}^n-\mathbf{q}_h^n,\Pi_h\mathbf{q}^n-\mathbf{q}_h^n)+(\nabla\cdot(\mathbf{q}^n-\mathbf{q}_h^n),\nabla\cdot(\Pi_h\mathbf{q}^n-\mathbf{q}_h^n))\\
&=(\sigma^n-\sigma_h^n,-\nabla\cdot(\Pi_h\mathbf{q}^n-\mathbf{q}_h^n))\\
&\leqslant\|\sigma^n-\sigma_h^n\|\|\Pi_h\mathbf{q}^n-\mathbf{q}_h^n\|_{H(\mathrm{div},\Omega)}\\
&\leqslant(\|\sigma^n-\Lambda_h\sigma^n\|+\|\Lambda_h\sigma^n-\sigma_h^n\|)\|\Pi_h\mathbf{q}^n-\mathbf{q}_h^n\|_{H(\mathrm{div},\Omega)}
\end{aligned}\tag{5.1.13}$$

和

$$\begin{aligned}
&\Delta t^{-\alpha}\sum_{i=0}^{n}q_\alpha(i)(\Lambda_h\sigma^{n-i}-\sigma_h^{n-i},\ \Lambda_h\sigma^n-\sigma_h^n)+\|\Lambda_h\sigma^n-\sigma_h^n\|^2\\
&=\Delta t^{-\alpha}\sum_{i=0}^{n}q_\alpha(i)(\sigma^{n-i}-\sigma_h^{n-i},\ \Lambda_h\sigma^n-\sigma_h^n)+(\sigma^n-\sigma_h^n,\ \Lambda_h\sigma^n-\sigma_h^n)\\
&=(E_1^n,\ \Lambda_h\sigma^n-\sigma_h^n)\\
&\leqslant\|E_1^n\|\|\Lambda_h\sigma^n-\sigma_h^n\|
\end{aligned}\tag{5.1.14}$$

在（5.1.14）两端对n从0到$P(\leqslant N)$求和，并乘以Δt，应用正定性引理2.3.4和Young不等式，我们有

$$\Delta t\sum_{n=0}^{P}\|\Lambda_h\sigma^n-\sigma_h^n\|^2\leqslant C\Delta t\sum_{n=0}^{P}\|E_1^n\|^2+\frac{1}{2}\Delta t\sum_{n=0}^{P}\|\Lambda_h\sigma^n-\sigma_h^n\|^2\tag{5.1.15}$$

因此，利用三角不等式，L^2投影的估计不等式（4.1.33）和（5.1.15），我们得到

$$\begin{aligned}
&\Delta t\sum_{n=0}^{P}\|\sigma^n-\sigma_h^n\|^2\\
&\leqslant C\Delta t\sum_{n=0}^{P}(\|\sigma^n-\Lambda_h\sigma^n\|^2+\|\Lambda_h\sigma^n-\sigma_h^n\|^2)\\
&\leqslant C(\Delta t^4+h^{2m+2})
\end{aligned}\tag{5.1.16}$$

在（5.1.13）两端关于n从0到$P(\leqslant N)$求和，并乘以Δt，应用Young不等式和（5.1.16），我们有

$$\begin{aligned}
&\Delta t\sum_{n=0}^{P}\|\Pi_h\mathbf{q}^n-\mathbf{q}_h^n\|^2+\Delta t\sum_{n=0}^{P}\|\Pi_h\mathbf{q}^n-\mathbf{q}_h^n\|_{H(\mathrm{div},\,\Omega)}^2\\
&\leqslant C(\|\sigma^n-\Lambda_h\sigma^n\|^2+\|\Lambda_h\sigma^n-\sigma_h^n\|^2)\\
&\leqslant C(\Delta t^4+h^{2m+2})
\end{aligned}\tag{5.1.17}$$

联合（5.1.17）和投影估计不等式（4.3.21），使用三角不等式，可得

$$\Delta t\sum_{n=0}^{P}\|\mathbf{q}^n-\mathbf{q}_h^n\|^2\leqslant C(\Delta t^4+h^{2r+2}+h^{2m+2})\tag{5.1.18}$$

和

$$\Delta t\sum_{n=0}^{P}\|\mathbf{q}^n-\mathbf{q}_h^n\|_{H(\mathrm{div},\,\Omega)}^2\leqslant C(\Delta t^4+h^{2r}+h^{2m+2})\tag{5.1.19}$$

对（5.1.12）应用Young不等式，Poincaré不等式，对结果不等式两端关于n从0到$P(\leqslant N)$求和，并乘以Δt，联合（5.1.19），我们有

$$\begin{aligned}\Delta t\sum_{n=0}^{P}\|\mathcal{R}_h u^n-u_h^n\|^2&\leqslant C\Delta t\sum_{n=0}^{P}\|\nabla\mathcal{R}_h u^n-\nabla u_h^n\|^2\\&\leqslant C(\Delta t^4+h^{2r+2}+h^{2m+2})\end{aligned}\tag{5.1.20}$$

利用三角不等式，联合（5.1.20）和投影估计不等式（4.3.19），我们有

$$\Delta t\sum_{n=0}^{P}\|u^n-u_h^n\|^2\leqslant C(\Delta t^4+h^{2m+2}+h^{\min\{2r+2,\,2k+2\}})\tag{5.1.21}$$

和

$$\Delta t\sum_{n=0}^{P}\|\nabla u^n-\nabla u_h^n\|^2\leqslant C(\Delta t^4+h^{2m+2}+h^{\min\{2r+2,\,2k\}})\tag{5.1.22}$$

基于不等式（5.1.16），（5.1.18），（5.1.19），（5.1.21），（5.1.22），定理得证.

5.1.5 结果讨论

从格式（5.1.5）中容易看出，第三个方程仅依赖于辅助函数σ_h^n，可以独立求解，将结果代入第二个方程，计算可得中间辅助函数$\mathbf{q}_h^n$，最后通过第一个方程可以求出未知纯量函数u_h^n. 显然，该算法具有分裂优势，避免了直接通过耦合系统求解，很大程度上减少了计算量，提升了计算效率.

5.2 分数阶双曲方程的WSGD分裂混合元法

5.2.1 引言

本节，我们考虑高维分数阶双曲方程

$$\begin{cases}{}_0^RD_t^{\alpha+1}u+{}_0^RD_t^{\alpha}u-\Delta u_t-\Delta u=f(\mathbf{x},t),\ (\mathbf{x},t)\in\Omega\times J\\u(\mathbf{x},0)=u_0(\mathbf{x}),\ u_t(\mathbf{x},0)=u_1(\mathbf{x}),\mathbf{x}\in\overline{\Omega}\\u(\mathbf{x},t)=0,\ (\mathbf{x},t)\in\partial\Omega\times\overline{J}\end{cases}\tag{5.2.1}$$

其中$\Omega\subset\mathbb{R}^d$, $d=2,3$为有界凸开区域，$\partial\Omega$为其边界. $J=(0,\ T]$（$0<T<\infty$）为时间区间. $u_0(\mathbf{x})$和$u_1(\mathbf{x})$是给定的两个初值函数，$f(\mathbf{x},t)$是已知的源项，两个分数阶导数分别由（4.3.2）和（4.3.3）定义给出. 可以看到，当$\alpha\to0$时，模型（5.2.1）转化为Sobolev方程$u_t-\Delta u_t-\Delta u+u=f(\mathbf{x},t)$；当$\alpha\to1$时，模型（5.2.1）转化为伪双曲方

程$u_{tt}-\Delta u_t-\Delta u+u_t=f(\mathbf{x},t)$；当$0<\alpha<1$时，模型（5.2.1）兼备两类模型的部分物理性质.

这里，引入两个中间辅助函数，形成分裂混合弱形式，然后基于时间BDF2结合WSGD逼近算子形成二阶全离散分裂混合元数值格式. 进一步，我们推导了关于中间辅助函数的稳定性结果，但原函数的稳定性结果以当前的证明技术很难得到. 可以采用与稳定性估计类似的推导方法进行误差分析，但对原函数的误差估计仍然是一个难点.

5.2.2 分裂混合元格式

引入中间变量$\mathbf{q}=\nabla u$和$\sigma={}_0^RD_t^\alpha u-\nabla\cdot\mathbf{q}$，方程（5.2.1）可改写成如下系统

$$\begin{cases}\nabla u=\mathbf{q}\\ \sigma={}_0^RD_t^\alpha u-\nabla\cdot\mathbf{q}\\ \sigma_t+\sigma=f\end{cases}\tag{5.2.2}$$

类似于上一节的推导过程，可得如下弱形式，即求$(u,\mathbf{q},\sigma)\in H_0^1\times\mathbf{W}\times L^2$，满足

$$\begin{cases}(\nabla u,\nabla v)=(\mathbf{q},\nabla v),\ v\in H_0^1\\ ({}_0^RD_t^\alpha\mathbf{q},\omega)+(\nabla\cdot\mathbf{q},\nabla\cdot\omega)=(\sigma,-\nabla\cdot\omega),\ \ \omega\in\mathbf{W}\\ (\sigma_t,z)+(\sigma,z)=(f,z),\ z\in L^2\end{cases}\tag{5.2.3}$$

使用WSGD算子逼近公式，可得如下等价弱形式

$$\begin{aligned}&(\nabla u^n,\nabla v)=(\mathbf{q}^n,\nabla v)\\ &\left(\Delta t^{-\alpha}\sum_{i=0}^{n}q_\alpha(i)\mathbf{q}^{n-i},\ \omega\right)+(\nabla\cdot\mathbf{q}^n,\nabla\cdot\omega)=(\sigma^n,-\nabla\cdot\omega)+(E_2^n,\omega)\\ &\left(\frac{3\sigma^n-4\sigma^{n-1}+\sigma^{n-2}}{2\Delta t},\ z\right)+(\sigma^n,z)=(f^n,z)+(E_3^n,z)\end{aligned}\tag{5.2.4}$$

其中

$$E_2^n=\Delta t^{-\alpha}\sum_{i=0}^{n}q_\alpha(i)\,\mathbf{q}^{n-i}-{}_0^RD_t^\alpha\mathbf{q}^n=O(\Delta t^2)$$

$$E_3^n=\sigma_t(t_n)-\frac{3\sigma^n-4\sigma^{n-1}+\sigma^{n-2}}{2\Delta t}=O(\Delta t^2)$$

相应的全离散混合有限元格式为：求$(u_h^n,\mathbf{q}_h^n,\sigma_h^n)\in V_h\times\mathbf{W}_h\times L_h\subset H_0^1\times\mathbf{W}\times L^2$，满足

$$
\begin{aligned}
&(\nabla u_h^n, \nabla v_h) = (\mathbf{q}_h^n, \nabla v_h) \\
&\left(\Delta t^{-\alpha}\sum_{i=0}^{n} q_\alpha(i)\mathbf{q}_h^{n-i},\ \omega_h\right) + (\nabla\cdot\mathbf{q}_h^n, \nabla\cdot\omega_h) = (\sigma_h^n, -\nabla\cdot\omega_h) \\
&\left(\frac{3\sigma_h^n - 4\sigma_h^{n-1} + \sigma_h^{n-2}}{2\Delta t},\ z_h\right) + (\sigma_h^n, z_h) = (f^n, z_h)
\end{aligned}
\tag{5.2.5}
$$

5.2.3　稳定性分析

定理5.2.1　混合有限元系统（5.2.5）满足如下稳定性不等式

$$
\begin{aligned}
&\|\sigma_h^P\|^2 + \|2\sigma_h^P - \sigma_h^{P-1}\|^2 + \Delta t\sum_{n=0}^{P}(\|\nabla\cdot\mathbf{q}_h^n\|^2 + \|\sigma_h^n\|^2) \\
&\leqslant C\left(\|\sigma_h^0\|^2 + \Delta t\sum_{n=1}^{P}\|f^n\|^2\right)
\end{aligned}
\tag{5.2.6}
$$

证明：在混合有限元系统（5.2.5）中分别取$\omega_h = \mathbf{q}_h^n$和$z_h = \sigma_h^n$，将两个结果方程相加，使用Cauchy-Schwarz不等式及Young不等式，可得

$$
\begin{aligned}
&\left(\frac{3\sigma_h^n - 4\sigma_h^{n-1} + \sigma_h^{n-2}}{2\Delta t},\ \sigma_h^n\right) + \left(\Delta t^{-\alpha}\sum_{i=0}^{n} q_\alpha(i)\mathbf{q}_h^{n-i},\ \mathbf{q}_h^n\right) \\
&+\|\nabla\cdot\mathbf{q}_h^n\|^2 + \|\sigma_h^n\|^2 \\
&= (\sigma_h^n, -\nabla\cdot\mathbf{q}_h^n) + (f^n, \sigma_h^n) \\
&\leqslant \frac{3}{4}\|\sigma_h^n\|^2 + \frac{1}{2}\|\nabla\cdot\mathbf{q}_h^n\|^2 + C\|f^n\|^2
\end{aligned}
\tag{5.2.7}
$$

进一步，我们有

$$
\begin{aligned}
&\frac{\|\sigma_h^P\|^2 + \|2\sigma_h^P - \sigma_h^{P-1}\|^2}{2\Delta t} + \left(\Delta t^{-\alpha}\sum_{n=1}^{P}\sum_{i=0}^{n} q_\alpha(i)\mathbf{q}_h^{n-i},\ \mathbf{q}_h^n\right) \\
&+\sum_{n=1}^{P}(\|\nabla\cdot\mathbf{q}_h^n\|^2 + \|\sigma_h^n\|^2) \\
&\leqslant C\sum_{n=1}^{P}\|f^n\|^2 + \frac{\|\sigma_h^1\|^2 + \|2\sigma_h^1 - \sigma_h^0\|^2}{2\Delta t}
\end{aligned}
\tag{5.2.8}
$$

在（5.2.8）两端乘以Δt，应用正定性引理2.3.4，得到稳定性结果.

5.2.4　结果讨论

（1）对于这个格式而言，很难给出$\|\nabla u^n - \nabla u_h^n\|^2$的估计.

（2）误差估计部分仅能给出第二个中间变量的估计结果. 目前没能给出其他两个

辅助函数的误差估计的证明思路.

5.3 分数阶双曲方程的简化分裂混合元法

5.3.1 引言

在5.2节中，我们给出了分数阶双曲方程模型（5.2.1）的一类分裂混合有限元方法. 本节中，基于分数阶双曲方程的特点，提出了一些简化分裂混合有限元数值格式. 首先给出简化分裂混合弱形式，然后分别讨论基于WSGD算子公式和$L1$公式的全离散分裂混合元方法的数值理论. 基于WSGD算子公式，分别形成向后Euler全离散混合元格式、BDF2全离散混合元格式、Crank-Nicolson全离散混合元格式，并对每一个格式的稳定性和误差估计给出详细证明；基于$L1$公式，给出格式稳定性的详细证明，同时通过不同角度，对误差估计进行详细分析.

5.3.2 简化分裂混合弱形式

引入中间变量$\sigma = {}_0^RD_t^\alpha u - \Delta u$，进而有$\sigma_t = {}_0^RD_t^{\alpha+1} u - \Delta u_t$，因此方程（5.2.1）可改写为如下时间低阶耦合系统

$$\begin{cases}\sigma = {}_0^RD_t^\alpha u - \Delta u\\ \sigma_t + \sigma = f\end{cases} \tag{5.3.1}$$

可得如下简化混合弱形式，即求$(u,\sigma)\in H_0^1\times L^2$，满足

$$\begin{cases}({}_0^RD_t^\alpha u, v) + (\nabla u, \nabla v) = (\sigma, v),\ v\in H_0^1\\ (\sigma_t, z) + (\sigma, z) = (f, z),\ z\in L^2\end{cases} \tag{5.3.2}$$

5.3.3 几类全离散简化分裂WSGD混合元格式

时间分数阶导数采用WSGD算子逼近，时间方向上分别采用向后Euler格式、BDF2格式、Crank-Nicolson格式进行离散.

1. 一阶向后Euler格式的稳定性及误差估计

利用一阶向后Euler格式结合WSGD算子逼近公式，可得如下等价混合弱形式

$$\left(\Delta t^{-\alpha}\sum_{i=0}^{n}q_{\alpha}(i)u^{n-i},\ v\right)+(\nabla u^{n},\ \nabla v)=(\sigma^{n},\ v)+(E_{E1}^{n},\ v),\ v\in H_0^1$$
$$\left(\frac{\sigma^{n}-\sigma^{n-1}}{\Delta t},\ z\right)+(\sigma^{n},z)=(f^{n},\ z)+(E_{E2}^{n},\ z),\ z\in L^2 \tag{5.3.3}$$

其中

$$E_{E1}^{n}=\Delta t^{-\alpha}\sum_{i=0}^{n}q_{\alpha}(i)u^{n-i}-{}_{0}^{R}D_{t}^{\alpha}u(t_n)=O(\Delta t^2)$$
$$E_{E2}^{n}=\sigma_t(t_n)-\frac{\sigma^{n}-\sigma^{n-1}}{\Delta t}=O(\Delta t)$$

可得相应的Euler全离散混合有限元格式：求$(u_h^n,\ \sigma_h^n)\in V_h\times L_h\subset H_0^1\times L^2$，满足

$$\left(\Delta t^{-\alpha}\sum_{i=0}^{n}q_{\alpha}(i)u_h^{n-i},\ v_h\right)+(\nabla u_h^{n},\ \nabla v_h)=(\sigma_h^{n},\ v_h),\ v_h\in V_h$$
$$\left(\frac{\sigma_h^{n}-\sigma_h^{n-1}}{\Delta t},\ z_h\right)+(\sigma_h^{n},\ z_h)=(f^{n},\ z_h),\ z_h\in L_h \tag{5.3.4}$$

定理5.3.1 混合有限元系统（5.3.4）满足如下稳定性不等式

$$\|\sigma_h^n\|^2+\Delta t\sum_{k=0}^{n}(\|u_h^k\|_1^2+\|\sigma_h^k\|^2)\leqslant C\left(\|\sigma_h^0\|^2+\Delta t\sum_{k=1}^{n}\|f^k\|^2\right) \tag{5.3.5}$$

证明：在混合有限元系统（5.3.4）的第二个方程中取$z_h=\sigma_h^n$，使用Cauchy-Schwarz不等式和Young不等式，可得

$$\frac{\|\sigma_h^n\|^2-\|\sigma_h^{n-1}\|^2}{2\Delta t}+\frac{1}{2}\|\sigma_h^n\|^2\leqslant\frac{1}{2}\|f^n\|^2 \tag{5.3.6}$$

关于n求和，可得

$$\|\sigma_h^n\|^2+\Delta t\sum_{k=1}^{n}\|\sigma_h^k\|^2\leqslant\|\sigma_h^0\|^2+\Delta t\sum_{k=1}^{n}\|f^k\|^2 \tag{5.3.7}$$

在混合有限元系统（5.3.4）的第一个方程中取$v_h=u_h^n$，使用Cauchy-Schwarz不等式，Young不等式和Poincaré不等式，可得

$$\begin{aligned}&\left(\Delta t^{-\alpha}\sum_{i=0}^{n}q_{\alpha}(i)u_h^{n-i},\ u_h^n\right)+\|\nabla u_h^n\|^2\\ &\leqslant C(\varepsilon)\|\sigma_h^n\|^2+\varepsilon\|u_h^n\|^2\\ &\leqslant C\|\sigma_h^n\|^2+\frac{1}{2}\|\nabla u_h^n\|^2\end{aligned} \tag{5.3.8}$$

联合（5.3.7）和（5.3.8），两端乘以Δt，并对n从0到P求和，我们有

$$\begin{aligned}&\|\sigma_h^P\|^2+\left(\Delta t^{1-\alpha}\sum_{n=0}^{P}\sum_{i=0}^{n}q_\alpha(i)u_h^{n-i},\ u_h^n\right)+\Delta t\sum_{n=1}^{P}\|\nabla u_h^n\|^2\\&\leqslant C\Delta t^2\sum_{n=1}^{P}\sum_{k=1}^{n}\|f^k\|^2+C\|\sigma_h^0\|^2\end{aligned}\tag{5.3.9}$$

基于正定性不等式及Poincaré不等式，可得结论．

定理5.3.2 设u，σ是混合弱形式（5.3.3）的解，u_h，σ_h是混合有限元系统（5.3.4）的解，可得如下最优误差

$$\begin{aligned}&\|\sigma^n-\sigma_h^n\|+\left(\Delta t\sum_{k=0}^{n}\|\sigma^k-\sigma_h^k\|^2\right)^{\frac{1}{2}}\leqslant C(h^{m+1}+\Delta t)\\&\left(\Delta t\sum_{k=0}^{n}\|u^k-u_h^k\|_1^2\right)^{\frac{1}{2}}\leqslant C(h^k+\Delta t^{-\alpha}h^{k+1}+h^{m+1}+\Delta t)\end{aligned}\tag{5.3.10}$$

证明：用（5.3.3）减去（5.3.4），利用椭圆投影引理4.3.4和L^2投影，得到误差方程

$$\begin{aligned}&\left(\Delta t^{-\alpha}\sum_{i=0}^{n}q_\alpha(i)(u^{n-i}-u_h^{n-i}),\ v_h\right)+(\nabla(\mathcal{R}_hu^n-u_h^n),\ \nabla v_h)\\&=(\sigma^n-\sigma_h^n,\ v_h)+(E_{E1}^n,\ v_h)\\&\left(\frac{\mathcal{R}_h\sigma^n-\sigma_h^n-(\mathcal{R}_h\sigma^{n-1}-\sigma_h^{n-1})}{\Delta t},\ z_h\right)+(\mathcal{R}_h\sigma^n-\sigma_h^n,\ z_h)\\&=-\left(\frac{\sigma^n-\mathcal{R}_h\sigma^n-(\sigma^{n-1}-\mathcal{R}_h\sigma^{n-1})}{\Delta t},\ z_h\right)+(E_{E2}^n,\ z_h)\end{aligned}\tag{5.3.11}$$

在误差方程（5.3.11）的第二个方程中取$z_h=\mathcal{R}_h\sigma^n-\sigma_h^n$，使用Cauchy-Schwarz不等式和Young不等式，可得

$$\begin{aligned}&\frac{\|\mathcal{R}_h\sigma^n-\sigma_h^n\|^2-\|\mathcal{R}_h\sigma^{n-1}-\sigma_h^{n-1}\|^2}{2\Delta t}+\frac{1}{2}\|\mathcal{R}_h\sigma^n-\sigma_h^n\|^2\\&\leqslant-\left(\frac{1}{\Delta t}\int_{t_{n-1}}^{t_n}(\sigma_t-\mathcal{R}_h\sigma_t)\,\mathrm{d}t,\ \mathcal{R}_h\sigma^n-\sigma_h^n\right)+(E_{E2}^n,\ \mathcal{R}_h\sigma^n-\sigma_h^n)\\&\leqslant\frac{1}{\Delta t}\int_{t_{n-1}}^{t_n}\|\sigma_t-\mathcal{R}_h\sigma_t\|\|\mathcal{R}_h\sigma^n-\sigma_h^n\|\mathrm{d}t+\|E_{E2}^n\|\|\mathcal{R}_h\sigma^n-\sigma_h^n\|\\&\leqslant\frac{C}{\Delta t}\int_{t_{n-1}}^{t_n}\|\sigma_t-\mathcal{R}_h\sigma_t\|^2\,\mathrm{d}t+\frac{1}{4}\|\mathcal{R}_h\sigma^n-\sigma_h^n\|^2+C\Delta t^2\end{aligned}\tag{5.3.12}$$

对（5.3.12）关于n求和，利用三角不等式，可得

$$\|\sigma^n-\sigma_h^n\|^2\leqslant C\left(\|\sigma^n-\mathcal{R}_h\sigma^n\|^2+\int_0^{t_n}\|\sigma_t-\mathcal{R}_h\sigma_t\|^2\,\mathrm{d}t+\Delta t^2\right)\tag{5.3.13}$$

在误差系统（5.3.11）的第一个方程中取$v_h = \mathcal{R}_h u^n - u_h^n$，使用Cauchy-Schwarz不等式，Young不等式和Poincaré不等式，可得

$$\begin{aligned}&\left(\Delta t^{-\alpha}\sum_{i=0}^{n} q_\alpha(i)(\mathcal{R}_h u^{n-i} - u_h^{n-i}),\ \mathcal{R}_h u^n - u_h^n\right) + \| \nabla\mathcal{R}_h u^n - \nabla u_h^n \|^2 \\ &\leqslant C(\varepsilon)\| \sigma^n - \sigma_h^n \|^2 + \varepsilon \| \mathcal{R}_h u^n - u_h^n \|^2 + C\| \Delta t^{-\alpha}\sum_{i=0}^{n} q_\alpha(i)(u^{n-i} - \mathcal{R}_h u^{n-i}) \|^2 \\ &\leqslant C\| \sigma^n - \sigma_h^n \|^2 + \frac{1}{2}\| \nabla\mathcal{R}_h u^n - \nabla u_h^n \|^2 + C\| \Delta t^{-\alpha}\sum_{i=0}^{n} q_\alpha(i)(u^{n-i} - \mathcal{R}_h u^{n-i}) \|^2\end{aligned} \tag{5.3.14}$$

联合（5.3.13）和（5.3.14），两端乘以Δt，并对n从0到P求和，我们有

$$\begin{aligned}&\left(\Delta t^{1-\alpha}\sum_{n=0}^{P}\sum_{i=0}^{n} q_\alpha(i)(\mathcal{R}_h u^{n-i} - u_h^{n-i}),\ \mathcal{R}_h u^n - u_h^n\right) \\ &+\Delta t\sum_{n=1}^{P}\| \nabla\mathcal{R}_h u^n - \nabla u_h^n \|^2 \\ &\leqslant C\Delta t\sum_{n=0}^{P}\left(\| \sigma^n - \mathcal{R}_h\sigma^n \|^2 + \int_0^{t_n}\| \sigma_t - \mathcal{R}_h\sigma_t \|^2\,\mathrm{d}t + \Delta t^2\right) \\ &+C\Delta t\sum_{n=0}^{P}\| \Delta t^{-\alpha}\sum_{i=0}^{n} q_\alpha(i)(u^{n-i} - \mathcal{R}_h u^{n-i}) \|^2\end{aligned} \tag{5.3.15}$$

利用椭圆投影不等式、L^2投影估计不等式、正定性引理2.3.4、引理2.3.5及三角不等式，可得结论.

2. BDF2格式的稳定性及误差估计

利用BDF2时间离散格式结合WSGD算子逼近公式，可得如下等价弱形式

$$\begin{aligned}&\left(\Delta t^{-\alpha}\sum_{i=0}^{n} q_\alpha(i)u^{n-i},\ v\right) + (\nabla u^n,\ \nabla v) = (\sigma^n,\ v) + (E_{E1}^n,\ v),\ n \geqslant 1 \\ &\left(\frac{3\sigma^n - 4\sigma^{n-1} + \sigma^{n-2}}{2\Delta t},\ z\right) + (\sigma^n,\ z) = (f^n,\ z) + (E_{B2}^n,\ z),\ n \geqslant 2 \\ &\left(\frac{\sigma^n - \sigma^{n-1}}{\Delta t},\ z\right) + (\sigma^n,\ z) = (f^n,\ z) + (E_{E2}^n,\ z),\ n = 1\end{aligned} \tag{5.3.16}$$

其中截断误差E_{E1}^n，E_{E2}^n参见上一节，E_{B2}^n如下

$$E_{B2}^n = \sigma_t(t_n) - \frac{3\sigma^n - 4\sigma^{n-1} + \sigma^{n-2}}{2\Delta t} = O(\Delta t^2)$$

得到相应的BDF2全离散混合有限元格式：求$(u_h^n,\ \sigma_h^n) \in V_h \times L_h \subset H_0^1 \times L^2$，满足

$$\begin{aligned}&\left(\Delta t^{-\alpha}\sum_{i=0}^{n}q_\alpha(i)u_h^{n-i},\ v_h\right)+(\nabla u_h^n,\ \nabla v_h)=(\sigma_h^n,\ v_h),\ n\geqslant 1\\&\left(\frac{3\sigma_h^n-4\sigma_h^{n-1}+\sigma_h^{n-2}}{2\Delta t},\ z_h\right)+(\sigma_h^n,\ z_h)=(f^n,\ z_h),\ n\geqslant 2\\&\left(\frac{\sigma_h^n-\sigma_h^{n-1}}{\Delta t},\ z_h\right)+(\sigma_h^n,\ z_h)=(f^n,\ z_h),\ n=1\end{aligned}\tag{5.3.17}$$

以下将给出混合有限元格式（5.3.17）的稳定性分析.

定理5.3.3 BDF2全离散混合有限元系统（5.3.17）成立如下稳定性不等式

$$\|\sigma_h^P\|^2+\Delta t\sum_{n=0}^{P}(\|\nabla u_h^n\|^2+\|\sigma_h^n\|^2)\leqslant C\left(\|\sigma_h^0\|^2+\Delta t\sum_{n=1}^{P}\|f^n\|^2\right)\tag{5.3.18}$$

证明：在混合有限元系统（5.3.17）的第一个和第二个方程中分别取$v_h=u_h^n$和$z_h=\sigma_h^n$，将两个结果方程相加，使用Cauchy-Schwarz不等式，Young不等式及Poincaré不等式，可得

$$\begin{aligned}&\left(\frac{3\sigma_h^n-4\sigma_h^{n-1}+\sigma_h^{n-2}}{2\Delta t},\ \sigma_h^n\right)+\left(\Delta t^{-\alpha}\sum_{i=0}^{n}q_\alpha(i)u_h^{n-i},\ u_h^n\right)\\&+\|\nabla u_h^n\|^2+\|\sigma_h^n\|^2\\&\leqslant\|\sigma_h^n\|\|u_h^n\|+\|f^n\|\|\sigma_h^n\|\\&\leqslant C\|\sigma_h^n\|^2+\frac{1}{2}\|\nabla u_h^n\|^2+C\|f^n\|^2\end{aligned}\tag{5.3.19}$$

进一步，关于n求和，我们有

$$\begin{aligned}&\frac{\|\sigma_h^P\|^2+\|2\sigma_h^P-\sigma_h^{P-1}\|^2}{2\Delta t}+\left(\Delta t^{-\alpha}\sum_{n=1}^{P}\sum_{i=0}^{n}q_\alpha(i)u_h^{n-i},\ u_h^n\right)\\&+\sum_{n=1}^{P}(\|\nabla u_h^n\|^2+\|\sigma_h^n\|^2)\\&\leqslant C\sum_{n=1}^{P}\|u_h^n\|^2+C\sum_{n=1}^{P}\|f^n\|^2+\frac{\|\sigma_h^1\|^2+\|2\sigma_h^1-\sigma_h^0\|^2}{2\Delta t}\end{aligned}\tag{5.3.20}$$

将稳定性定理5.3.1结论代入（5.3.20），在结果不等式两端乘以Δt，应用Gronwall不等式，我们有

$$\begin{aligned}&\|\sigma_h^P\|^2+\left(\Delta t^{1-\alpha}\sum_{n=0}^{P}\sum_{i=0}^{n}q_\alpha(i)u_h^{n-i},\ u_h^n\right)+\Delta t\sum_{n=1}^{P}(\|\nabla u_h^n\|^2+\|\sigma_h^n\|^2)\\&\leqslant C\Delta t\sum_{n=1}^{P}\|f^n\|^2+C\|\sigma_h^0\|^2\end{aligned}\tag{5.3.21}$$

基于正定性不等式，可得结论.

定理5.3.4 设u, σ是混合弱形式（5.3.16）的解，u_h, σ_h是混合有限元系统（5.3.17）的解，可得如下最优误差

$$\|\sigma^n-\sigma_h^n\|+\left(\Delta t\sum_{k=0}^{n}\|\sigma^k-\sigma_h^k\|^2\right)^{\frac{1}{2}}\leqslant C(h^{m+1}+\Delta t^2)$$
$$\left(\Delta t\sum_{k=0}^{n}\|u^k-u_h^k\|_1^2\right)^{\frac{1}{2}}\leqslant C(h^k+\Delta t^{-\alpha}h^{k+1}+h^{m+1}+\Delta t^2) \tag{5.3.22}$$

证明：用（5.3.16）减去（5.3.17），使用椭圆投影引理4.3.4和L^2投影引理，我们得到误差方程

$$\left(\Delta t^{-\alpha}\sum_{i=0}^{n}q_\alpha(i)(u^{n-i}-u_h^{n-i}),\ v_h\right)+\left(\nabla(\mathcal{R}_hu^n-u_h^n),\ \nabla v_h\right)$$
$$=(\sigma^n-\sigma_h^n,\ v_h)+(E_{E1}^n,\ v_h),\quad n\geqslant 1$$
$$\left(\frac{3(\mathcal{R}_h\sigma^n-\sigma_h^n)-4(\mathcal{R}_h\sigma^{n-1}-\sigma_h^{n-1})+(\mathcal{R}_h\sigma^{n-2}-\sigma_h^{n-2})}{2\Delta t},\ z_h\right)+(\mathcal{R}_h\sigma^n-\sigma_h^n,\ z_h)$$
$$=-\left(\frac{3(\sigma^n-\mathcal{R}_h\sigma^n)-4(\sigma^{n-1}-\mathcal{R}_h\sigma^{n-1})+(\sigma^{n-2}-\mathcal{R}_h\sigma^{n-2})}{2\Delta t},\ z_h\right)+(E_{B2}^n,\ z_h),\ n\geqslant 2$$
$$\left(\frac{(\mathcal{R}_h\sigma^n-\sigma_h^n)-(\mathcal{R}_h\sigma^{n-1}-\sigma_h^{n-1})}{2\Delta t},\ z_h\right)+(\mathcal{R}_h\sigma^n-\sigma_h^n,\ z_h)$$
$$=-\left(\frac{(\sigma^n-\mathcal{R}_h\sigma^n)-(\sigma^{n-1}-\mathcal{R}_h\sigma^{n-1})}{2\Delta t},\ z_h\right)+(E_{E2}^n,\ z_h),\ n=1 \tag{5.3.23}$$

为了推理方便，我们记$\phi^n=\mathcal{R}_h\sigma^n-\sigma_h^n$和$\varphi^n=\sigma^n-\mathcal{R}_h\sigma^n$，在误差方程（5.3.23）的第二个方程中取$z_h=\phi^n$，使用Cauchy-Schwarz不等式和Young不等式，可得

$$\frac{(\|\phi^n\|^2+\|2\phi^n-\phi^{n-1}\|^2)-(\|\phi^{n-1}\|^2+\|2\phi^{n-1}-\phi^{n-2}\|^2)}{4\Delta t}+\frac{1}{2}\|\phi^n\|^2$$
$$\leqslant-\left(\frac{3}{\Delta t}\int_{t_{n-1}}^{t_n}\varphi_t\mathrm{d}t,\ \phi^n\right)+\left(\frac{1}{\Delta t}\int_{t_{n-2}}^{t_{n-1}}\varphi_t\mathrm{d}t,\ \phi^n\right)+(E_{B2}^n,\ \phi^n)$$
$$\leqslant\frac{3}{\Delta t}\int_{t_{n-2}}^{t_n}\|\varphi_t\|\|\phi^n\|\mathrm{d}t+\|E_{E2}^n\|\|\phi^n\| \tag{5.3.24}$$
$$\leqslant\frac{3}{\Delta t}\int_{t_{n-2}}^{t_n}\|\varphi_t\|^2\,\mathrm{d}t+\frac{1}{4}\|\phi^n\|^2+C\Delta t^4$$

对（5.3.24）关于n求和，利用三角不等式，可得

$$\|\sigma^n-\sigma_h^n\|^2\leqslant C\left(\|\varphi^n\|^2+\int_0^{t_n}\|\varphi_t\|^2\,\mathrm{d}t+\Delta t^4\right),\ n\geqslant 2 \tag{5.3.25}$$

在误差方程（5.3.23）的第三个方程中取$z_h=\phi^1$，使用Cauchy-Schwarz不等式和Young不等式，可得

$$\begin{aligned}(1+2\Delta t)\|\phi^1\|^2 &\leqslant \|\phi^0\|^2-2\left(\int_{t_0}^{t_1}\varphi_t\mathrm{d}t,\ \phi^1\right)+(2\Delta t E_{E2}^1,\ \phi^1)\\ &\leqslant \frac{1}{\Delta t}\int_{t_0}^{t_1}\|\varphi_t\|^2\,\mathrm{d}t+\frac{1}{4}\|\phi^1\|^2+C\Delta t^4\end{aligned}\tag{5.3.26}$$

联合（5.3.25）和（5.3.26），我们得到

$$\|\sigma^n-\sigma_h^n\|^2\leqslant C\left(\|\sigma^n-\mathcal{R}_h\sigma^n\|^2+\int_0^{t_n}\|\sigma_t-\mathcal{R}_h\sigma_t\|^2\,\mathrm{d}t+\Delta t^4\right),\ n\geqslant 1\tag{5.3.27}$$

在误差系统（5.3.11）的第一个方程中取$v_h=\mathcal{R}_hu^n-u_h^n$，联合（5.3.27），基于（5.3.15）推导过程，可得结论.

3. Crank-Nicolson格式的稳定性及误差估计

利用Crank-Nicolson时间离散格式结合WSGD算子逼近公式，可得如下等价弱形式

$$\begin{aligned}&\left(\frac{1}{2}\left(\Delta t^{-\alpha}\sum_{i=0}^{n}q_\alpha(i)u^{n-i}+\Delta t^{-\alpha}\sum_{i=0}^{n-1}q_\alpha(i)u^{n-1-i}\right),\ v\right)\\&+\left(\frac{\nabla u^n+\nabla u^{n-1}}{2},\ \nabla v\right)=\left(\frac{\sigma^n+\sigma^{n-1}}{2},\ v\right)+(E_{C1}^n,\ v),\ v\in H_0^1\\&\left(\frac{\sigma^n-\sigma^{n-1}}{\Delta t},\ z\right)+\left(\frac{\sigma^n+\sigma^{n-1}}{2},\ z\right)=\left(\frac{f^n+f^{n-1}}{2},\ z\right)+(E_{C2}^n,\ z),\ z\in L^2\end{aligned}\tag{5.3.28}$$

其中截断误差

$$\begin{aligned}E_{C1}^n&=\frac{1}{2}\left(\Delta t^{-\alpha}\sum_{i=0}^{n}q_\alpha(i)u^{n-i}+\Delta t^{-\alpha}\sum_{i=0}^{n-1}q_\alpha(i)u^{n-1-i}\right)-{}_0^RD_t^\alpha u(t_{n-\frac{1}{2}})\\&\quad+\frac{\nabla u^n+\nabla u^{n-1}}{2}-\nabla u(t_{n-\frac{1}{2}})-\frac{\sigma^n+\sigma^{n-1}}{2}+\sigma(t_{n-\frac{1}{2}})=O(\Delta t^2)\\E_{C2}^n&=\frac{\sigma^n-\sigma^{n-1}}{\Delta t}-\sigma_t(t_{n-\frac{1}{2}})+\frac{\sigma^n+\sigma^{n-1}}{2}-\sigma(t_{n-\frac{1}{2}})\\&\quad+f(t_{n-\frac{1}{2}})-\frac{f^n+f^{n-1}}{2}=O(\Delta t^2)\end{aligned}$$

相应的Crank-Nicolson全离散混合有限元格式为：求$(u_h^n,\ \sigma_h^n)\in V_h\times L_h\subset H_0^1\times L^2$，满足

$$\left(\frac{1}{2}\left(\Delta t^{-\alpha}\sum_{i=0}^{n}q_{\alpha}(i)u_h^{n-i}+\Delta t^{-\alpha}\sum_{i=0}^{n-1}q_{\alpha}(i)u_h^{n-1-i}\right),\ v_h\right)+\left(\frac{\nabla u_h^n+\nabla u_h^{n-1}}{2},\ \nabla v_h\right)$$
$$=\left(\frac{\sigma_h^n+\sigma_h^{n-1}}{2},\ v_h\right),\ v_h\in V_h \tag{5.3.29}$$
$$\left(\frac{\sigma_h^n-\sigma_h^{n-1}}{\Delta t},\ z_h\right)+\left(\frac{\sigma_h^n+\sigma_h^{n-1}}{2},\ z_h\right)=\left(\frac{f^n+f^{n-1}}{2},\ z_h\right),\ \ z_h\in L_h$$

以下将给出混合有限元格式（5.3.29）的稳定性分析.

定理5.3.5 Crank-Nicolson全离散混合有限元系统（5.3.29）成立如下稳定性不等式

$$\|\sigma_h^P\|+\left(\Delta t\sum_{n=1}^{P}\left\|\frac{\nabla u_h^n+\nabla u_h^{n-1}}{2}\right\|^2\right)^{\frac{1}{2}}+\left(\Delta t\sum_{n=1}^{P}\left\|\frac{\sigma_h^n+\sigma_h^{n-1}}{2}\right\|^2\right)^{\frac{1}{2}}$$
$$\leqslant C\|\sigma_h^0\|+C\left(\Delta t\sum_{n=0}^{P}\|f^n\|^2\right)^{\frac{1}{2}} \tag{5.3.30}$$

证明：在混合有限元系统（5.3.29）的第一个和第二个方程中分别取$v_h=\frac{(u_h^n+u_h^{n-1})}{2}$和$z_h=\frac{(\sigma_h^n+\sigma_h^{n-1})}{2}$，将两个结果方程相加，使用Cauchy-Schwarz不等式，Young不等式及Poincaré不等式，可得

$$\frac{\|\sigma_h^n\|^2-\|\sigma_h^{n-1}\|^2}{2\Delta t}+\left\|\frac{\nabla u_h^n+\nabla u_h^{n-1}}{2}\right\|^2+\left\|\frac{\sigma_h^n+\sigma_h^{n-1}}{2}\right\|^2$$
$$+\left(\frac{1}{2}\left(\Delta t^{-\alpha}\sum_{i=0}^{n}q_{\alpha}(i)u_h^{n-i}+\Delta t^{-\alpha}\sum_{i=0}^{n-1}q_{\alpha}(i)u_h^{n-1-i}\right),\ \frac{u_h^n+u_h^{n-1}}{2}\right)$$
$$\leqslant\left\|\frac{\sigma_h^n+\sigma_h^{n-1}}{2}\right\|\left\|\frac{u_h^n+u_h^{n-1}}{2}\right\|+\left\|\frac{f^n+f^{n-1}}{2}\right\|\left\|\frac{\sigma_h^n+\sigma_h^{n-1}}{2}\right\| \tag{5.3.31}$$
$$\leqslant C(\|\sigma_h^n\|^2+\|\sigma_h^{n-1}\|^2)+\frac{1}{2}\left\|\frac{\nabla u_h^n+\nabla u_h^{n-1}}{2}\right\|^2+C(\|f^n\|^2+\|f^{n-1}\|^2)$$

进一步，关于n求和，可得

$$\|\sigma_h^P\|^2+\Delta t\sum_{n=1}^{P}\left\|\frac{\nabla u_h^n+\nabla u_h^{n-1}}{2}\right\|^2+\Delta t\sum_{n=1}^{P}\left\|\frac{\sigma_h^n+\sigma_h^{n-1}}{2}\right\|^2$$
$$+\left(2\Delta t\sum_{n=1}^{P}\frac{1}{2}\left(\Delta t^{-\alpha}\sum_{i=0}^{n}q_{\alpha}(i)u_h^{n-i}+\Delta t^{-\alpha}\sum_{i=0}^{n-1}q_{\alpha}(i)u_h^{n-1-i}\right),\ \frac{u_h^n+u_h^{n-1}}{2}\right) \tag{5.3.32}$$
$$\leqslant C\left(\|\sigma_h^0\|^2+\Delta t\sum_{n=0}^{P}\|\sigma_h^n\|^2+\Delta t\sum_{n=0}^{P}\|f^n\|^2\right)$$

基于正定性不等式，应用Gronwall不等式，可得

$$\begin{aligned}&\| \sigma_h^P \|^2+\Delta t\sum_{n=1}^{P}\left\|\frac{\nabla u_h^n+\nabla u_h^{n-1}}{2}\right\|^2+\Delta t\sum_{n=1}^{P}\left\|\frac{\sigma_h^n+\sigma_h^{n-1}}{2}\right\|^2\\&\leqslant C\left(\| \sigma_h^0 \|^2+\Delta t\sum_{n=0}^{P}\|f^n\|^2\right)\end{aligned}\tag{5.3.33}$$

定理5.3.6 设u，σ是混合弱形式（5.3.28）的解，u_h, σ_h是混合有限元系统（5.3.29）的解，可得如下最优误差

$$\begin{aligned}&\|\sigma^n-\sigma_h^n\|+\left(\Delta t\sum_{k=1}^{n}\left\|\frac{(\sigma^k-\sigma_h^k)+(\sigma^{k-1}-\sigma_h^{k-1})}{2}\right\|^2\right)^{\frac{1}{2}}\leqslant C(h^{m+1}+\Delta t^2)\\&\left(\Delta t\sum_{k=1}^{n}\left\|\frac{(u^k-u_h^k)+(u^{k-1}-u_h^{k-1})}{2}\right\|_1^2\right)^{\frac{1}{2}}\leqslant C(h^k+\Delta t^{-\alpha}h^{k+1}+h^{m+1}+\Delta t^2)\end{aligned}\tag{5.3.34}$$

证明：用（5.3.28）减去（5.3.29），使用椭圆投影引理4.3.4和L^2投影引理，我们得到误差方程

$$\begin{aligned}&\left(\frac{1}{2}\left(\Delta t^{-\alpha}\sum_{i=0}^{n}q_\alpha(i)\,(u^{n-i}-u_h^{n-i})+\Delta t^{-\alpha}\sum_{i=0}^{n-1}q_\alpha(i)\,(u^{n-1-i}-u_h^{n-1-i})\right),\ v_h\right)\\&+\left(\frac{\nabla(\mathcal{R}_hu^n-u_h^n)+\nabla(\mathcal{R}_hu^{n-1}-u_h^{n-1})}{2},\ \nabla v_h\right)\\&=\left(\frac{(\sigma^n-\sigma_h^n)+(\sigma^{n-1}-\sigma_h^{n-1})}{2},\ v_h\right)+(E_{C1}^n,\ v_h),\ v_h\in V_h\\&\left(\frac{(\mathcal{R}_h\sigma^n-\sigma_h^n)+(\mathcal{R}_h\sigma^{n-1}-\sigma_h^{n-1})}{\Delta t},\ z_h\right)+\left(\frac{(\mathcal{R}_h\sigma^n-\sigma_h^n)+(\mathcal{R}_h\sigma^{n-1}-\sigma_h^{n-1})}{2},\ z_h\right)\\&=-\left(\frac{(\sigma^n-\mathcal{R}_h\sigma^n)-(\sigma^{n-1}-\mathcal{R}_h\sigma^{n-1})}{\Delta t},\ z_h\right)+(E_{C2}^n,\ z_h),\ z_h\in L_h\end{aligned}\tag{5.3.35}$$

继续使用记号$\phi^n=\mathcal{R}_h\sigma^n-\sigma_h^n$和$\varphi^n=\sigma^n-\mathcal{R}_h\sigma^n$，在误差方程（5.3.35）中取$v_h=\frac{(u^n-u_h^n)+(u^{n-1}-u_h^{n-1})}{2}$和$z_h=\frac{\phi^n+\phi^{n-1}}{2}$，使用Cauchy-Schwarz不等式和Young不等式，类似于前面的推导，可得结论.

注5.3.1 （1）这些分裂格式能够将原时间高阶分数阶模型转化成低阶分数阶模型，进而可以选择多类有效的时间离散方法进行逼近.

（2）在误差估计中存在项$\Delta t^{-\alpha}h^{m+1}$，进而说明$\|\cdot\|_1$的最优估计是有条件的，为了解决这个问题，可以采用文献[120]中的方法.

5.3.4 全离散简化分裂$L1$混合元格式

利用$L1$逼近公式离散时间分数阶导数，时间上采用BDF2逼近，进而形成在$t=t_{n+1}$的混合弱形式：

$$\left(\frac{\Delta t^{-\alpha}}{\Gamma(2-\alpha)}\sum_{k=0}^{n}B_k^{\alpha}(u^{n+1-k}-u^{n-k}),\ v\right)+(\nabla u^{n+1},\nabla v)=(\sigma^{n+1},v)+(E_{L1}^{n+1},v),\ n\geqslant 0$$
$$\left(\frac{3\sigma^{n+1}-4\sigma^{n}+\sigma^{n-1}}{2\Delta t},\ z\right)+(\sigma^{n+1},z)=(f^{n+1},z)+(E_{B2}^{n+1},z),\ n\geqslant 1$$
$$\left(\frac{\sigma^{n+1}-\sigma^{n}}{\Delta t},\ z\right)+(\sigma^{n+1},z)=(f^{n+1},z)+(E_{E2}^{n+1},z),\ n=0 \tag{5.3.36}$$

其中系数$B_k^{\alpha}=(k+1)^{\alpha}-k^{\alpha}$，截断误差$E_{E1}^{n}$，$E_{E2}^{n}$参见上一节，$E_{E2}^{n}$如下

$$E_{B2}^{n}=\sigma_t(t_n)-\frac{3\sigma^{n}-4\sigma^{n-1}+\sigma^{n-2}}{2\Delta t}=O(\Delta t^2)$$

得到相应的$L1$逼近的BDF2全离散混合有限元格式：求$(u_h^n,\sigma_h^n)\in V_h\times L_h\subset H_0^1\times L^2$，满足

$$\left(\frac{\Delta t^{-\alpha}}{\Gamma(2-\alpha)}\sum_{k=0}^{n}B_k^{\alpha}(u_h^{n+1-k}-u_h^{n-k}),\ v_h\right)+(\nabla u_h^{n+1},\nabla v_h)=(\sigma_h^{n+1},v_h),\ n\geqslant 0$$
$$\left(\frac{3\sigma_h^{n+1}-4\sigma_h^{n}+\sigma_h^{n-1}}{2\Delta t},\ z_h\right)+(\sigma_h^{n+1},z_h)=(f^{n+1},z_h),\ n\geqslant 1 \tag{5.3.37}$$
$$\left(\frac{\sigma_h^{n+1}-\sigma_h^{n}}{\Delta t},\ z_h\right)+(\sigma_h^{n+1},z_h)=(f^{n+1},z_h),\ n=0$$

以下将给出混合元格式（5.3.37）的稳定性分析.

定理5.3.7 $L1$逼近的BDF2全离散混合有限元系统（5.3.37）成立如下稳定性不等式

$$\|\sigma_h^{n+1}\|\leqslant C(\|\sigma_h^0\|+\max_{0\leqslant k\leqslant n}\|f^{k+1}\|)$$
$$\|u_h^{n+1}\|+\sqrt{\Gamma(2-\alpha)\Delta t^{\alpha}}\|\nabla u_h^{n+1}\|\leqslant C(\|u_h^0\|+\|\sigma_h^0\|+\max_{0\leqslant k\leqslant n}\|f^{k}\|) \tag{5.3.38}$$

证明：注意到

$$\begin{aligned}&\sum_{k=0}^{n}B_k^{\alpha}(u_h^{n+1-k}-u_h^{n-k})\\&=B_0^{\alpha}u_h^{n+1}+\sum_{k=0}^{n-1}B_{k+1}^{\alpha}u_h^{n-k}-\sum_{k=0}^{n}B_k^{\alpha}u_h^{n-k}\\&=B_0^{\alpha}u_h^{n+1}+\sum_{k=0}^{n-1}(B_{k+1}^{\alpha}-B_k^{\alpha})u_h^{n-k}-B_n^{\alpha}u_h^0\end{aligned} \tag{5.3.39}$$

因此（5.3.37）的第一个方程改写如下形式

$$\begin{aligned}&(B_0^\alpha u_h^{n+1}, v_h)+\Gamma(2-\alpha)\Delta t^\alpha(\nabla u_h^{n+1}, \nabla v_h)\\&=\left(\sum_{k=0}^{n-1}(B_k^\alpha-B_{k+1}^\alpha)u_h^{n-k}, v_h\right)+(B_n^\alpha u_h^0, v_h)\\&+\Gamma(2-\alpha)\Delta t^\alpha(\sigma_h^{n+1}, v_h), n\geqslant 0\end{aligned}\tag{5.3.40}$$

注意到$B_0^\alpha=1, \sum_{k=0}^{n-1}(B_k^\alpha-B_{k+1}^\alpha)+B_n^\alpha=1$，当$\sigma_h^{n+1}=0$，由文献[101]的推导方法，可以得到

$$\| u_h^{n+1}\|+\sqrt{\Gamma(2-\alpha)\Delta t^\alpha}\,\|\nabla u_h^{n+1}\|\leqslant\| u_h^0\|, n\geqslant 0\tag{5.3.41}$$

当$\sigma_h^{n+1}\neq 0$，注意到[106]中$\kappa=0$情形，采用Liao等[106]的推导方法，利用Poincaré不等式，可以得到稳定性估计不等式.

$$\| u_h^{n+1}\|+\sqrt{\Gamma(2-\alpha)\Delta t^\alpha}\,\|\nabla u_h^{n+1}\|\leqslant C(\| u_h^0\|+\|\sigma_h^{n+1}\|), n\geqslant 0\tag{5.3.42}$$

由（5.3.37）的第二个和第三个方程，容易得到σ_h^{n+1}的估计如下

$$\|\sigma_h^{n+1}\|\leqslant C(\|\sigma_h^0\|+\max_{0\leqslant k\leqslant n}\| f^{k+1}\|)\tag{5.3.43}$$

联立（5.3.42）和（5.3.43），可得结论.

下面将给出不同估计方法下的两个误差估计结果.

定理5.3.8 设u^n, σ^n是混合弱形式（5.3.36）的弱解，u_h^n, σ_h^n是混合有限元系统（5.3.37）的有限元解，取$\mathcal{R}_h u^0=u_h^0$和$\Lambda_h\sigma^0=\sigma_h^0$，则有如下误差估计结果成立

$$\begin{aligned}&\| u^{n+1}-u_h^{n+1}\|\leqslant C\left((1+\Delta t^{-\alpha})h^{k+1}+\Gamma(2-\alpha)(h^{m+1}+\Delta t^2)\right)\\&(\| u^{n+1}-u_h^{n+1}\|^2+\Gamma(2-\alpha)\Delta t^\alpha\|\nabla u^{n+1}-\nabla u_h^{n+1}\|^2)^{\frac{1}{2}}\\&\leqslant\left((1+\Delta t^{-\alpha})h^{k+1}+\Delta t^\alpha h^k+\Gamma(2-\alpha)(h^{m+1}+\Delta t^2)\right)\\&\|\sigma^{n+1}-\sigma_h^{n+1}\|\leqslant C(h^{m+1}+\Delta t^2)\end{aligned}\tag{5.3.44}$$

证明：采用上一节中简记符号，利用椭圆投影和L^2投影，可得误差方程

$$\begin{aligned}&\left(\frac{\Delta t^{-\alpha}}{\Gamma(2-\alpha)}\sum_{k=0}^{n}B_k^\alpha\left[(u^{n+1-k}-u_h^{n+1-k})-(u^{n-k}-u_h^{n-k})\right], v_h\right)\\&+(\nabla(\mathcal{R}_h u^{n+1}-u_h^{n+1}), \nabla v_h)=(\sigma^{n+1}-\sigma_h^{n+1}, v_h)+(E_{L1}^{n+1}, v_h), n\geqslant 0\\&\left(\frac{3\phi^{n+1}-4\phi^n+\phi^{n-1}}{2\Delta t}, z_h\right)+(\phi^{n+1}, z_h)\\&=-\left(\frac{3\varphi^{n+1}-4\varphi^n+\varphi^{n-1}}{2\Delta t}, z_h\right)+(E_{B2}^{n+1}, z_h), n\geqslant 1\\&\left(\frac{\phi^{n+1}-\phi^n}{\Delta t}, z_h\right)+(\phi^{n+1}, z_h)=-\left(\frac{\varphi^{n+1}-\varphi^n}{\Delta t}, z_h\right)+(E_{E2}^{n+1}, z_h), n=0\end{aligned}\tag{5.3.45}$$

注意到关系式（5.3.39），（5.3.45）的第一个方程改写为如下形式

$$
\begin{aligned}
&(B_0^\alpha(\mathcal{R}_h u^{n+1}-u_h^{n+1}),v_h)+\Gamma(2-\alpha)\Delta t^\alpha(\nabla(\mathcal{R}_h u^{n+1}-u_h^{n+1}),\nabla v_h)\\
&=\left(\sum_{k=0}^{n-1}(B_k^\alpha-B_{k+1}^\alpha)(\mathcal{R}_h u^{n-k}-u_h^{n-k}),v_h\right)+(B_n^\alpha(\mathcal{R}_h u^0-u_h^0),v_h)\\
&\quad-(B_0^\alpha(u^{n+1}-\mathcal{R}_h u^{n+1}),v_h)+\left(\sum_{k=0}^{n-1}(B_k^\alpha-B_{k+1}^\alpha)(u^{n-k}-\mathcal{R}_h u^{n-k}),v_h\right)\\
&\quad+(B_n^\alpha(u^0-\mathcal{R}_h u^0),v_h)+\Gamma(2-\alpha)\Delta t^\alpha(\sigma^{n+1}-\sigma_h^{n+1},v_h),\ n\geqslant 0
\end{aligned}
\tag{5.3.46}
$$

注意到$1=B_0^\alpha>B_1^\alpha>B_2^\alpha>\cdots>B_k^\alpha\to 0$，由Cauchy-Schwarz不等式和三角不等式，可得

$$
\begin{aligned}
&\|\mathcal{R}_h u^{n+1}-u_h^{n+1}\|^2+\Gamma(2-\alpha)\Delta t^\alpha\|\nabla(\mathcal{R}_h u^{n+1}-u_h^{n+1})\|^2\\
&\leqslant\left(\sum_{k=0}^{n-1}(B_k^\alpha-B_{k+1}^\alpha)\|\mathcal{R}_h u^{n-k}-u_h^{n-k}\|+B_n^\alpha\|\mathcal{R}_h u^0-u_h^0\|\right)\|\mathcal{R}_h u^{n+1}-u_h^{n+1}\|\\
&\quad+(B_0^\alpha\|u^{n+1}-\mathcal{R}_h u^{n+1}\|+\sum_{k=0}^{n-1}(B_k^\alpha-B_{k+1}^\alpha)\|u^{n-k}-\mathcal{R}_h u^{n-k}\|\\
&\quad+B_n^\alpha\|u^0-\mathcal{R}_h u^0\|)\|\mathcal{R}_h u^{n+1}-u^{n+1}\|\\
&\quad+\Gamma(2-\alpha)\Delta t^\alpha\|\sigma^{n+1}-\sigma_h^{n+1}\|\|\mathcal{R}_h u^{n+1}-u_h^{n+1}\|
\end{aligned}
\tag{5.3.47}
$$

注意到$\sum\limits_{k=0}^{n-1}(B_k^\alpha-B_{k+1}^\alpha)+B_n^\alpha=1$，由椭圆投影估计不等式，可得

$$
\begin{aligned}
&\|\mathcal{R}_h u^{n+1}-u_h^{n+1}\|^2+\Gamma(2-\alpha)\Delta t^\alpha\|\nabla(\mathcal{R}_h u^{n+1}-u_h^{n+1})\|^2\\
&\leqslant\left(\sum_{k=0}^{n-1}(B_k^\alpha-B_{k+1}^\alpha)\|\mathcal{R}_h u^{n-k}-u_h^{n-k}\|+B_n^\alpha\|\mathcal{R}_h u^0-u_h^0\|\right)\|\mathcal{R}_h u^{n+1}-u_h^{n+1}\|\\
&\quad+\left(B_0^\alpha+\sum_{k=0}^{n-1}(B_k^\alpha-B_{k+1}^\alpha)+B_n^\alpha\right)\max_{0\leqslant k\leqslant n+1}\|u^k-\mathcal{R}_h u^k\|\|\mathcal{R}_h u^{n+1}-u^{n+1}\|\\
&\quad+\Gamma(2-\alpha)\Delta t^\alpha\|\sigma^{n+1}-\sigma_h^{n+1}\|\|\mathcal{R}_h u^{n+1}-u_h^{n+1}\|\\
&\leqslant\left(\sum_{k=0}^{n-1}(B_k^\alpha-B_{k+1}^\alpha)\|\mathcal{R}_h u^{n-k}-u_h^{n-k}\|+B_n^\alpha\|\mathcal{R}_h u^0-u_h^0\|\right)\|\mathcal{R}_h u^{n+1}-u_h^{n+1}\|\\
&\quad+(Ch^{k+1}+\Gamma(2-\alpha)\Delta t^\alpha\|\sigma^{n+1}-\sigma_h^{n+1}\|)\|\mathcal{R}_h u^{n+1}-u_h^{n+1}\|
\end{aligned}
\tag{5.3.48}
$$

将$\|\sigma^{n+1}-\sigma_h^{n+1}\|$的估计不等式（5.3.27）代入（5.3.48），利用L^2投影估计不等式，得到

$$
\begin{aligned}
&\|\mathcal{R}_h u^{n+1}-u_h^{n+1}\|^2+\Gamma(2-\alpha)\Delta t^\alpha\|\nabla(\mathcal{R}_h u^{n+1}-u_h^{n+1})\|^2\\
&\leqslant\left(\sum_{k=0}^{n-1}(B_k^\alpha-B_{k+1}^\alpha)\|\mathcal{R}_h u^{n-k}-u_h^{n-k}\|+B_n^\alpha\|\mathcal{R}_h u^0-u_h^0\|\right)\|\mathcal{R}_h u^{n+1}-u_h^{n+1}\|\\
&\quad+C(h^{k+1}+\Gamma(2-\alpha)\Delta t^\alpha(h^{m+1}+\Delta t^2))\|\mathcal{R}_h u^{n+1}-u_h^{n+1}\|
\end{aligned}
\tag{5.3.49}
$$

记$|||z|||_1^2\doteq\|z\|^2+\Gamma(2-\alpha)\Delta t^\alpha\|\nabla z\|^2$，可得

$$
\begin{aligned}
&|||\mathcal{R}_h u^{n+1}-u_h^{n+1}|||_1^2\\
\leqslant&\left(\sum_{k=0}^{n-1}(B_k^\alpha-B_{k+1}^\alpha)\parallel \mathcal{R}_h u^{n-\mathrm{k}}-u_h^{n-k}\parallel+B_n^\alpha\parallel \mathcal{R}_h u^0-u_h^0\parallel\right)|||\mathcal{R}_h u^{n+1}-u_h^{n+1}|||_1\\
&+C\left(h^{k+1}+\Gamma(2-\alpha)\Delta t^\alpha(h^{m+1}+\Delta t^2)\right)|||\mathcal{R}_h u^{n+1}-u_h^{n+1}|||_1
\end{aligned}
\tag{5.3.50}
$$

进一步，类似于文献[101]的推导方法，可以得到

$$
|||\mathcal{R}_h u^{n+1}-u_h^{n+1}|||_1\leqslant C(\Delta t^{-\alpha}h^{k+1}+\Gamma(2-\alpha)(h^{m+1}+\Delta t^2)) \tag{5.3.51}
$$

由三角不等式，椭圆投影估计不等式和L^2投影估计不等式，可得结论.

注5.3.2 从以上误差估计结论中可以看出，误差结果中有一项$\Delta t^{-\alpha}h^{k+1}$，使得结果不够完美，因此将采用其他方法推导无条件最优收敛结果.

定理5.3.9 设u^n,σ^n是混合弱形式（5.3.36）的弱解，u_h^n,σ_h^n是混合有限元系统（5.3.37）的有限元解，取$\mathcal{R}_h u^0=u_h^0$和$\Lambda_h\sigma^0=\sigma_h^0$，则成立如下最优误差估计结果

$$
\begin{aligned}
&\parallel u^{n+1}-u_h^{n+1}\parallel\leqslant C(h^{k+1}+\Gamma(2-\alpha)(h^{m+1}+\Delta t^2))\\
&(\parallel u^{n+1}-u_h^{n+1}\parallel^2+\Gamma(2-\alpha)\Delta t^\alpha\parallel\nabla u^{n+1}-\nabla u_h^{n+1}\parallel^2)^{\frac{1}{2}}\\
\leqslant&(h^{k+1}+\Delta t^\alpha h^k+\Gamma(2-\alpha)(h^{m+1}+\Delta t^2))\\
&\parallel \sigma^{n+1}-\sigma_h^{n+1}\parallel\leqslant C(h^{m+1}+\Delta t^2)
\end{aligned}
\tag{5.3.52}
$$

证明：注意到文献[106]中κ=0情形，采用Liao等[106]的推导方法，利用Poincaré不等式，可以得到误差估计不等式.

5.3.5 结果讨论

（1）本章节中，主要目的是设计简化分裂混合有限元数值格式. 该格式的特点是能够直接避免耦合系统求解且与时间逼近方式无关，同时能够将原高阶时间导数自然转化为低阶导数，便于进行时间离散，设计出多种高效数值格式.

（2）在简化分裂混合有限元方法中，时间分数阶导数主要采用了WSGD算子、$L1$公式逼近，实际上也可以应用SCQ公式、$L2\text{-}1_\sigma$公式等其他高阶逼近公式，但理论分析难度有所不同.

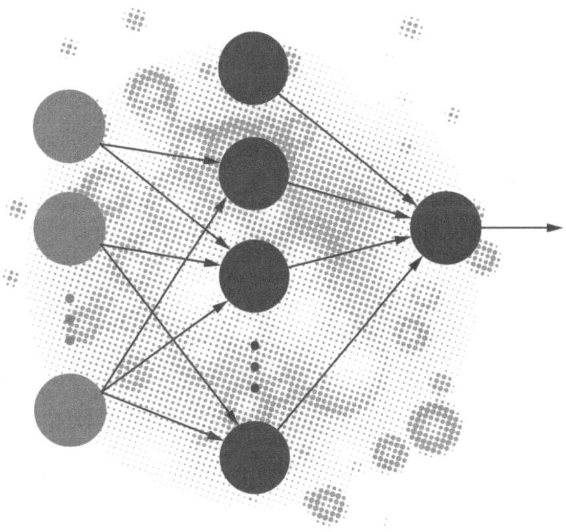

6 非线性四阶时间分数阶双曲波模型的混合元方法

很多实际问题可以用四阶偏微分方程模型描述，例如在液晶中的畴壁传播问题、双稳态系统的模式形成问题和反应扩散系统的行波问题等. 其中四阶分数阶偏微分方程是一类重要的非局部模型，主要包括四阶分数阶亚扩散模型和四阶分数阶波动方程. 迄今为止，已经出现了线性和非线性四阶分数阶亚扩散方程和波动方程的一些数值解法. Liu等[245]利用空间两网格混合有限元算法快速求解带有Caputo型时间分数阶导数的四阶反应扩散模型，给出详细的误差估计等数值理论分析，在计算时间上与非线性混合元算法对比，结果表明了算法的计算优势. Liu等[256]为了求解线性四阶时间分数阶偏微分方程设计了一种分数阶逼近公式，进而提出了有效计算格式，给出详细的稳定性和误差估计理论分析，通过数值例子验证了算法的可行性. Liu等[257]考虑了基于$L1$-逼近的混合有限元方法数值求解带有一阶时间导数的四阶非线性分数阶亚扩散模型，给出了稳定性和收敛性分析，也通过数值计算结果说明了理论结果正确性. Ji等[258]设计了求解四阶分数阶亚扩散模型的空间高精度数值方法. Guo等[259]和Du等[260]分别采用不同的时间分数阶逼近公式结合局部间断Galerkin方法数值求解四阶时间分数阶偏微分方程，也给出了数值理论和数值计算研究. Tariq和Akram[261]考虑了五次样条技巧求解一类四阶时间分数阶偏微分模型. 在2018年，Liu等[128]提出了分数阶导数的二阶逼近公式，进而结合混合有限元方法数值求解带有一阶时间导数的非线性四阶分数阶亚扩散方程模型，给出详细的误差估计理论分析，通过数值例子验证算法有效性. Yang等[262]用正交样条配置法数值求解了四阶扩散系统. 在文献[263]中，Ran和Zhang基于四阶亚扩散分数阶分布阶模型提出一类紧致差分格式. Hu和Zhang[264]应用有限差分算法对四阶分数阶扩散波动模型和亚扩散问题进行数值计算. Li和Wong[265]考虑了四阶分数阶扩散波动问题的有效的数值方法. 在2022年，Wang等[266]设计了求解二维非线性四阶分数阶波方程的具有二阶精度的有限元算法，给出详细的算法和计算结果分析. Wang等[267]发展了求解一类二维非线性四阶分数阶积分微分方程的二阶时间步长混合元格式，给出误差等数值理论分析，通过计算数据验证算法可行性. 文献中，还有很多相关模型研究，这里不能一一列举. 为了让读者能够更好地了解四阶分数阶模型，这里我们提供了部分相关模型方程.

(1)线性四阶Caputo型时间分数阶扩散方程[256, 262]

$$\frac{\partial^\alpha u}{\partial t^\alpha}-\Delta u+\Delta^2 u=f(\mathbf{x},t),\ 0<\alpha<1 \tag{6.0.1}$$

(2)线性四阶Caputo型时间分数阶扩散方程[259, 261]

$$\frac{\partial^\alpha u(x,t)}{\partial t^\alpha}+b^2\frac{\partial^4 u(x,t)}{\partial x^4}=f(x,t),\ 0<\alpha<1 \tag{6.0.2}$$

(3)线性四阶Caputo型时间分数阶反应扩散方程[258]

$$\frac{\partial^\alpha u(x,t)}{\partial t^\alpha}+\frac{\partial^4 u(x,t)}{\partial x^4}+qu(x,t)=f(x,t),\ 0<\alpha<1 \tag{6.0.3}$$

(4)非线性四阶Caputo型时间分数阶反应扩散方程[128]

$$\frac{\partial u}{\partial t}-\frac{\partial^\alpha \Delta u}{\partial t^\alpha}-\Delta u+\Delta^2 u=f(u)+g(\mathbf{x},t),\ 0<\alpha<1 \tag{6.0.4}$$

(5)非线性四阶Caputo型时间分数阶偏微分方程[260]

$$\frac{\partial u(x,t)}{\partial t}+\frac{\partial^\alpha u(x,t)}{\partial t^\alpha}+\frac{\partial^4 u(x,t)}{\partial x^4}+f(u(x,t))=g(x,t),\ 0<\alpha<1 \tag{6.0.5}$$

(6)线性四阶Caputo型时间分数阶扩散波方程[264, 265]

$$\frac{\partial^\gamma u(x,t)}{\partial t^\gamma}+b^2\frac{\partial^4 u(x,t)}{\partial x^4}=f(x,t),\ 1<\gamma<2 \tag{6.0.6}$$

(7)非线性四阶Caputo型时间分数阶扩散波方程[266]

$$\frac{\partial^\gamma u}{\partial t^\gamma}+\Delta^2 u-\Delta f(u)=g(\mathbf{x},t),\ 1<\gamma<2 \tag{6.0.7}$$

(8)非线性四阶Riemann-Liouville型时间分数阶积分微分方程[267]

$$u_t-\Delta\,{}_0\mathfrak{I}_t^\alpha u+\Delta^2 u-\Delta f(u)=g(\mathbf{x},t),\ 0<\alpha<1 \tag{6.0.8}$$

其中${}_0\mathfrak{I}_t^\alpha u(\mathbf{x},t)=\frac{1}{\Gamma(\alpha)}\int_0^t (t-s)^{\alpha-1}u(\mathbf{x},s)\,\mathrm{d}s$.

6.1 修正$L1$ Crank-Nicolson混合元算法

6.1.1 引言

本节中，考虑一种非线性Galerkin混合有限元算法研究时间分数阶双曲波动方程的初边值问题

$$\begin{cases} \dfrac{\partial^2 u}{\partial t^2}+\dfrac{\partial_{RL}^{\beta} u}{\partial t^{\beta}}+\dfrac{\partial u}{\partial t}+\Delta^2 u-\Delta f(u)=g(\mathbf{x},t),\ (\mathbf{x},t)\in\Omega\times J \\ u(\mathbf{x},t)=\Delta u(\mathbf{x},t)=0,\ t\in\bar{J} \\ u(\mathbf{x},0)=0,\ \dfrac{\partial u}{\partial t}(\mathbf{x},0)=u_1(\mathbf{x}),\ \mathbf{x}\in\bar{\Omega} \end{cases} \tag{6.1.1}$$

其中$\Omega\subset\mathbb{R}^d(d\leqslant 3)$和$J=(0,T]$分别表示空间区域和时间区间，且$0<T<\infty$. $u_1(\mathbf{x})$为给定的初值函数，$g(\mathbf{x},t)$是已知的源项，$f(u)$是关于u的多项式函数或者有界函数，且Riemann-Liouville分数阶导数定义为

$$\frac{\partial_{RL}^{\beta} u}{\partial t^{\beta}}=\frac{1}{\Gamma(2-\beta)}\frac{\partial^2}{\partial t^2}\int_0^t\frac{u(s)\mathrm{d}s}{(t-s)^{\beta-1}},\ 1<\beta<2 \tag{6.1.2}$$

四阶非线性分数阶双曲波方程（6.1.1）是由古典的四阶双曲波方程发展而来. 当$\beta\to 1$或者2且$f(u)$取为u^3-u时，问题（6.1.1）可以转化为重要的修正Cahn-Hilliard方程[268].

2017年，Zeng和Li[144]提出了基于修正$L1$-逼近的新Crank-Nicolson有限元方法. 该方法的特点是给出了不同于通常逼近分数阶导数（分数阶参数$\alpha\in(0,1)$）使用的$L1$公式，重新给出分数阶导数逼近的系数关系，建立新的逼近公式，即所谓的修正$L1$逼近公式. 进一步能够直接与Crank-Nicolson格式结合形成新的数值格式. 但我们也发现该公式适用于逼近分数阶参数$\alpha\in(0,1)$情况下的Caputo或者Riemann-Liouville型分数阶导数，在这里通过一些处理技术，将该方法推广应用于$\alpha\in(1,2)$情形.

本节，通过引入两个中间函数变量，采用特殊技术手段提出一种新的混合有限元耦合系统. 在新的混合有限元系统中，能够使用修正$L1$逼近公式，同时能够给出三个函数变量的数值解. 主要贡献概况如下：(1) 通过引入两个辅助函数变量，将四阶非线性时间分数阶双曲波问题转变为带有时空低阶导数的非线性耦合系统；(2) 将$\beta\in(1,2)$阶的Riemann-Liouville分数阶导数降为$\alpha\in(0,1)$阶的Riemann-Liouville分数阶导数；(3) 对于$\alpha\in(0,1)$阶的时间分数阶导数用修正的$L1$公式结合二阶Crank-Nicolson格式逼近；(4) 详细给出新的数值格式的稳定性和收敛性分析.

本章节安排如下：在6.1.2节，我们给出了一些数值逼近公式，新的混合有限元数值格式，并给出稳定性分析；在6.1.3节，给出三个函数变量的最优误差分析.

6.1.2 数值逼近和稳定性

首先，Riemann-Liouville和Caputo分数阶导数的定义及相互之间的关系式已在第2章给出. 为形成格式，取$\alpha=\beta-1$和$v=\dfrac{\partial u}{\partial t}$，注意初值$u(0)=0$，我们有

$$\begin{aligned}\frac{\partial_{RL}^{\beta}u}{\partial t^{\beta}}&=\frac{1}{\Gamma(2-\beta)}\int_0^t\frac{\frac{\partial^2u(s)}{\partial s^2}\mathrm{d}s}{(t-s)^{\beta-1}}+\frac{u(0)}{\Gamma(1-\beta)}t^{-\beta}+\frac{\frac{\partial u(0)}{\partial t}}{\Gamma(2-\beta)}t^{1-\beta}\\&=\frac{1}{\Gamma(1-\alpha)}\int_0^t\frac{\frac{\partial v}{\partial s}\mathrm{d}s}{(t-s)^{\alpha}}+\frac{v(0)}{\Gamma(1-\alpha)}t^{-\alpha}\\&=\frac{\partial_{RL}^{\alpha}v}{\partial t^{\alpha}},\ 0<\alpha<1\end{aligned}\tag{6.1.3}$$

令$\sigma=\Delta u-f(u)$，原问题（6.1.1）可以改写成如下耦合系统

$$\begin{cases}v=\dfrac{\partial u}{\partial t},\ (\mathbf{x},t)\in\Omega\times J\\ \sigma_t=\Delta v-f_u(u)v,\ (\mathbf{x},\ t)\in\Omega\times J\\ \dfrac{\partial v}{\partial t}+\dfrac{\partial_{RL}^{\alpha}v}{\partial t^{\alpha}}+v+\Delta\sigma=g(\mathbf{x},\ t),\ (\mathbf{x},\ t)\in\Omega\times J\end{cases}\tag{6.1.4}$$

为了下一步的研究需要，我们给出如下引理.

引理6.1.1 在时间$t_{k+\frac{1}{2}}$处，有下式成立

$$\begin{aligned}\frac{\partial f}{\partial t}\left(t_{k+\frac{1}{2}}\right)&=\frac{f^{k+1}-f^k}{\Delta t}+O(\Delta t^2)\\&\triangleq P_{\Delta t}f^{k+\frac{1}{2}}+O(\Delta t^2)\end{aligned}\tag{6.1.5}$$

引理6.1.2 在时间$t_{k+\frac{1}{2}}$处，有下式成立

$$\begin{aligned}f\left(t_{k+\frac{1}{2}}\right)&=\frac{f^{k+1}+f^k}{2}+O(\Delta t^2)\\&\triangleq f^{k+\frac{1}{2}}+O(\Delta t^2)\end{aligned}\tag{6.1.6}$$

这里采用文献[144]中提出的修正$L1$-逼近公式，(见引理2.3.13—2.3.14)，有

$$\begin{cases}(a)P_{\Delta t}u^{n+\frac{1}{2}}=v^{n+\frac{1}{2}}+R_1^{n+\frac{1}{2}}\\ (b)P_{\Delta t}\sigma^{n+\frac{1}{2}}=\Delta v^{n+\frac{1}{2}}-\dfrac{f_u(u^{n+1})v^{n+1}+f_u(u^n)v^n}{2}+R_2^{n+\frac{1}{2}}\\ (c)P_{\Delta t}v^{n+\frac{1}{2}}+v^{n+\frac{1}{2}}+\Delta\sigma^{n+\frac{1}{2}}\\ \quad+\dfrac{\Delta t^{-\alpha}}{\Gamma(2-\alpha)}\left[a_0v^{n+\frac{1}{2}}-\sum\limits_{j=1}^{n}(a_{n-j}-a_{n-j+1})v^{j-\frac{1}{2}}-(a_n-b_n)v^{\frac{1}{2}}-\hat{b}_nv^0\right]\\ =g\left(\mathbf{x},\ t_{n+\frac{1}{2}}\right)+R_3^{n+\frac{1}{2}}\end{cases}\tag{6.1.7}$$

其中

$$R_1^{n+\frac{1}{2}}=P_{\Delta t}u^{n+\frac{1}{2}}-\frac{\partial u}{\partial t}\left(t_{n+\frac{1}{2}}\right)+\left(v\left(t_{n+\frac{1}{2}}\right)-v^{n+\frac{1}{2}}\right)=O(\Delta t^2)$$

$$R_2^{n+\frac{1}{2}}=P_{\Delta t}\sigma^{n+\frac{1}{2}}-\frac{\partial \sigma}{\partial t}\left(t_{n+\frac{1}{2}}\right)+\left(\Delta v\left(t_{n+\frac{1}{2}}\right)-\Delta v^{n+\frac{1}{2}}\right)$$
$$+f_u\left(u\left(t_{n+\frac{1}{2}}\right)\right)v\left(t_{n+\frac{1}{2}}\right)-\frac{f_u(u^{n+1})v^{n+1}+f_u(u^n)v^n}{2}=O(\Delta t^2)$$

$$R_3^{n+\frac{1}{2}}=P_{\Delta t}v^{n+\frac{1}{2}}-\frac{\partial v}{\partial t}\left(t_{n+\frac{1}{2}}\right)+O(\Delta t^{2-\alpha})+\left(v^{n+\frac{1}{2}}-v\left(t_{n+\frac{1}{2}}\right)\right)$$
$$+\left(\Delta\sigma^{n+\frac{1}{2}}-\Delta\sigma\left(t_{n+\frac{1}{2}}\right)\right)=O(\Delta t^{2-\alpha})$$

对于$(\varphi,\ \psi,\ \chi)\in L^2\times H_0^1\times H_0^1$，得如下混合弱形式

$$\begin{cases}(a)\left(P_{\Delta t}u^{n+\frac{1}{2}},\ \varphi\right)=\left(v^{n+\frac{1}{2}},\ \varphi\right)+\left(R_1^{n+\frac{1}{2}},\ \varphi\right)\\(b)\left(P_{\Delta t}\sigma^{n+\frac{1}{2}},\ \psi\right)+\left(\nabla v^{n+\frac{1}{2}},\ \nabla\psi\right)+\left(\dfrac{f_u(u^{n+1})v^{n+1}+f_u(u^n)v^n}{2},\ \psi\right)=\left(R_2^{n+\frac{1}{2}},\ \psi\right)\\(c)\left(P_{\Delta t}v^{n+\frac{1}{2}},\ \chi\right)+\left(v^{n+\frac{1}{2}},\ \chi\right)-\left(\nabla\sigma^{n+\frac{1}{2}},\ \nabla\chi\right)\\\quad+\left(\dfrac{\Delta t^{-\alpha}}{\Gamma(2-\alpha)}\left[a_0v^{n+\frac{1}{2}}-\sum_{j=1}^{n}(a_{n-j}-a_{n-j+1})v^{j-\frac{1}{2}}-(a_n-b_n)v^{\frac{1}{2}}-\hat{b}_nv^0\right],\ \chi\right)\\=\left(g\left(\mathbf{x},t_{n+\frac{1}{2}}\right),\ \chi\right)+\left(R_3^{n+\frac{1}{2}},\chi\right)\end{cases}\tag{6.1.8}$$

对于$(\varphi_h,\ \psi_h,\ \chi_h)\in L_h\times V_h\times V_h\subset L^2\times H_0^1\times H_0^1$，基于以上混合弱形式，可得新混合元系统

$$\begin{cases}(a)\left(P_{\Delta t}u_h^{n+\frac{1}{2}},\ \varphi_h\right)=\left(v_h^{n+\frac{1}{2}},\ \varphi_h\right)\\(b)\left(P_{\Delta t}\sigma_h^{n+\frac{1}{2}},\ \psi_h\right)+\left(\nabla v_h^{n+\frac{1}{2}},\ \nabla\psi_h\right)+\left(\dfrac{f_u(u_h^{n+1})v_h^{n+1}+f_u(u_h^n)v_h^n}{2},\ \psi_h\right)=0\\(c)\left(P_{\Delta t}v_h^{n+\frac{1}{2}},\ \chi_h\right)+\left(v_h^{n+\frac{1}{2}},\ \chi_h\right)-\left(\nabla\sigma_h^{n+\frac{1}{2}},\ \nabla\chi_h\right)\\\quad+\left(\dfrac{\Delta t^{-\alpha}}{\Gamma(2-\alpha)}\left[a_0v_h^{n+\frac{1}{2}}-\sum_{j=1}^{n}(a_{n-j}-a_{n-j+1})v_h^{j-\frac{1}{2}}-(a_n-b_n)v_h^{\frac{1}{2}}-\hat{b}_nv_h^0\right],\ \chi_h\right)\\=\left(g\left(\mathbf{x},\ t_{n+\frac{1}{2}}\right),\ \chi_h\right)\end{cases}\tag{6.1.9}$$

下面，我们考虑如下的稳定性不等式.

定理6.1.1 对于$n\geqslant 0$，全离散系统（6.1.9）有如下稳定性结果

$$(a)\ \|v_h^{n+1}\|+\|\sigma_h^{n+1}\|+\left(\frac{\Delta t^{1-\alpha}}{\Gamma(2-\alpha)}\sum_{j=1}^{n+1}a_{n-j+1}\left\|v_h^{j-\frac{1}{2}}\right\|^2\right)^{\frac{1}{2}}$$
$$\leqslant C\left(\|v_h^0\|+\|\sigma_h^0\|+\max_{0\leqslant j\leqslant n}\{\|g(\mathbf{x},t_{j+\frac{1}{2}})\|\}\right)$$
$$(b)\ \|u_h^{n+1}\|\leqslant C\left(\|u_h^0\|+\|v_h^0\|+\|\sigma_h^0\|+\max_{0\leqslant j\leqslant n}\{\|g(\mathbf{x},t_{j+\frac{1}{2}})\|\}\right)$$

证明：在（6.1.9）（a）中，取$\varphi_h=u_h^{n+\frac{1}{2}}$，应用Cauchy-Schwarz不等式和Young不等式，可得

$$\frac{1}{2}\left(\left\|v_h^{n+\frac{1}{2}}\right\|^2+\left\|u_h^{n+\frac{1}{2}}\right\|^2\right)\geqslant\left(v_h^{n+\frac{1}{2}},u_h^{n+\frac{1}{2}}\right)=\left(P_{\Delta t}u_h^{n+\frac{1}{2}},u_h^{n+\frac{1}{2}}\right)\geqslant\frac{\|u_h^{n+1}\|^2-\|u_h^n\|^2}{2\Delta t}\tag{6.1.10}$$

在（6.1.9）（b）中，令$\psi_h=\sigma_h^{n+\frac{1}{2}}$并应用Cauchy-Schwarz不等式，可得

$$\begin{aligned}&\left(\nabla v_h^{n+\frac{1}{2}},\nabla\sigma_h^{n+\frac{1}{2}}\right)\\&=-\left(P_{\Delta t}\sigma_h^{n+\frac{1}{2}},\sigma_h^{n+\frac{1}{2}}\right)-\left(\frac{f_u(u_h^{n+1})v_h^{n+1}+f_u(u_h^n)v_h^n}{2},\sigma_h^{n+\frac{1}{2}}\right)\\&\leqslant-\frac{\|\sigma_h^{n+1}\|^2-\|\sigma_h^n\|^2}{2\Delta t}+\frac{1}{2}(\|f_u(u_h^{n+1})\|_\infty\|v_h^{n+1}\|+\|f_u(u_h^n)\|_\infty\|v_h^n\|)\left\|\sigma_h^{n+\frac{1}{2}}\right\|\\&\leqslant-\frac{\|\sigma_h^{n+1}\|^2-\|\sigma_h^{n+1}\|^2}{2\Delta t}+C(\|v_h^{n+1}\|^2+\|v_h^n\|^2+\|\sigma_h^{n+1}\|^2+\|\sigma_h^n\|^2)\end{aligned}\tag{6.1.11}$$

在（6.1.9）（c）中，令$\chi_h=v_h^{n+\frac{1}{2}}$并应用Cauchy-Schwarz不等式，可得

$$\begin{aligned}&-\left(\nabla\sigma_h^{n+\frac{1}{2}},\nabla v_h^{n+\frac{1}{2}}\right)\\&=-\left(P_{\Delta t}v_h^{n+\frac{1}{2}},v_h^{n+\frac{1}{2}}\right)-\|v_h^{n+\frac{1}{2}}\|^2+\left(g\left(\mathbf{x},t_{n+\frac{1}{2}}\right),v_h^{n+\frac{1}{2}}\right)\\&\quad-\left(\frac{\Delta t^{-\alpha}}{\Gamma(2-\alpha)}\left[a_0v_h^{n+\frac{1}{2}}-\sum_{j=1}^{n}(a_{n-j}-a_{n-j+1})v_h^{j-\frac{1}{2}}-(a_n-b_n)v_h^{\frac{1}{2}}-b_nv_h^0\right],v_h^{n+\frac{1}{2}}\right)\\&\leqslant-\frac{\|v_h^{n+1}\|^2-\|v_h^n\|^2}{2\Delta t}-\frac{1}{2}\left\|v_h^{n+\frac{1}{2}}\right\|^2+\frac{1}{2}\left\|g\left(\mathbf{x},t_{n+\frac{1}{2}}\right)\right\|^2\\&\quad-\left(\frac{\Delta t^{-\alpha}}{\Gamma(2-\alpha)}\left[a_0v_h^{n+\frac{1}{2}}-\sum_{j=1}^{n}(a_{n-j}-a_{n-j+1})v_h^{j-\frac{1}{2}}-(a_n-b_n)v_h^{\frac{1}{2}}-\hat{b}_nv_h^0\right],v_h^{n+\frac{1}{2}}\right)\end{aligned}\tag{6.1.12}$$

将（6.1.11）与（6.1.12）相加，可得

$$\begin{aligned}&\frac{\|v_h^{n+1}\|^2-\|v_h^n\|^2}{2\Delta t}+\frac{\|\sigma_h^{n+1}\|^2-\|\sigma_h^n\|^2}{2\Delta t}+\frac{1}{2}\left\|v_h^{n+\frac{1}{2}}\right\|^2\\&\leqslant-\left(\frac{\Delta t^{-\alpha}}{\Gamma(2-\alpha)}\left[a_0v_h^{n+\frac{1}{2}}-\sum_{j=1}^{n}(a_{n-j}-a_{n-j+1})v_h^{j-\frac{1}{2}}-(a_n-b_n)v_h^{\frac{1}{2}}-\hat{b}_nv_h^0\right],v_h^{n+\frac{1}{2}}\right)\\&\quad+C\left(\|v_h^{n+1}\|^2+\|v_h^n\|^2+\|\sigma_h^{n+1}\|^2+\|\sigma_h^n\|^2+\left\|g\left(\mathbf{x},t_{n+\frac{1}{2}}\right)\right\|^2\right)\end{aligned}\tag{6.1.13}$$

参考文献 [144] 中引理 4.2，容易得到

$$-\left(\frac{\Delta t^{-\alpha}}{\Gamma(2-\alpha)}\left[a_0 v_h^{n+\frac{1}{2}} - \sum_{j=1}^{n}(a_{n-j}-a_{n-j+1})v_h^{j-\frac{1}{2}} - (a_n-b_n)v_h^{\frac{1}{2}} - b_n v_h^0\right], v_h^{n+\frac{1}{2}}\right)$$

$$\leq \frac{\Delta t^{-\alpha}}{2\Gamma(2-\alpha)}\left(\sum_{j=1}^{n}a_{n-j}\left\|v_h^{j-\frac{1}{2}}\right\|^2 - \sum_{j=1}^{n+1}a_{n-j+1}\left\|v_h^{j-\frac{1}{2}}\right\|^2 + \hat{b}_n\|v_h^0\|^2\right) \tag{6.1.14}$$

结合（6.1.13）和（6.1.14），可得

$$\|v_h^{n+1}\|^2 + \|\sigma_h^{n+1}\|^2 + \Delta t\left\|v_h^{n+\frac{1}{2}}\right\|^2 + \frac{\Delta t^{1-\alpha}}{\Gamma(2-\alpha)}\sum_{j=1}^{n+1}a_{n-j+1}\left\|v_h^{j-\frac{1}{2}}\right\|^2$$

$$\leq \|v_h^n\|^2 + \|\sigma_h^n\|^2 + \frac{\Delta t^{1-\alpha}}{\Gamma(2-\alpha)}\sum_{j=1}^{n}a_{n-j}\left\|v_h^{j-\frac{1}{2}}\right\|^2 + \frac{\Delta t^{1-\alpha}}{\Gamma(2-\alpha)}\hat{b}_n\|v_h^0\|^2 \tag{6.1.15}$$

$$+C\Delta t\left(\|v_h^{n+1}\|^2 + \|v_h^n\|^2 + \|\sigma_h^{n+1}\|^2 + \|\sigma_h^n\|^2 + \left\|g\left(\mathbf{x}, t_{n+\frac{1}{2}}\right)\right\|^2\right)$$

我们记

$$\Xi(v_h^{n+1}, \sigma_h^{n+1}) = \|v_h^{n+1}\|^2 + \|\sigma_h^{n+1}\|^2 + \frac{\Delta t^{1-\alpha}}{\Gamma(2-\alpha)}\sum_{j=1}^{n+1}a_{n-j+1}\left\|v_h^{j-\frac{1}{2}}\right\|^2 \tag{6.1.16}$$

基于以上记号，移除非负项，可得

$$\Xi(v_h^{n+1}, \sigma_h^{n+1}) \leq \left(\frac{1+\Delta t}{1-\Delta t}\right)\Xi(v_h^n, \sigma_h^n) + \frac{1}{1-\Delta t}\frac{\Delta t^{1-\alpha}}{\Gamma(2-\alpha)}\hat{b}_n\|v_h^0\|^2 + \frac{C\Delta t}{1-\Delta t}\left\|g\left(\mathbf{x}, t_{n+\frac{1}{2}}\right)\right\|^2$$

$$\leq \left(\frac{1+\Delta t}{1-\Delta t}\right)^2\Xi(v_h^{n-1}, \sigma_h^{n-1}) + \frac{1}{1-\Delta t}\frac{\Delta t^{1-\alpha}}{\Gamma(2-\alpha)}\|v_h^0\|^2\sum_{j=0}^{1}\hat{b}_{n-j}\left(\frac{1+\Delta t}{1-\Delta t}\right)^j$$

$$+\frac{C\Delta t}{1-\Delta t}\sum_{j=0}^{1}\left(\frac{1+\Delta t}{1-\Delta t}\right)^j\left\|g\left(\mathbf{x}, t_{n-j+\frac{1}{2}}\right)\right\|^2$$

$$\leq \cdots\cdots$$

$$\leq \left(\frac{1+\Delta t}{1-\Delta t}\right)^n\Xi(v_h^1, \sigma_h^1) + \frac{1}{1-\Delta t}\frac{\Delta t^{1-\alpha}}{\Gamma(2-\alpha)}\|v_h^0\|^2\sum_{j=0}^{n-1}\hat{b}_{n-j}\left(\frac{1+\Delta t}{1-\Delta t}\right)^j$$

$$+\frac{C\Delta t}{1-\Delta t}\sum_{j=0}^{n-1}\left(\frac{1+\Delta t}{1-\Delta t}\right)^j\left\|g\left(\mathbf{x}, t_{n-j+\frac{1}{2}}\right)\right\|^2 \tag{6.1.17}$$

注意到 $\left(\frac{1+\Delta t}{1-\Delta t}\right) > 1$，$\Delta t = T/N \leq T/n$，有

$$\left(\frac{1+\Delta t}{1-\Delta t}\right)^n \leq \left(\frac{1+\Delta t}{1-\Delta t}\right)^{n+1} \leq \cdots \leq \left(1 + \frac{2\Delta t}{1-\Delta t}\right)^{\frac{T}{\Delta t}}$$

$$\leq \lim_{\Delta t \to 0}\left(1 + \frac{2\Delta t}{1-\Delta t}\right)^{\frac{T(1-\Delta t)}{2\Delta t}\cdot\frac{2}{1-\Delta t}} = e^2 \tag{6.1.18}$$

进一步，注意到 $\hat{b}_{n-j} > 0$ 并应用引理 2.3.15，可得

$$\frac{1}{1-\Delta t}\frac{\Delta t^{1-\alpha}}{\Gamma(2-\alpha)}\|v_h^0\|^2\sum_{j=0}^{n-1} b_{n-j}\left(\frac{1+\Delta t}{1-\Delta t}\right)^j+\frac{C\Delta t}{1-\Delta t}\sum_{j=0}^{n-1}\left(\frac{1+\Delta t}{1-\Delta t}\right)^j\left\|g\left(\mathbf{x}, t_{n-j+\frac{1}{2}}\right)\right\|^2$$
$$\leqslant\frac{e^2}{1-\Delta t}\frac{\Delta t^{1-\alpha}}{\Gamma(2-\alpha)}\|v_h^0\|^2\sum_{j=0}^{n-1}\hat{b}_{n-j}+\frac{C\Delta t}{1-\Delta t}\sum_{j=0}^{n-1}\left\|g\left(\mathbf{x}, t_{n-j+\frac{1}{2}}\right)\right\|^2 \tag{6.1.19}$$
$$\leqslant C\left(\frac{T^{1-\alpha}}{\Gamma(2-\alpha)}\|v_h^0\|^2+\max_{1\leqslant j\leqslant n}\left\{\left\|g\left(\mathbf{x}, t_{j+\frac{1}{2}}\right)\right\|^2\right\}\right)$$

将（6.1.18）和（6.1.19）代入（6.1.17），可得

$$\Xi(v_h^{n+1}, \sigma_h^{n+1})\leqslant C\left(\Xi(v_h^1, \sigma_h^1)+\frac{T^{1-\alpha}}{\Gamma(2-\alpha)}\|v_h^0\|^2+\max_{1\leqslant j\leqslant n}\left\{\left\|g\left(\mathbf{x}, t_{j+\frac{1}{2}}\right)\right\|^2\right\}\right) \tag{6.1.20}$$

现对$\Xi(v_h^1, \sigma_h^1)$作估计. 在（6.1.9）（c），令$\chi_h=v_h^{\frac{1}{2}}$并应用Cauchy-Schwarz不等式，得

$$-\left(\nabla\sigma_h^{\frac{1}{2}}, \nabla v_h^{\frac{1}{2}}\right)$$
$$=-\left(P_{\Delta t}v_h^{\frac{1}{2}}, v_h^{\frac{1}{2}}\right)-\left(\frac{\Delta t^{-\alpha}}{\Gamma(2-\alpha)}\left[\left(\frac{1}{2}\right)^{-\alpha}v_h^{\frac{1}{2}}-\alpha\left(\frac{1}{2}\right)^{-\alpha}v_h^0\right], v_h^{\frac{1}{2}}\right)-\left\|v_h^{\frac{1}{2}}\right\|^2+\left(g\left(\mathbf{x}, t_{\frac{1}{2}}\right), v_h^{\frac{1}{2}}\right)$$
$$\leqslant-\frac{\|v_h^1\|^2-\|v_h^0\|^2}{2\Delta t}-\left(\frac{1}{2}\right)^{-\alpha}\frac{\Delta t^{-\alpha}}{\Gamma(2-\alpha)}\left\|v_h^{\frac{1}{2}}\right\|^2$$
$$+\frac{\Delta t^{-\alpha}}{\Gamma(2-\alpha)}\alpha\left(\frac{1}{2}\right)^{-\alpha}\left(\|v_h^0\|^2+\left\|v_h^{\frac{1}{2}}\right\|^2\right)-\frac{1}{2}\left\|v_h^{\frac{1}{2}}\right\|^2+\frac{1}{2}\left\|g\left(\mathbf{x}, t_{\frac{1}{2}}\right)\right\|^2 \tag{6.1.21}$$

当$n=0$时，将（6.1.11）与（6.1.21）相加，可得

$$\frac{\|v_h^1\|^2-\|v_h^0\|^2}{2\Delta t}+\frac{\|\sigma_h^1\|^2-\|\sigma_h^0\|^2}{2\Delta t}+\left(\frac{1}{2}+\frac{2^\alpha\Delta t^{-\alpha}}{\Gamma(1-\alpha)}\right)\left\|v_h^{\frac{1}{2}}\right\|^2$$
$$\leqslant\frac{\alpha 2^\alpha\Delta t^{-\alpha}}{\Gamma(2-\alpha)}\|v_h^0\|^2+C\left(\|v_h^1\|^2+\|v_h^0\|^2+\|\sigma_h^1\|^2+\|\sigma_h^0\|^2+\left\|g\left(\mathbf{x}, t_{\frac{1}{2}}\right)\right\|^2\right) \tag{6.1.22}$$

注意到，$1-\alpha\leqslant 2^\alpha, (0<\alpha<1)$和（6.1.16），对于充分小的$\Delta t$，有

$$\Xi(v_h^1, \sigma_h^1)=\|v_h^1\|^2+\|\sigma_h^1\|^2+\frac{\Delta t^{1-\alpha}}{\Gamma(2-\alpha)}a_0\left\|v_h^{\frac{1}{2}}\right\|^2$$
$$\leqslant\|v_h^1\|^2+\|\sigma_h^1\|^2+\left(1+\frac{2\Delta t^{1-\alpha}}{\Gamma(1-\alpha)}\right)\left\|v_h^{\frac{1}{2}}\right\|^2 \tag{6.1.23}$$
$$\leqslant C\left(\|v_h^0\|^2+\|\sigma_h^0\|^2+\left\|g\left(\mathbf{x}, t_{\frac{1}{2}}\right)\right\|^2\right)$$

将（6.1.23）代入（6.1.20），可得

$$\Xi(v_h^{n+1}, \sigma_h^{n+1})\leq C\left(\|v_h^0\|^2+\|\sigma_h^0\|^2+\max_{0\leqslant j\leqslant n}\left\{\left\|g\left(\mathbf{x}, t_{j+\frac{1}{2}}\right)\right\|^2\right\}\right), n\geqslant 0 \tag{6.1.24}$$

结合（6.1.24）与（6.1.10）并应用Gronwall引理，可得

$$\|u_h^{n+1}\|^2\leqslant C\left(\|u_h^0\|^2+\|v_h^0\|^2+\|\sigma_h^0\|^2+\max_{0\leqslant j\leqslant n}\left\{\left\|g\left(\mathbf{x}, t_{j+\frac{1}{2}}\right)\right\|^2\right\}\right), n\geqslant 0 \tag{6.1.25}$$

由（6.1.24）和（6.1.25），我们可知稳定性成立.

6.1.3 先验误差估计

为了考虑有限元方法的先验误差估计式，我们需要给出两个投影和估计不等式[25].

引理6.1.3 定义L^2投影$\mathcal{P}_h: L^2(\Omega) \to L_h$为

$$(u-\mathcal{P}_h u, \varphi_h)=0, \forall \varphi_h \in L_h \tag{6.1.26}$$

有估计不等式

$$\|u-\mathcal{P}_h u\|+\|u_t-\mathcal{P}_h u_t\| \leqslant C h^{m+1}\|u\|_{m+1}, \forall u \in H^{m+1}(\Omega) \tag{6.1.27}$$

引理6.1.4 定义椭圆投影$\mathcal{Q}_h: H_0^1(\Omega) \to V_h$为

$$(\nabla(v-\mathcal{Q}_h v), \nabla \phi_h)=0, \forall \phi_h \in V_h \tag{6.1.28}$$

满足估计不等式

$$\begin{aligned} &\|v-\mathcal{Q}_h v\|+\|v_t-\mathcal{Q}_h v_t\|+h\|v-\mathcal{Q}_h v\|_1 \leqslant C h^{k+1}(\|v\|_{k+1}+\|v_t\|_{k+1}) \\ &\forall v \in H_0^1(\Omega) \cap H^{k+1}(\Omega) \end{aligned} \tag{6.1.29}$$

下面，我们将给出L^2-模误差估计的详细证明.

定理6.1.2 对于$\mathcal{P}_h u(0)=u_h^0$, $\mathcal{Q}_h v(0)=v_h^0$和$\mathcal{Q}_h \sigma(0)=\sigma_h^0$，存在不依赖于时空步长（$h, \Delta t$）的常数$C$，使得对$n \geqslant 0$，有

$$\begin{aligned} &\|u(t_{n+1})-u^{n+1}\|+\|v(t_{n+1})-v_h^{n+1}\|+\|\sigma(t_{n+1})-\sigma_h^{n+1}\| \\ &\leqslant C\left[\left(1+\mu t_{n+\frac{1}{2}}^{1-\beta}\right) h^{k+1}+\Delta t^{3-\beta}+h^{m+1}\right] \end{aligned} \tag{6.1.30}$$

其中分数阶导数为Caputo型时，取μ为0；分数阶导数为Riemann-Liouville型时，将μ取为1.

证明：为了误差分析的便利，我们记

$$u(t_n)-u_h^n=(u(t_n)-\mathcal{P}_h u^n)+(\mathcal{P}_h u^n-u_h^n)=\mathcal{E}^n+\mathfrak{E}^n$$

$$v(t_n)-v_h^n=(v(t_n)-\mathcal{Q}_h v^n)+(\mathcal{Q}_h v^n-v_h^n)=\mathcal{F}^n+\mathfrak{F}^n$$

$$\sigma(t_n)-\sigma_h^n=(\sigma(t_n)-\mathcal{Q}_h \sigma^n)+(\mathcal{Q}_h \sigma^n-\sigma_h^n)=\mathcal{H}^n+\mathfrak{H}^n$$

应用三角不等式，可得

$$\begin{aligned} &\|u(t_n)-u_h^n\| \leqslant \|\mathcal{E}^n\|+\|\mathfrak{E}^n\| \\ &\|v(t_n)-v_h^n\| \leqslant \|\mathcal{F}^n\|+\|\mathfrak{F}^n\| \\ &\|\sigma(t_n)-\sigma_h^n\| \leqslant \|\mathcal{H}^n\|+\|\mathfrak{H}^n\| \end{aligned} \tag{6.1.31}$$

由引理6.1.3和6.1.4，我们得到$\|\mathcal{E}^n\|, \|\mathcal{F}^n\|, \|\mathcal{H}^n\|$的估计. 所以，在下面的讨论中只需给出$\|\mathfrak{E}^n\|, \|\mathfrak{F}^n\|, \|\mathfrak{H}^n\|$的估计. 由投影（6.1.26）和（6.1.28），可以得到误差方程

$$\begin{cases}(a)\left(P_{\Delta t}\mathfrak{E}^{n+\frac{1}{2}},\varphi_h\right)=-\left(P_{\Delta t}\mathcal{E}^{n+\frac{1}{2}},\varphi_h\right)+\left(\mathcal{F}^{n+\frac{1}{2}}+\mathfrak{F}^{n+\frac{1}{2}},\varphi_h\right)+\left(R_1^{n+\frac{1}{2}},\varphi_h\right)\\(b)\left(P_{\Delta t}\mathfrak{H}^{n+\frac{1}{2}},\psi_h\right)+\left(\nabla\mathfrak{F}^{n+\frac{1}{2}},\nabla\psi_h\right)\\\quad=-\left(\frac{f_u(u^{n+1})v^{n+1}+f_u(u^n)v^n}{2}-\frac{f_u(u_h^{n+1})v_h^{n+1}+f_u(u_h^n)v_h^n}{2},\psi_h\right)\\\qquad-\left(P_{\Delta t}\mathcal{H}^{n+\frac{1}{2}},\psi_h\right)+\left(R_2^{n+\frac{1}{2}},\psi_h\right)\\(c)\left(P_{\Delta t}\mathfrak{F}^{n+\frac{1}{2}},\chi_h\right)+\left(\mathcal{F}^{n+\frac{1}{2}}+\mathfrak{F}^{n+\frac{1}{2}},\chi_h\right)-\left(\nabla\mathfrak{H}^{n+\frac{1}{2}},\nabla\chi_h\right)\\\qquad+\left(\frac{\Delta t^{-\alpha}}{\Gamma(2-\alpha)}\left[a_0\mathfrak{F}^{n+\frac{1}{2}}-\sum_{j=1}^{n}(a_{n-j}-a_{n-j+1})\mathfrak{F}^{j-\frac{1}{2}}-(a_n-b_n)\mathfrak{F}^{\frac{1}{2}}-\hat{b}_n\mathfrak{F}^0\right],\chi_h\right)\\\quad=-\left(P_{\Delta t}\mathcal{F}^{n+\frac{1}{2}},\chi_h\right)+\left(R_3^{n+\frac{1}{2}},\chi_h\right)\\\qquad-\left(\frac{\Delta t^{-\alpha}}{\Gamma(2-\alpha)}\left[a_0\mathcal{F}^{n+\frac{1}{2}}-\sum_{j=1}^{n}(a_{n-j}-a_{n-j+1})\mathcal{F}^{j-\frac{1}{2}}-(a_n-b_n)\mathcal{F}^{\frac{1}{2}}-\hat{b}_n\mathcal{F}^0\right],\chi_h\right)\end{cases}\tag{6.1.32}$$

在（6.1.32）中，取$\varphi_h=\mathfrak{E}^{n+\frac{1}{2}}$, $\chi_h=\mathfrak{F}^{n+\frac{1}{2}}$，和$\psi_h=\mathfrak{H}^{n+\frac{1}{2}}$，并将结果方程相加，有

$$\begin{aligned}&(P_{\Delta t}\mathfrak{E}^{n+\frac{1}{2}},\mathfrak{E}^{n+\frac{1}{2}})+(P_{\Delta t}\mathfrak{F}^{n+\frac{1}{2}},\mathfrak{F}^{n+\frac{1}{2}})+(P_{\Delta t}\mathfrak{H}^{n+\frac{1}{2}},\mathfrak{H}^{n+\frac{1}{2}})\\&+\left(\frac{\Delta t^{-\alpha}}{\Gamma(2-\alpha)}\left[a_0\mathfrak{F}^{n+\frac{1}{2}}-\sum_{j=1}^{n}(a_{n-j}-a_{n-j+1})\mathfrak{F}^{j-\frac{1}{2}}-(a_n-b_n)\mathfrak{F}^{\frac{1}{2}}-\hat{b}_n\mathfrak{F}^0\right],\mathfrak{F}^{n+\frac{1}{2}}\right)\\=&-(P_{\Delta t}\mathcal{E}^{n+\frac{1}{2}},\mathfrak{E}^{n+\frac{1}{2}})-(P_{\Delta t}\mathcal{F}^{n+\frac{1}{2}},\mathfrak{F}^{n+\frac{1}{2}})-(P_{\Delta t}\mathcal{H}^{n+\frac{1}{2}},\mathfrak{H}^{n+\frac{1}{2}})\\&+(\mathcal{F}^{n+\frac{1}{2}}+\mathfrak{F}^{n+\frac{1}{2}},\mathfrak{E}^{n+\frac{1}{2}})+(\mathcal{F}^{n+\frac{1}{2}}+\mathfrak{F}^{n+\frac{1}{2}},\mathfrak{F}^{n+\frac{1}{2}})\\&-\left(\frac{f_u(u^{n+1})v^{n+1}+f_u(u^n)v^n}{2}-\frac{f_u(u_h^{n+1})v_h^{n+1}+f_u(u_h^n)v_h^n}{2},\mathfrak{H}^{n+\frac{1}{2}}\right)\\&-\left(\frac{\Delta t^{-\alpha}}{\Gamma(2-\alpha)}\left[a_0\mathcal{F}^{n+\frac{1}{2}}-\sum_{j=1}^{n}(a_{n-j}-a_{n-j+1})\mathcal{F}^{j-\frac{1}{2}}-(a_n-b_n)\mathcal{F}^{\frac{1}{2}}-\hat{b}_n\mathcal{F}^0\right],\mathfrak{F}^{n+\frac{1}{2}}\right)\\&+(R_1^{n+\frac{1}{2}},\mathfrak{E}^{n+\frac{1}{2}})+(R_2^{n+\frac{1}{2}},\mathfrak{H}^{n+\frac{1}{2}})+(R_3^{n+\frac{1}{2}},\mathfrak{F}^{n+\frac{1}{2}})\end{aligned}\tag{6.1.33}$$

现在需要对（6.1.33）右端的所有项进行估计. 应用Cauchy-Schwarz不等式，我们有

$$\begin{aligned}&-(P_{\Delta t}\mathcal{E}^{n+\frac{1}{2}},\mathfrak{E}^{n+\frac{1}{2}})-(P_{\Delta t}\mathcal{F}^{n+\frac{1}{2}},\mathfrak{F}^{n+\frac{1}{2}})-(P_{\Delta t}\mathcal{H}^{n+\frac{1}{2}},\mathfrak{H}^{n+\frac{1}{2}})\\&+(\mathcal{F}^{n+\frac{1}{2}}+\mathfrak{F}^{n+\frac{1}{2}},\mathfrak{E}^{n+\frac{1}{2}})+(\mathcal{F}^{n+\frac{1}{2}}+\mathfrak{F}^{n+\frac{1}{2}},\mathfrak{F}^{n+\frac{1}{2}})\\\leqslant&C(\|P_{\Delta t}\mathcal{E}^{n+\frac{1}{2}}\|^2+\|P_{\Delta t}\mathcal{F}^{n+\frac{1}{2}}\|^2+\|P_{\Delta t}\mathcal{H}^{n+\frac{1}{2}}\|^2+\|\mathcal{F}^{n+\frac{1}{2}}\|^2)\\&+C(\|\mathfrak{E}^{n+\frac{1}{2}}\|^2+\|\mathfrak{F}^{n+\frac{1}{2}}\|^2+\|\mathfrak{H}^{n+\frac{1}{2}}\|^2)\end{aligned}\tag{6.1.34}$$

应用中值定理和 Cauchy-Schwarz 不等式，得

$$
\begin{aligned}
&-\left(\frac{f_u(u^{n+1})v^{n+1}+f_u(u^n)v^n}{2}-\frac{f_u(u_h^{n+1})v_h^{n+1}+f_u(u_h^n)v_h^n}{2},\ \mathfrak{H}^{n+\frac{1}{2}}\right)\\
&=-\frac{1}{2}\Big(f_u(u^{n+1})(v^{n+1}-v_h^{n+1})+\big(f_u(u^{n+1})-f_u(u_h^{n+1})\big)v_h^{n+1}\\
&\quad+f_u(u^n)(v^n-v_h^n)+\big(f_u(u^n)-f_u(u_h^n)\big)v_h^n,\ \mathfrak{H}^{n+\frac{1}{2}}\Big)\\
&\leqslant\frac{1}{2}\big(\|f_u(u^{n+1})\|_\infty\|v^{n+1}-v_h^{n+1}\|+\|f_{uu}(\bar{\theta}^{n+1})\|_\infty\|u^{n+1}-u_h^{n+1}\|\|v_h^{n+1}\|_\infty\\
&\quad+\|f_u(u^n)\|_\infty\|v^n-v_h^n\|+\|f_{uu}(\bar{\theta}^n)\|_\infty\|u^n-u_h^n\|\|v_h^n\|_\infty\big)\|\mathfrak{H}^{n+\frac{1}{2}}\|\\
&\leqslant C\Big(\|\mathcal{E}^{n+1}\|^2+\|\mathcal{F}^{n+1}\|^2+\|\mathcal{E}^n\|^2+\|\mathcal{F}^n\|^2+\|\mathfrak{E}^{n+1}\|^2\\
&\quad+\|\mathfrak{F}^{n+1}\|^2+\|\mathfrak{H}^{n+1}\|^2+\|\mathfrak{E}^n\|^2+\|\mathfrak{F}^n\|^2+\|\mathfrak{H}^n\|^2\Big)
\end{aligned}\tag{6.1.35}
$$

其中，利用了$\|f_u(u^n)\|_\infty$的有界性和如下有界不等式

$$
\|f_{uu}(\bar{\theta}^n)\|_\infty+\|v_{\mathrm{h}}^n\|_\infty\leqslant C\tag{6.1.36}
$$

这里利用逆不等式[25]，可采用和文献[38，245]中类似的方法证明.

应用（2.3.28)，(6.1.3)，Cauchy-Schwarz不等式和Young不等式，可得

$$
\begin{aligned}
&-\left(\frac{\Delta t^{-\alpha}}{\Gamma(2-\alpha)}\left[a_0\mathcal{F}^{n+\frac{1}{2}}-\sum_{j=1}^{n}(a_{n-j}-a_{n-j+1})\mathcal{F}^{j-\frac{1}{2}}-(a_n-b_n)\mathcal{F}^{\frac{1}{2}}-\hat{b}_n\mathcal{F}^0\right],\ \mathfrak{F}^{n+\frac{1}{2}}\right)\\
&+\left(R_1^{n+\frac{1}{2}},\ \mathfrak{E}^{n+\frac{1}{2}}\right)+\left(R_2^{n+\frac{1}{2}},\ \mathfrak{H}^{n+\frac{1}{2}}\right)+\left(R_3^{n+\frac{1}{2}},\ \mathfrak{F}^{n+\frac{1}{2}}\right)\\
&=-\left(\frac{1}{\Gamma(1-\alpha)}\int_0^{t_{n+\frac{1}{2}}}\frac{\frac{\partial\mathcal{F}}{\partial s}\mathrm{d}s}{(t_{n+\frac{1}{2}}-s)^\alpha}+\frac{\mu\mathcal{F}^0}{\Gamma(1-\alpha)}t_{n+\frac{1}{2}}^{-\alpha}+O(\Delta t^{2-\alpha}),\ \mathfrak{F}^{n+\frac{1}{2}}\right)\\
&\quad+\left(R_1^{n+\frac{1}{2}},\ \mathfrak{E}^{n+\frac{1}{2}}\right)+\left(R_2^{n+\frac{1}{2}},\ \mathfrak{H}^{n+\frac{1}{2}}\right)+\left(R_3^{n+\frac{1}{2}},\ \mathfrak{F}^{n+\frac{1}{2}}\right)\\
&\leqslant C\left[\left(1+\mu t_{n+\frac{1}{2}}^{-\alpha}\right)h^{2k+2}+\Delta t^{4-2\alpha}+\left\|\mathfrak{E}^{n+\frac{1}{2}}\right\|^2+\left\|\mathfrak{F}^{n+\frac{1}{2}}\right\|^2+\left\|\mathfrak{H}^{n+\frac{1}{2}}\right\|^2\right]
\end{aligned}\tag{6.1.37}
$$

结合(6.1.34)—(6.1.37)并应用（6.1.11)，可得

$$
\begin{aligned}
&\frac{(\|\mathfrak{E}^{n+1}\|^2+\|\mathfrak{F}^{n+1}\|^2+\|\mathfrak{H}^{n+1}\|^2)-(\|\mathfrak{E}^n\|^2+\|\mathfrak{F}^n\|^2+\|\mathfrak{H}^n\|^2)}{2\Delta t}\\
&\quad+\frac{\Delta t^{-\alpha}}{2\Gamma(2-\alpha)}\sum_{j=1}^{n+1}a_{n-j+1}\left\|\mathfrak{F}^{j-\frac{1}{2}}\right\|^2\\
&=\frac{\Delta t^{-\alpha}}{2\Gamma(2-\alpha)}\sum_{j=1}^{n}a_{n-j}\left\|\mathfrak{F}^{j-\frac{1}{2}}\right\|^2+\frac{\Delta t^{-\alpha}}{2\Gamma(2-\alpha)}\hat{b}_n\|\mathfrak{F}^0\|^2\\
&\quad+C\left[\left(1+\mu t_{n+\frac{1}{2}}^{-a}\right)h^{2k+2}+\Delta t^{4-2\alpha}+\left\|P_{\Delta t}\mathcal{E}^{n+\frac{1}{2}}\right\|^2+\left\|P_{\Delta t}\mathcal{F}^{n+\frac{1}{2}}\right\|^2\right.\\
&\quad+\left\|P_{\Delta t}\mathcal{H}^{n+\frac{1}{2}}\right\|^2+\|\mathcal{E}^{n+1}\|^2+\|\mathcal{F}^{n+1}\|^2+\|\mathcal{E}^n\|^2+\|\mathcal{F}^n\|^2\\
&\quad\left.+\|\mathfrak{E}^{n+1}\|^2+\|\mathfrak{F}^{n+1}\|^2+\|\mathfrak{H}^{n+1}\|^2+\|\mathfrak{E}^n\|^2+\|\mathfrak{F}^n\|^2+\|\mathfrak{H}^n\|^2\right]
\end{aligned}\tag{6.1.38}
$$

注意到（6.1.16)，$\mathfrak{E}=0$，$\mathfrak{F}=0$和$\mathfrak{H}=0$，有

$$\begin{aligned}&\Xi(\mathfrak{F}^{n+1},\mathfrak{H}^{n+1})+\|\mathfrak{E}^{n+1}\|^2\\ &\leqslant \Xi(\mathfrak{F}^{n},\mathfrak{H}^{n})+\|\mathfrak{E}^{n}\|^2+C\Delta t\left[\left(1+\mu t_{n+\frac{1}{2}}^{-\alpha}\right)h^{2k+2}+\Delta t^{4-2\alpha}+h^{2m+2}\right.\\ &\left.+\|\mathfrak{E}^{n+1}\|^2+\|\mathfrak{F}^{n+1}\|^2+\|\mathfrak{H}^{n+1}\|^2+\|\mathfrak{E}^{n}\|^2+\|\mathfrak{F}^{n}\|^2+\|\mathfrak{H}^{n}\|^2\right]\end{aligned}\tag{6.1.39}$$

对（6.1.39）关于n求和，可得

$$\begin{aligned}&\Xi(\mathfrak{F}^{n+1},\mathfrak{H}^{n+1})+\|\mathfrak{E}^{n+1}\|^2\\ &\leqslant \Xi(\mathfrak{F}^{1},\mathfrak{H}^{1})+\|\mathfrak{E}^{1}\|^2+C\Delta t\sum_{j=1}^{n}\left[\left(1+\mu t_{j+\frac{1}{2}}^{-\alpha}\right)h^{2k+2}+\Delta t^{4-2\alpha}+h^{2m+2}\right]\\ &+C\Delta t\sum_{j=1}^{n+1}\left[\|\mathfrak{E}^{j}\|^2+\|\mathfrak{F}^{j}\|^2+\|\mathfrak{H}^{j}\|^2\right]\end{aligned}\tag{6.1.40}$$

对于$n=0$，类似于$n\geqslant 1$时的推导过程，并应用三角不等式，可得

$$\Xi(\mathfrak{F}^{1},\mathfrak{H}^{1})+\|\mathfrak{E}^{1}\|^2\leqslant C\left[\left(1+\mu t_{\frac{1}{2}}^{-\alpha}\right)h^{2k+2}+\Delta t^{4-2\alpha}+h^{2m+2}\right]\tag{6.1.41}$$

将（6.1.41）代入（6.1.40），并由Gronwall引理，可得

$$\Xi(\mathfrak{F}^{n+1},\mathfrak{H}^{n+1})+\|\mathfrak{E}^{n+1}\|^2\leqslant C\left[\left(1+\mu t_{n+\frac{1}{2}}^{-\alpha}\right)h^{2k+2}+\Delta t^{4-2\alpha}+h^{2m+2}\right],\ \forall n\geqslant 0\tag{6.1.42}$$

结合（6.1.42),（6.1.27),（6.1.29）和（6.1.31）并注意$\alpha=\beta-1$，证得结论.

6.1.4 结果讨论

相比处理四阶方程的传统的混合有限元方法（或称为分裂方法），本研究能够同时得到三个函数变量的基于L^2-范数的最优收敛阶误差结果. 更重要的是利用传统混合有限元方法求解四阶分数阶偏微分方程[79, 87, 88]时，很难得到中间变量基于L^2-范数的最优收敛阶误差估计，这里我们解决了这个问题.

6.2 修正$L1$两重网格混合元快速算法

6.2.1 引言

在6.1节，我们提出了一类新的混合元数值算法，用于数值求解四阶非线性分数阶双曲波动问题，得到了误差估计等数值理论，通过数值例子对数值方法的有效性给出验证，并统计了计算时间. 在这里，基于6.1节提出的混合有限元方法并结合两重网格算法提出新的两重网格混合有限元算法.

本节中，考虑的新两重网格混合有限元算法是一类快速计算方法. 其优点是在保持计算精度的情况下，很大程度上节省计算时间，即能够同时快速求解三个函数

变量的数值解. 该快速算法的主要计算过程如下：首先我们需要在一个较粗糙的网格上对非线性问题进行迭代求解并得到较粗糙的迭代解；然后以这个较粗糙的迭代解作为迭代初值，在较细的网格上求解另一个非线性系统，得到一个较精确的数值解，也就是两重网格混合有限元迭代解. 从数值理论上，我们给出了稳定性分析，推导了最优的收敛结果. 由数值结果的比较，可以看到相比非线性混合有限元迭代计算，两重网格混合有限元算法能够很大程度上节省计算时间.

6.2.2 两重网格算法

为了提高离散格式（6.1.9）的计算效率，我们提出如下两重网格数值算法.

步骤I：基于粗网格$\mathfrak{T}_H$，对于$\{\varphi_H^{n+1}, \psi_H^{n+1}, \chi_H^{n+1}\}\in L_H\times W_H\times W_H$，求$\{u_H^{n+1}, v_H^{n+1}, \sigma_H^{n+1}\}$: $[0, T]\mapsto L_H\times W_H\times W_H\subset L_h\times W_h\times W_h$，使得

$$\begin{cases}(a)\left(P_{\Delta t}u_H^{n+\frac{1}{2}}, \varphi_H\right)=\left(v_H^{n+\frac{1}{2}}, \varphi_H\right)\\(b)\left(P_{\Delta t}\sigma_H^{n+\frac{1}{2}}, \psi_H\right)+\left(\nabla v_H^{n+\frac{1}{2}}, \nabla\psi_H\right)+\left(\dfrac{f_u(u_H^{n+1})v_H^{n+1}+f_u(u_H^n)v_H^n}{2}, \psi_H\right)=0\\(c)\left(P_{\Delta t}v_H^{n+\frac{1}{2}}, \chi_H\right)+\left(v_H^{n+\frac{1}{2}}, \chi_H\right)-\left(\nabla\sigma_H^{n+\frac{1}{2}}, \nabla\chi_H\right)\\\quad+\left(\dfrac{\Delta t^{-\alpha}}{\Gamma(2-\alpha)}\left[a_0v_H^{n+\frac{1}{2}}-\sum_{j=1}^{n}(a_{n-j}-a_{n-j+1})v_H^{j-\frac{1}{2}}-(a_n-b_n)v_H^{\frac{1}{2}}-\hat{b}_nv_H^0\right], \chi_H\right)\\=\left(g\left(\mathbf{x}, t_{n+\frac{1}{2}}\right), \chi_H\right)\end{cases}\tag{6.2.1}$$

步骤II：基于细网格$\mathfrak{T}_h$，以粗网格系统计算出来的解做为初始迭代解，可求$\{\mathcal{U}_h^{n+1}, \mathcal{V}_h^{n+1}, \mathcal{S}_h^{n+1}\}$：$[0, T]\mapsto L_h\times W_h\times W_h$，使得

$$\begin{cases}(a)\left(P_{\Delta t}\mathcal{U}_h^{n+\frac{1}{2}}, \varphi_h\right)=\left(\mathcal{V}_h^{n+\frac{1}{2}}, \varphi_h\right)\\(b)\left(P_{\Delta t}\mathcal{S}_h^{n+\frac{1}{2}}, \psi_h\right)+\left(\nabla\mathcal{V}_h^{n+\frac{1}{2}}, \nabla\psi_h\right)\\\quad+\left(\dfrac{f_u(u_H^{n+1})+f_u'(u_H^{n+1})(\mathcal{U}_h^{n+1}-u_H^{n+1})\mathcal{V}_h^{n+1}+f_u(\mathcal{U}_h^n)\mathcal{V}_h^n}{2}, \psi_h\right)=0\\(c)\left(P_{\Delta t}\mathcal{V}_h^{n+\frac{1}{2}}, \chi_h\right)+\left(\mathcal{V}_h^{n+\frac{1}{2}}, \chi_h\right)-\left(\nabla\mathcal{S}_h^{n+\frac{1}{2}}, \nabla\chi_h\right)\\\quad+\left(\dfrac{\Delta t^{-\alpha}}{\Gamma(2-\alpha)}\left[a_0\mathcal{V}_h^{n+\frac{1}{2}}-\sum_{j=1}^{n}(a_{n-j}-a_{n-j+1})\mathcal{V}_h^{j-\frac{1}{2}}-(a_n-b_n)\mathcal{V}_h^{\frac{1}{2}}-\hat{b}_n\mathcal{V}_h^0\right], \chi_h\right)\\=\left(g\left(\mathbf{x}, t_{n+\frac{1}{2}}\right), \chi_h\right)\end{cases}\tag{6.2.2}$$

下面，我们将考虑如下的稳定性不等式.

定理6.2.1 对任意的整数$n \geqslant 0$，全离散粗网格混合有限元系统（6.2.1）成立如下稳定性不等式

$$(a)\ \|v_H^{n+1}\| + \|\sigma_H^{n+1}\| + \left(\frac{\Delta t^{1-\alpha}}{\Gamma(2-\alpha)}\sum_{j=1}^{n+1} a_{n-j+1}\left\|v_H^{j-\frac{1}{2}}\right\|^2\right)^{\frac{1}{2}}$$

$$\leqslant C\left(\|v_H^0\| + \|\sigma_H^0\| + \max_{0\leqslant j\leqslant n}\left\{\left\|g\left(\boldsymbol{x},\ t_{j+\frac{1}{2}}\right)\right\|\right\}\right)$$

$$(b)\ \|u_H^{n+1}\| \leqslant C\left(\|u_H^0\| + \|v_H^0\| + \|\sigma_H^0\| + \max_{0\leqslant j\leqslant n}\left\{\left\|g\left(\boldsymbol{x},\ t_{j+\frac{1}{2}}\right)\right\|\right\}\right)$$

证明：由定理6.1.2可得该定理结论.

定理6.2.2 对任意的整数$n \geqslant 0$，全离散两重网格混合有限元系统（6.2.1）—（6.2.2）成立如下稳定性不等式

$$(a)\ \|\mathcal{V}_h^{n+1}\| + \|\mathcal{S}_h^{n+1}\| + \left(\frac{\Delta t^{1-\alpha}}{\Gamma(2-\alpha)}\sum_{j=1}^{n+1} a_{n-j+1}\left\|\mathcal{V}_h^{j-\frac{1}{2}}\right\|^2\right)^{\frac{1}{2}}$$

$$\leqslant C\left(\|\mathcal{V}_h^0\| + \|\mathcal{S}_h^0\| + \max_{0\leqslant j\leqslant n}\left\{\left\|g\left(\boldsymbol{x},\ t_{j+\frac{1}{2}}\right)\right\|\right\}\right)$$

$$(b)\ \|\mathcal{U}_h^{n+1}\| \leqslant C\left(\|\mathcal{U}_h^0\| + \|\mathcal{V}_h^0\| + \|\mathcal{S}_h^0\| + \max_{0\leqslant j\leqslant n}\left\{\left\|g\left(\boldsymbol{x},\ t_{j+\frac{1}{2}}\right)\right\|\right\}\right)$$

其中C是与$\|u_H\|_\infty$有关的常数，且不依赖于时空步长.

证明：在（6.2.2）(a)中，取$\varphi_h = \mathcal{U}_h^{n+\frac{1}{2}}$，应用Cauchy-Schwarz不等式和Young不等式，得

$$\frac{1}{2}\left(\left\|\mathcal{V}_h^{n+\frac{1}{2}}\right\|^2 + \left\|\mathcal{U}_h^{n+\frac{1}{2}}\right\|^2\right) \geqslant \frac{\|\mathcal{U}_h^{n+1}\|^2 - \|\mathcal{U}_h^n\|^2}{2\Delta t} \tag{6.2.3}$$

在(6.2.2)(b)中，令$\psi_h = \mathcal{S}_h^{n+\frac{1}{2}}$并应用Cauchy-Schwarz不等式，可得

$$\begin{aligned}
&\left(\nabla\mathcal{V}_h^{n+\frac{1}{2}},\ \nabla\mathcal{S}_h^{n+\frac{1}{2}}\right)\\
&= -\left(P_{\Delta t}\mathcal{S}_h^{n+\frac{1}{2}},\ \mathcal{S}_h^{n+\frac{1}{2}}\right) - \left(\frac{[f_u(u_H^{n+1}) + f_u'(u_H^{n+1})(\mathcal{U}_h^{n+1} - u_H^{n+1})]\mathcal{V}_h^{n+1} + f_u(\mathcal{U}_h^n)\mathcal{V}_h^n}{2},\ \mathcal{S}_h^{n+\frac{1}{2}}\right)\\
&\leqslant -\frac{\|\mathcal{S}_h^{n+1}\|^2 - \|\mathcal{S}_h^n\|^2}{2\Delta t} + \frac{1}{2}([\|f_u(u_H^{n+1})\|_\infty + \|f_u'(u_H^{n+1})(\mathcal{U}_h^{n+1} - u_H^{n+1})\|_\infty]\|\mathcal{V}_h^{n+1}\|\\
&\quad + \|f_u(\mathcal{U}_h^n)\|_\infty\|\mathcal{V}_h^n\|)\left\|\mathcal{S}_h^{n+\frac{1}{2}}\right\|\\
&\leqslant -\frac{\|\mathcal{S}_h^{n+1}\|^2 - \|\mathcal{S}_h^n\|^2}{2\Delta t} + C(\|\mathcal{V}_h^{n+1}\|^2 + \|\mathcal{V}_h^n\|^2 + \|\mathcal{S}_h^{n+1}\|^2 + \|\mathcal{S}_h^n\|^2)
\end{aligned} \tag{6.2.4}$$

在(6.2.2)(c)中，令$\chi_h = \mathcal{V}_h^{n+\frac{1}{2}}$并应用Cauchy-Schwarz不等式，可得

$$
\begin{aligned}
&-\left(\nabla \mathcal{S}_h^{n+\frac{1}{2}}, \nabla \mathcal{V}_h^{n+\frac{1}{2}}\right)\\
&\leqslant -\frac{\|\mathcal{V}_h^{n+1}\|^2-\|\mathcal{V}_h^n\|^2}{2\Delta t}-\frac{1}{2}\left\|\mathcal{V}_h^{n+\frac{1}{2}}\right\|^2+\frac{1}{2}\left\|g\left(\mathbf{x}, t_{n+\frac{1}{2}}\right)\right\|^2 \qquad (6.2.5)\\
&-\left(\frac{\Delta t^{-\alpha}}{\Gamma(2-\alpha)}\left[a_0\mathcal{V}_h^{n+\frac{1}{2}}-\sum_{j=1}^{n}(a_{n-j}-a_{n-j+1})\mathcal{V}_h^{j-\frac{1}{2}}-(a_n-b_n)\mathcal{V}_h^{\frac{1}{2}}-\hat{b}_n\mathcal{V}_h^0\right], \mathcal{V}_h^{n+\frac{1}{2}}\right)
\end{aligned}
$$

结合(6.2.3)与(6.2.5)，并采用与上一章类似的稳定性推理过程可以得到结论.

6.2.3 先验误差分析

下面，我们给出 L^2-模误差估计的详细证明.

定理6.2.3 设 $\mathcal{P}_h u(0)=\mathcal{U}_h^0, \mathcal{Q}_h v(0)=\mathcal{V}_h^0$和$\mathcal{Q}_h\sigma(0)=\mathcal{S}_h^0$，存在不依赖于时空步长$(h, H, \Delta t)$的常数 C，使得对于$n\geqslant 0$，有

$$
\begin{aligned}
&\|u(t_{n+1})-\mathcal{U}_h^{n+1}\|+\|v(t_{n+1})-\mathcal{V}_h^{n+1}\|+\|\sigma(t_{n+1})-\mathcal{S}_h^{n+1}\|\\
&\leqslant C\left[\left(1+\mu t_{n+\frac{1}{2}}^{1-\beta}\right)h^{k+1}+h^{m+1}\right. \qquad (6.2.6)\\
&\left.+\left(1+\mu t_{n+\frac{1}{2}}^{1-\beta}\right)^2 H^{2k+2}+H^{2m+2}+\Delta t^{3-\beta}\right]
\end{aligned}
$$

其中μ已由定理6.1.2 给出.

证明：为了方便估计，将误差改写为如下形式

$$
\begin{aligned}
u(t_n)-\mathcal{U}_h^n&=(u(t_n)-\mathcal{P}_h u^n)+(\mathcal{P}_h u^n-\mathcal{U}_h^n)=\mathcal{E}^n+\mathfrak{E}^n\\
v(t_n)-\mathcal{V}_h^n&=(v(t_n)-\mathcal{Q}_h v^n)+(\mathcal{Q}_h v^n-\mathcal{V}_h^n)=\mathcal{F}^n+\mathfrak{F}^n\\
\sigma(t_n)-\mathcal{S}_h^n&=(\sigma(t_n)-\mathcal{Q}_h \sigma^n)+(\mathcal{Q}_h \sigma^n-\mathcal{S}_h^n)=\mathcal{H}^n+\mathfrak{H}^n
\end{aligned}
$$

由引理6.1.3—6.1.4，可得$\|\mathcal{E}^n\|, \|\mathcal{F}^n\|, \|\mathcal{H}^n\|$的估计. 所以，在下面的讨论中只需对$\|\mathfrak{E}^n\|, \|\mathfrak{F}^n\|, \|\mathfrak{H}^n\|$作出误差分析. 首先，由投影(6.1.26)和(6.1.28)，得到两重网格误差方程

$$\begin{cases}(a)\left(P_{\Delta t}\mathfrak{E}^{n+\frac{1}{2}},\varphi_h\right)=-\left(P_{\Delta t}\mathcal{E}^{n+\frac{1}{2}},\varphi_h\right)+\left(\mathcal{F}^{n+\frac{1}{2}}+\mathfrak{F}^{n+\frac{1}{2}},\varphi_h\right)+\left(R_1^{n+\frac{1}{2}},\varphi_h\right)\\ (b)\left(P_{\Delta t}\mathfrak{H}^{n+\frac{1}{2}},\psi_h\right)+\left(\nabla\mathfrak{F}^{n+\frac{1}{2}},\nabla\psi_h\right)=-\left(\dfrac{f_u(u^{n+1})v^{n+1}+f_u(u^n)v^n}{2}\right.\\ \quad\left.-\dfrac{[f_u(u_H^{n+1})+f_u'(u_H^{n+1})(\mathcal{U}_h^{n+1}-u_H^{n+1})]\mathcal{V}_h^{n+1}+f_u(\mathcal{U}_h^n)\mathcal{V}_h^n}{2},\psi_h\right)\\ \quad-\left(P_{\Delta t}\mathcal{H}^{n+\frac{1}{2}},\psi_h\right)+\left(R_2^{n+\frac{1}{2}},\psi_h\right)\\ (c)\left(P_{\Delta t}\mathfrak{F}^{n+\frac{1}{2}},\chi_h\right)+\left(\mathcal{F}^{n+\frac{1}{2}}+\mathfrak{F}^{n+\frac{1}{2}},\chi_h\right)-\left(\nabla\mathfrak{H}^{n+\frac{1}{2}},\nabla\chi_h\right)\\ \quad+\left(\dfrac{\Delta t^{-\alpha}}{\Gamma(2-\alpha)}\left[a_0\mathfrak{F}^{n+\frac{1}{2}}-\sum_{j=1}^{n}(a_{n-j}-a_{n-j+1})\mathfrak{F}^{j-\frac{1}{2}}-(a_n-b_n)\mathfrak{F}^{\frac{1}{2}}-\hat{b}_n\mathfrak{F}^0\right],\chi_h\right)\\ =-\left(P_{\Delta t}\mathcal{F}^{n+\frac{1}{2}},\chi_h\right)+\left(R_3^{n+\frac{1}{2}},\chi_h\right)\\ \quad-\left(\dfrac{\Delta t^{-\alpha}}{\Gamma(2-\alpha)}\left[a_0\mathcal{F}^{n+\frac{1}{2}}-\sum_{j=1}^{n}(a_{n-j}-a_{n-j+1})\mathcal{F}^{j-\frac{1}{2}}-(a_n-b_n)\mathcal{F}^{\frac{1}{2}}-\hat{b}_n\mathcal{F}^0\right],\chi_h\right)\end{cases}\tag{6.2.7}$$

在(6.2.7)中，取$\varphi_h=\mathfrak{E}^{n+\frac{1}{2}}$, $\chi_h=\mathfrak{F}^{n+\frac{1}{2}}$和$\psi_h=\mathfrak{H}^{n+\frac{1}{2}}$，可得

$$\begin{aligned}&\left(P_{\Delta t}\mathfrak{E}^{n+\frac{1}{2}},\mathfrak{E}^{n+\frac{1}{2}}\right)+\left(P_{\Delta t}\mathfrak{F}^{n+\frac{1}{2}},\mathfrak{F}^{n+\frac{1}{2}}\right)+\left(P_{\Delta t}\mathfrak{H}^{n+\frac{1}{2}},\mathfrak{H}^{n+\frac{1}{2}}\right)\\ &+\left(\frac{\Delta t^{-\alpha}}{\Gamma(2-\alpha)}\left[a_0\mathfrak{F}^{n+\frac{1}{2}}-\sum_{j=1}^{n}(a_{n-j}-a_{n-j+1})\mathfrak{F}^{j-\frac{1}{2}}-(a_n-b_n)\mathfrak{F}^{\frac{1}{2}}-\hat{b}_n\mathfrak{F}^0\right],\mathfrak{F}^{n+\frac{1}{2}}\right)\\ =&-\left(P_{\Delta t}\mathcal{E}^{n+\frac{1}{2}},\mathfrak{E}^{n+\frac{1}{2}}\right)-\left(P_{\Delta t}\mathcal{F}^{n+\frac{1}{2}},\mathfrak{F}^{n+\frac{1}{2}}\right)-\left(P_{\Delta t}\mathcal{H}^{n+\frac{1}{2}},\mathfrak{H}^{n+\frac{1}{2}}\right)\\ &+\left(\mathcal{F}^{n+\frac{1}{2}}+\mathfrak{F}^{n+\frac{1}{2}},\mathfrak{E}^{n+\frac{1}{2}}\right)+\left(\mathcal{F}^{n+\frac{1}{2}}+\mathfrak{F}^{n+\frac{1}{2}},\mathfrak{F}^{n+\frac{1}{2}}\right)-\left(\frac{f_u(u^{n+1})v^{n+1}+f_u(u^n)v^n}{2}\right.\\ &\left.-\frac{[f_u(u_H^{n+1})+f_u'(u_H^{n+1})(\mathcal{U}_h^{n+1}-u_H^{n+1})]\mathcal{V}_h^{n+1}+f_u(\mathcal{U}_h^n)\mathcal{V}_h^n}{2},\mathfrak{H}^{n+\frac{1}{2}}\right)\\ &-\left(\frac{\Delta t^{-\alpha}}{\Gamma(2-\alpha)}\left[a_0\mathcal{F}^{n+\frac{1}{2}}-\sum_{j=1}^{n}(a_{n-j}-a_{n-j+1})\mathcal{F}^{j-\frac{1}{2}}-(a_n-b_n)\mathcal{F}^{\frac{1}{2}}-\hat{b}_n\mathcal{F}^0\right],\mathfrak{F}^{n+\frac{1}{2}}\right)\\ &+\left(R_1^{n+\frac{1}{2}},\mathfrak{E}^{n+\frac{1}{2}}\right)+\left(R_2^{n+\frac{1}{2}},\mathfrak{H}^{n+\frac{1}{2}}\right)+\left(R_3^{n+\frac{1}{2}},\mathfrak{F}^{n+\frac{1}{2}}\right)\end{aligned}\tag{6.2.8}$$

现在我们只考虑与误差有关的非线性项. 应用 Taylor 公式，得

$$
\begin{aligned}
&-\left(\frac{f_u(u^{n+1})v^{n+1}+f_u(u^n)v^n}{2}\right.\\
&\left.-\frac{[f_u(u_H^{n+1})+f_u'(u_H^{n+1})(\mathcal{U}_h^{n+1}-u_H^{n+1})]\mathcal{V}_h^{n+1}+f_u(\mathcal{U}_h^n)\mathcal{V}_h^n}{2},\ \mathfrak{H}^{n+\frac{1}{2}}\right)\\
=&-\left(\frac{\left(f_u(u_H^{n+1})+f_u'(u_H^{n+1})(u^{n+1}-u_H^{n+1})+\frac{1}{2}f_u''(\hat{\theta}^{n+1})(u^{n+1}-u_H^{n+1})^2\right)v^{n+1}+f_u(u^n)v^n}{2}\right.\\
&\left.-\frac{[f_u(u_H^{n+1})+f_u'(u_H^{n+1})(\mathcal{U}_h^{n+1}-u_H^{n+1})]\mathcal{V}_h^{n+1}+f_u(\mathcal{U}_h^n)\mathcal{V}_h^n}{2},\ \mathfrak{H}^{n+\frac{1}{2}}\right)
\end{aligned}
\tag{6.2.9}
$$

应用中值定理，可得如下两个等式

$$
\begin{aligned}
f_u(u^n)v^n-f_u(\mathcal{U}_h^n)\mathcal{V}_h^n&=f_u(u^n)(v^n-\mathcal{V}_h^n)+(f_u(u^n)-f_u(\mathcal{U}_h^n))\mathcal{V}_h^n\\
&=f_u(u^n)(v^n-\mathcal{V}_h^n)+f_u'(\hat{\theta}_1)(u-\mathcal{U}_h^n)\mathcal{V}_h^n
\end{aligned}
\tag{6.2.10}
$$

$$
\begin{aligned}
&(f_u(u_H^{n+1})+f_u'(u_H^{n+1})(u^{n+1}-u_H^{n+1}))v^{n+1}\\
&-[f_u(u_H^{n+1})+f_u'(u_H^{n+1})(\mathcal{U}_h^{n+1}-u_H^{n+1})]\mathcal{V}_h^{n+1}\\
=&f_u(u_H^{n+1})(v^{n+1}-\mathcal{V}_h^{n+1})\\
&+f_u'(u_H^{n+1})[(u^{n+1}-\mathcal{U}_h^{n+1})v^{n+1}+(\mathcal{U}_h^{n+1}-u_H^{n+1})(v^{n+1}-\mathcal{V}_h^{n+1})]\\
=&[f_u(u_H^{n+1})+f_u'(u_H^{n+1})(\mathcal{U}_h^{n+1}-u_H^{n+1})](v^{n+1}-\mathcal{V}_h^{n+1})\\
&+f_u'(u_H^{n+1})(u^{n+1}-\mathcal{U}_h^{n+1})v^{n+1}
\end{aligned}
\tag{6.2.11}
$$

将(6.2.10)和(6.2.11)代入(6.2.9)，应用 Cauchy-Schwarz 不等式并注意$\|\cdot\|_\infty$的有界性，可得

$$
\begin{aligned}
&-\left(\frac{f_u(u^{n+1})v^{n+1}+f_u(u^n)v^n}{2}\right.\\
&\left.-\frac{[f_u(u_H^{n+1})+f_u'(u_H^{n+1})(\mathcal{U}_h^{n+1}-u_H^{n+1})]\mathcal{V}_h^{n+1}+f_u(\mathcal{U}_h^n)\mathcal{V}_h^n}{2},\ \mathfrak{H}^{n+\frac{1}{2}}\right)\\
\leqslant&\frac{1}{2}(\|f_u(u_H^{n+1})+f_u'(u_H^{n+1})(\mathcal{U}_h^{n+1}-u_H^{n+1})\|_\infty\|v^{n+1}-\mathcal{V}_h^{n+1}\|\\
&+\|f_u'(u_H^{n+1})v^{n+1}\|_\infty\|u^{n+1}-\mathcal{U}_h^{n+1}\|)\left\|\mathfrak{H}^{n+\frac{1}{2}}\right\|\\
&+\frac{1}{2}(\|f_u(u^n)\|_\infty\|v^n-\mathcal{V}_h^n\|+\|f_u'(\hat{\theta}_1)\mathcal{V}_h^n\|_\infty\|u^n-\mathcal{U}_h^n\|)\left\|\mathfrak{H}^{n+\frac{1}{2}}\right\|\\
&+\frac{1}{4}\|f_u''(\hat{\theta}^{n+1})v^{n+1}\|_\infty\|(u^{n+1}-u_H^{n+1})^2\|\left\|\mathfrak{H}^{n+\frac{1}{2}}\right\|\\
\leqslant&C(\|v^{n+1}-\mathcal{V}_h^{n+1}\|+\|u^{n+1}-\mathcal{U}_h^{n+1}\|+\|u^n-\mathcal{U}_h^n\|\\
&+\|v^n-\mathcal{V}_h^n\|+\|(u^{n+1}-u_H^{n+1})^2\|)\left\|\mathfrak{H}^{n+\frac{1}{2}}\right\|
\end{aligned}
\tag{6.2.12}
$$

将(6.2.12)代入(6.2.8)，并应用与6.1.1节相似的误差分析过程，得

$$
\begin{aligned}
&\|u(t_{n+1})-\mathcal{U}_h^{n+1}\|+\|v(t_{n+1})-\mathcal{V}_h^{n+1}\|+\|\sigma(t_{n+1})-\mathcal{S}_h^{n+1}\|\\
\leqslant&C\left[\left(1+\mu t_{n+\frac{1}{2}}^{1-\beta}\right)h^{k+1}+\Delta t^{3-\beta}+h^{m+1}+\|(u^{n+1}-u_H^{n+1})^2\|\right]
\end{aligned}
\tag{6.2.13}
$$

现在容易得到如下的估计式

$$\begin{aligned}&\|u(t_{n+1})-u_H^{n+1}\|+\|v(t_{n+1})-v_H^{n+1}\|+\|\sigma(t_{n+1})-\sigma_H^{n+1}\|\\&\leqslant C\left[\left(1+\mu t_{n+\frac{1}{2}}^{1-\beta}\right)H^{k+1}+\Delta t^{3-\beta}+H^{m+1}\right]\end{aligned}\tag{6.2.14}$$

基于误差估计式(6.2.14)，有

$$\|(u^{n+1}-u_H^{n+1})^2\|\leqslant C\left[\left(1+\mu t_{n+\frac{1}{2}}^{1-\beta}\right)^2H^{2k+2}+\Delta t^{6-2\beta}+H^{2m+2}\right]\tag{6.2.15}$$

把(6.2.15)代入(6.2.13)，我们可得

$$\begin{aligned}&\|u(t_{n+1})-\mathcal{U}_h^{n+1}\|+\|v(t_{n+1})-\mathcal{V}_h^{n+1}\|+\|\sigma(t_{n+1})-\mathcal{S}_h^{n+1}\|\\&\leqslant C\left[\left(1+\mu t_{n+\frac{1}{2}}^{1-\beta}\right)h^{k+1}+\Delta t^{3-\beta}+h^{m+1}+\left(1+\mu t_{n+\frac{1}{2}}^{1-\beta}\right)^2H^{2k+2}+H^{2m+2}\right]\end{aligned}\tag{6.2.16}$$

即结论成立.

6.2.4 结果讨论

（1）在6.1节提出的非线性混合有限元算法的基础之上，提出空间两网格混合元方法. 主要目的是在不进行时间方向线性化的情况下，提升多维模型问题混合有限元算法的计算效率，特别是解决由空间维度、非线性项等因素导致的计算耗时问题.

（2）除了空间两网格混合有限元快速算法，可以采用Liu等在文献[168]中发展的时间两网格有限元算法设计时间两网格混合有限元算法，同时可以发展文献[168]的结论与进展（见6. Conclusions and future advancements）中指出的时空两网格（时间两网格和空间两网格结合）算法设计时空两网格混合有限元方法，也进一步可以设计时间、时空两网格有限差分等多类算法以提高计算效率.

参考文献

[1] Babuška I. Error-bounds for the finite element method [J]. Numer. Math., 1971, 16: 322-333.

[2] Brezzi F. On the existence, uniqueness and approximation of saddle-point problems arising from lagrangian multipliers [J]. SIAM J. Numer. Anal., 1974, 13: 155-297.

[3] Raviart P A, Thomas J M. A Mixed Finite Element Methods for Second Order Elliptic Problems [M]. Lecture Notes in Math. 606, Berlin: Springer, 1977.

[4] Nédélec J C. Mixed finite elements in $\mathbb{R}^3$ [J]. Numer. Math., 1980, 35: 315-341.

[5] Nédélec J C. A new family of mixed finite elements in $\mathbb{R}^3$ [J]. Numer. Math., 1986, 50: 57-81.

[6] Johnson C, Thomée V. Error estimates for some mixed finite element methods for parabolic type problems [J]. RAIRO Aanl. Numer., 1981, 15(1): 41-78.

[7] Brezzi F, Douglas J, Durán R, Fortin M. Mixed finite elements methods for second order elliptic problems in three variables [J]. Numer. Math., 1987, 51: 237-250.

[8] Arbogast T, Wheeler M F. A nonlinear mixed finite element method for a degenerate parabolic equation arising in flow in porous media [J]. SIAM J. Numer. Anal., 1996, 33(4): 1669-1687.

[9] Chen Y P, Huang Y Q. The superconvergence of mixed finite element methods for nonlinear hyperbolic equations [J]. Commun. Nonlinear. Sci. Numer. Simulat., 1998, 3(3): 155-158.

[10] Luo Z D, Liu R X. Mixed finite element analysis and numerical solitary solution for the RLW equation [J]. SIAM J. Numer. Anal., 1998, 36(1): 89-104.

[11] Jiang Z W. $L^\infty(L^2)$ and $L^\infty(L^\infty)$ error estimates for mixed methods for integrodifferential equations of parabolic type [J]. ESIAM Math. Model. Numer. Anal., 1999, 33(3): 531-546.

[12] Li J C. Multiblock mixed finite element methods for singularly perturbed problems [J]. Appl. Numer. Math., 2000, 35(2): 157-175.

[13] Pani A K, Yuan J Y. Mixed finite element methods for a strongly damped wave equation [J]. Numer. Meth. Part. Differ. Equ., 2001: 17(2): 105-119.

[14] Gao L P, Liang D, Zhang B. Error estimates for mixed finite element approximations of the viscoelasticity wave equation [J]. Math. Meth. Appl. Sci., 2004: 27(17): 1997-2016.

[15] 罗振东. 混合有限元方法基础及其应用 [M]. 北京：科学出版社，2006.

[16] Boffi D, Brezzi F, Fortin M. Mixed Finite Element Methods and Applications [M]. Heidelberg: Springer, 2013.

[17] Liu Y, Li H, Wang J F, et al. A new positive definite expanded mixed finite element method for parabolic integrodifferential equations [J]. J. Appl. Math., 2012, 2012: 391372.

[18] Chen Z X. Expanded mixed finite element methods for linear second-order elliptic problems, I [J]. ESAIM: Math. Model. Numer. Anal., 1998, 32: 479-499.

[19] Yang D P. A splitting positive definite mixed element method for miscible displacement of compressible flow in porous media [J]. Numer. Meth. Part. Differ. Equ., 2001, 17: 229-249.

[20] Guo H, Zhang J S, Fu H F. Two splitting positive definite mixed finite element methods for parabolic integro-differential equations [J]. Appl. Math. Comput., 2012, 218(22): 11255-11268.

[21] Shi D Y, Ren J C. A least squares Galerkin-Petrov nonconforming mixed finite element method for the stationary conduction-convection problem [J]. Nonlinear Anal., 2010, 72: 1653-1667.

[22] 刘洋，李宏. 偏微分方程的非标准混合有限元方法 [M]. 北京：国防工业出版社，2015.

[23] Adams R A. Sobolev space [M]. 2 Ed. New York: Academic Press, 2003.

[24] Thomée V. Galerkin Finite Element Methods For Parabolic Problems [M]. Lect. Notes. Math., 1984.

[25] Ciarlet P G. The Finite Element Method for Elliptic Problems [M]. Amsterdam: North-Holland, 1978.

[26] Podlubny I. Fractional Differential Equations: an Introduction to Fractional Derivatives, Fractional Differential Equations, to Methods of Their Solution and Some of Their Applications [M]. Academic Press, 1999.

[27] Mainardi F. Fractional Calculus: Some Basic Problems in Continuum and Statistical

Mechanics [M]. Vienna: Springer，1997.

[28] Diethelm K. The Analysis of Fractional Differential Equations [M]. Springer，Berlin，2010.

[29] Baleanu D，Diethelm K，Scalas E，et al. Fractional Calculus: Models and Numerical Methods [M]. vol. 3 of Series on Complexity，Nonlinearity and Chaos，World Scientific Publishing，New York，USA，2012.

[30] Zhou Y，Wang J R，Zhang L. Basic Theory of Fractional Differential Equations [M]. 2 Ed. Singapore: World Scientific Publishing，2016.

[31] 郭柏灵，蒲学科，黄凤辉. 分数阶偏微分方程及其数值解 [M]. 北京：科学出版社，2011.

[32] 刘发旺，庄平辉，刘青霞. 分数阶偏微分方程数值方法及其应用 [M]. 北京：科学出版社，2015.

[33] Li C P，Zeng F H. Numerical Methods for Fractional Calculus [M]. CRC Press，2015.

[34] 孙志忠，高广花. 分数阶微分方程的有限差分方法 [M]. 北京：科学出版社，2015.

[35] Zheng M，Liu F，Turner I，et al. A novel high order space-time spectral method for the time fractional Fokker-Planck equation [J]. SIAM J. Sci. Comput.，2015，37(2): A701-A724.

[36] Fu H，Wu G C，Yang G，et al. Continuous time random walk to a general fractional Fokker-Planck equation on fractal media [J]. Euro. Phys. J. Special Topics，2021，230(21)：3927-3933.

[37] Bu W P，Tang Y F，Wu Y C，et al. Crank-Nicolson ADI Galerkin finite element method for two-dimensional fractional FitzHugh-Nagumo monodomain model [J]. Appl. Math. Comput.，2015，257：355-364.

[38] Li D F，Zhang J W，Zhang Z M. Unconditionally optimal error estimates of a linearized galerkin method for nonlinear time fractional reaction-subdiffusion equations [J]. J. Sci. Comput.，2018，76：848-866.

[39] Fan E Y，Wang J F，Liu Y，et al. Numerical simulations based on shifted second-order difference/finite element algorithms for the time fractional Maxwell's system [J]. Eng. Comput.，2022，38(1)：191-205.

[40] Bai X X, Rui H X. An efficient FDTD algorithm for 2D/3D time fractional Maxwell' s system [J]. Appl. Math. Lett., 2021, 116: 106992.

[41] Yin B L, Liu Y, Li H, Zhang Z M. On discrete energy dissipation of Maxwell' s equations in a Cole-Cole dispersive medium [J]. J. Comput. Math., 2023, 41: 980-1002.

[42] Shi D Y, Yang H J. Superconvergence analysis of finite element method for time-fractional Thermistor problem [J]. Appl. Math. Comput., 2018, 323: 31-42.

[43] Ford N J, Xiao J Y, Yan Y B. A finite element method for time fractional partial differential equations [J]. Fract. Calc. Appl. Anal., 2011, 14(3): 454-474.

[44] Yang Z, Yuan Z, Nie Y, et al. Finite element method for nonlinear Riesz space fractional diffusion equations on irregular domains [J]. J. Comput. Phys., 2017, 330: 863-883.

[45] Ma J, Gao F Z, Du N. A stabilizer-free weak Galerkin finite element method to variable order time fractional diffusion equation in multiple space dimensions [J]. Numer. Meth. Part. Differ. Equ., 2023, 39: 2096-2114.

[46] Jiao Y J, Wang L L, Huang C. Well-conditioned fractional collocation methods using fractional Birkhoff interpolation basis [J]. J. Comput. Phys., 2016, 305: 1-28.

[47] Xu Y, Zhang Y, Zhao J J. Error analysis of the Legendre-Gauss collocation methods for the nonlinear distributed-order fractional differential equation [J]. Appl. Numer. Math., 2019, 142: 122-138.

[48] Luo H, Li B J, Xie X P. Convergence analysis of a Petrov-Galerkin method for fractional wave problems with nonsmooth data [J]. J. Sci. Comput., 2019, 80: 957-992.

[49] Lyu P, Vong S. A linearized second-order scheme for nonlinear time fractional Klein-Gordon type equations [J]. Numer. Algor., 2018, 78: 485-511.

[50] Zhang G Y, Huang C M, Fei M F, et al. A linearized high-order Galerkin finite element approach for two-dimensional nonlinear time fractional Klein-Gordon equations [J]. Numer. Algor., 2021, 87: 551-574.

[51] Liu Y Q, Sun H G, Yin X L, et al. Fully discrete spectral method for solving a novel multi-term time-fractional mixed diffusion and diffusion-wave equation [J]. Z. Angew. Math. Phys., 2020, 71: 1-19.

[52] Xie J Q, Zhang Z Y, Liang D. A new fourth-order energy dissipative difference method for high-dimensional nonlinear fractional generalized wave equations [J]. Commun. Nonlinear Sci. Numer. Simulat., 2019, 78: 104850.

[53] Hu D D, Cai W J, Song Y Z, et al. A fourth-order dissipation-preserving algorithm with fast implementation for space fractional nonlinear damped wave equations [J]. Commun. Nonlinear Sci. Numer. Simulat., 2020, 91: 105432.

[54] Ding H, Li C. High-order compact difference schemes for the modified anomalous subdiffusion equation [J]. Numer. Meth. Part. Differ. Equ., 2016, 32(1): 213-242.

[55] Liu Z G, Cheng A J, Li X L. A novel finite difference discrete scheme for the time fractional diffusion-wave equation[J]. Appl. Numer. Math., 2018, 134: 17-30.

[56] Yuste S B, Quintana-Murillo J. A finite difference method with non-uniform time steps for fractional diffusion equations [J]. Comput. Phys. Commun., 2012, 183 (12): 2594-2600.

[57] Lin Z, Liu F, Wang D D, et al. Reproducing kernel particle method for two-dimensional time-space fractional diffusion equations in irregular domains [J]. Eng. Anal. Bound. Elem., 2018, 97: 131-143.

[58] Niu Y X, Liu Y, Li H. Fast high-order compact difference scheme for the nonlinear distributed-order fractional Sobolev model appearing in porous media [J]. Math. Comput. Simulat., 2023, 203: 387-407.

[59] Laskin N. Fractional quantum mechanics [J]. Phys. Rev. E, 2000, 62: 3135-3145.

[60] Wang P D, Huang C M. An energy conservation difference scheme for the nonlinear fractional Schr ödinger equations [J]. J. Comput. Phys., 2015, 293: 238-251.

[61] Wang D, Xiao A, Yang W. A linearly implicit conservative difference scheme for the space fractional coupled nonlinear Schr ödinger equations [J]. J. Comput. Phys., 2014, 272: 644-655.

[62] Yin B L, Wang J F, Liu Y, et al. A structure preserving difference scheme with fast algorithms for high dimensional nonlinear space-fractional Schr ödinger equations [J]. J. Comput. Phys., 2021, 425: 109869.

[63] Zhao X, Sun Z Z, Hao Z P. A fourth-order compact ADI scheme for two-dimensional nonlinear space fractional Schr ödinger equation [J]. SIAM J. Sci. Comput., 2014, 36(6): A2865-A2886.

[64] Qiu W L，Chen H B，Zheng X. An implicit difference scheme and algorithm implementation for the one-dimensional time-fractional Burgers equations [J] Math. Comput. Simulat.，2019，166：298-314.

[65] Chen H，Chen M Y，Sun T，et al. Local error estimate of $L1$ scheme for linearized time fractional KdV equation with weakly singular solutions [J]. Appl. Numer. Math.，2022，179：183-190.

[66] Qin S L，Liu F W，Turner I. A 2D multi-term time and space fractional Bloch-Torrey model based on bilinear rectangular finite elements[J]. Commun. Nonlinear Sci. Numer. Simulat.，2018，56：270-286.

[67] Wu S L，Huang T Z. A fast second-order parareal solver for fractional optimal control problems [J]. J. Vib. Control，2018，24：3418-3433.

[68] Zhang C Y，Liu H P，Zhou Z J. A priori error analysis for time-stepping discontinuous Galerkin finite element approximation of time fractional optimal control problem [J]. J. Sci. Comput.，2019，80：993-1018.

[69] Zaky M A，Tenreiro Machado J A. On the formulation and numerical simulation of distributed-order fractional optimal control problems [J]. Commun. Nonlinear Sci. Numer. Simulat.，2017，52：177-189.

[70] Zheng X C，Wang H. A hidden-memory variable-order time-fractional optimal control model: Analysis and approximation [J]. SIAM J. Control Optim.，2021，59：1851-1880.

[71] Li S Y，Cao W R. On spectral Petrov-Galerkin method for solving optimal control problem governed by fractional diffusion equations with fractional noise [J]. J. Sci. Comput.，2023，94：62.

[72] He D，Pan K J. An unconditionally stable linearized difference scheme for the fractional Ginzburg-Landau equation [J]. Numer. Algor.，2018，79：899-925.

[73] Li M，Huang C M，Wang N. Galerkin finite element method for the nonlinear fractional Ginzburg-Landau equation [J]. Appl. Numer. Math.，2017，118：131-149.

[74] Zhang Q，Lin X，Pan K，et al. Linearized ADI schemes for two-dimensional space-fractional nonlinear Ginzburg-Landau equation [J]. Comput. Math. Appl.，2020，80（5）：1201-1220.

[75] Liu J C，Li H，Liu Y. A space-time finite element method for the fractional

Ginzburg-Landau equation [J]. Fractal Fract., 2023, 7(7): 564.

[76] Langlands T A M, Henry B, Wearne S. Fractional Cable equation models for anomalous electrodiffusion in nerve cells: infinite domain solutions [J]. J. Math. Biol., 2009, 59(6): 761-808.

[77] Schumer R, Benson D A, Meerschaert M M, et al. Fractal mobile/immobile solute transport [J]. Water Resour. Res., 2003, 39(10): 1296.

[78] Yue X, Shu S, Xu X, et al. Parallel-in-time multigrid for space-time finite element approximations of two-dimensional space-fractional diffusion equations [J]. Comput. Math. Appl., 2019, 78(11): 3471-3484.

[79] Yin B L, Liu Y, Li H, et al. Fast algorithm based on TT-M FE system for space fractional Allen-Cahn equations with smooth and non-smooth solutions [J]. J. Comput. Phys., 2019, 379: 351-372.

[80] Liu H, Cheng A J, Wang H. A fast Galerkin finite element method for a space-time fractional Allen-Cahn equation [J]. J. Comput. Appl. Math., 2020, 368: 112482.

[81] Huang X, Li D F, Sun H W, et al. Preconditioners with symmetrized techniques for space fractional Cahn-Hilliard equations [J]. J. Sci. Comput., 2022, 92(2): 41.

[82] Wang T T, Song F Y, Wang H, et al. Fractional Gray-Scott model: Well-posedness, discretization, and simulations [J]. Comput. Meth. Appl. Mech. Eng., 2019, 347: 1030-1049.

[83] Liu Y, Fan E Y, Yin B L, et al. TT-M finite element algorithm for a two-dimensional space fractional Gray-Scott model [J]. Comput. Math. Appl., 2020, 80(7): 1793-1809.

[84] Yang W D, Chen X H, Zhang X, et al. Flow and heat transfer of double fractional Maxwell fluids over a stretching sheet with variable thickness [J]. Appl. Math. Model., 2020, 80: 204-216.

[85] Liu L, Feng L, Xu Q, et al. Flow and heat transfer of generalized Maxwell fluid over a moving plate with distributed order time fractional constitutive models [J]. Int. Commun. Heat Mass Transf., 2020, 116: 104679.

[86] Yang X, Qi H T, Jiang X Y. Numerical analysis for electroosmotic flow of fractional Maxwell fluids[J]. Appl. Math. Lett., 2018, 78: 1-8.

[87] Zeng F H, Li C P, Liu F W, et al. The use of finite difference/element approaches

for solving the time-fractional subdiffusion equation [J]. SIAM J. Sci. Comput., 2013, 35(6): A2976-A3000.

[88] Zhao M, Cheng A J, Wang H. A preconditioned fast Hermite finite element method for space-fractional diffusion equations [J]. Discrete Conti. Dyn. Syst. Ser. B, 2017, 22(9): 3529-3545.

[89] Zhao Y M, Chen P, Bu W, et al. Two mixed finite element methods for time-fractional diffusion equations [J]. J. Sci. Comput., 2017, 70(1): 407-428.

[90] Feng R H, Liu Y, Hou Y X, et al. Mixed element algorithm based on a second-order time approximation scheme for a two-dimensional nonlinear time fractional coupled sub-diffusion model [J]. Eng. Comput., 2022, 38(1): 51-68.

[91] Cheng A J, Wang H, Wang K X. A Eulerian-Lagrangian control volume method for solute transport with anomalous diffusion [J]. Numer. Meth. Part. Differ. Equ., 2015, 31(1): 253-267.

[92] Fu H F, Liu H, Wang H. A finite volume method for two-dimensional Riemann-Liouville space-fractional diffusion equation and its efficient implementation [J]. J. Comput. Phys., 2019, 388: 316-334.

[93] Fang Z C, Zhao J, Li H, et al. A fast time two-mesh finite volume element algorithm for the nonlinear time-fractional coupled diffusion model [J]. Numer. Algor., 2023, 93(2): 863-898.

[94] Li C P, Wang Z. The local discontinuous Galerkin finite element methods for Caputo-type partial differential equations: mathematical analysis [J]. Appl. Numer. Math., 2020, 150: 587-606.

[95] Sun X R, Li C, Zhao F Q. Local discontinuous Galerkin methods for the time tempered fractional diffusion equation [J]. Appl. Math. Comput., 2020, 365: 124725.

[96] Wei L L, He Y N, Yildirim A, et al. Numerical algorithm based on an implicit fully discrete local discontinuous Galerkin method for the time-fractional KdV-Burgers-Kuramoto equation [J]. Z. Angew. Math. Mech., 2013, 93(1): 14-28.

[97] Chen S, Shen J, Zhang Z M, et al. A spectrally accurate approximation to subdiffusion equations using the log orthogonal functions[J]. SIAM J. Sci. Comput., 2020, 42(2): A849-A877.

[98] Oldham K, Spanier J. The Fractional Calculus: Theory and Applications of Differentiation and Integration to Arbitrary Order [M]. New York and London: Academic Press, 1974.

[99] Langlands T A M, Henry B I. The accuracy and stability of an implicit solution method for the fractional diffusion equation [J]. J. Comput. Phys., 2005, 205: 719-736.

[100] Sun Z Z, Wu X N. A fully discrete difference scheme for a diffusion-wave system [J]. Appl. Numer. Math., 2006, 56(2): 193-209.

[101] Lin Y M, Xu C J. Finite difference/spectral approximations for the time-fractional diffusion equation [J]. J. Comput. Phys., 2007, 225: 1533-1552.

[102] Li J C, Huang Y Q, Lin Y P. Developing finite element methods for Maxwell's equations in a Cole-Cole dispersive medium [J]. SIAM J. Sci. Comput., 2011, 33 (6): 3153-3174.

[103] Jiang Y J, Ma J T. High-order finite element methods for time-fractional partial differential equations [J]. J. Comput. Appl. Math., 2011, 235: 3285-3290.

[104] Jin B T, Lazarov R, Zhou Z. An analysis of the $L1$ scheme for the subdiffusion equation with nonsmooth data [J]. IMA J. Numer. Anal., 2016, 36(1): 197-221.

[105] Jiang S, Zhang J, Zhang Q, Zhang Z. Fast evaluation of the Caputo fractional derivative and its applications to fractional diffusion equations [J]. Commun. Comput. Phys., 2017, 21(3): 650-678.

[106] Liao H L, Li D F, Zhang J W. Sharp error estimate of the nonuniform $L1$ formula for linear reaction-subdiffusion equations [J]. SIAM J. Numer. Anal., 2018, 56: 1112-1133.

[107] Lubich C. Discretized fractional calculus [J]. SIAM J. Math. Anal., 1986, 17(3): 704-719.

[108] Jin B T, Lazarov R, Zhou Z. Two fully discrete schemes for fractional diffusion and diffusion-wave equations with nonsmooth data [J]. SIAM J. Sci. Comput., 2016, 38: A146-A170.

[109] Jin B T, Li B Y, Zhou Z. Correction of high-order BDF convolution quadrature for fractional evolution equations[J]. SIAM J. Sci. Comput., 2017, 39(6): A3129-A3152.

[110] Chen H B, Xu D, Cao J L, et al. A backward Euler alternating direction implicit difference scheme for the three-dimensional fractional evolution equation [J]. Numer. Meth. Part. Differ. Equ., 2018, 34(3): 938-958.

[111] Yin B L, Liu Y, Li H, Zhang Z M. Two families of second-order fractional numerical formulas and applications to fractional differential equations [J]. Fract. Calc. Appl. Anal., 2023, 26: 1842-1867.

[112] Shi J K, Chen M H. Correction of high-order BDF convolution quadrature for fractional Feynman-Kac equation with Lévy flight [J]. J. Sci. Comput., 2020, 85(2): 28.

[113] Zhang H, Zeng F H, Jiang X Y, et al. Convergence analysis of the time-stepping numerical methods for time-fractional nonlinear subdiffusion equations [J]. Fract. Calc. Appl. Anal., 2022, 25: 453-487.

[114] Tian W Y, Zhou H, Deng W H. A class of second order difference approximations for solving space fractional diffusion equations [J]. Math. Comput., 2015, 84: 1703-1727.

[115] Wang Z B, Vong S W. Compact difference schemes for the modified anomalous fractional subdiffusion equation and the fractional diffusion-wave equation [J]. J. Comput. Phys., 2014, 277: 1-15.

[116] Ji C C, Sun Z. Z. A high-order compact finite difference scheme for the fractional subdiffusion equation [J]. J. Sci. Comput., 2015, 64(3): 959-985.

[117] Liu Y, Du Y W, Li H, et al. A two-grid finite element approximation for a nonlinear time-fractional Cable equation [J]. Nonlinear Dyn., 2016, 85: 2535-2548.

[118] Zeng F, Zhang Z, Karniadakis G E. Second-order numerical methods for multi-term fractional differential equations: smooth and non-smooth solutions [J]. Comput. Meth. Appl. Mech. Eng., 2017, 327: 478-502.

[119] Liu Y, Zhang M, Li H, et al. High-order local discontinuous Galerkin method combined with WSGD-approximation for a fractional subdiffusion equation [J]. Comput. Math. Appl., 2017, 73(6): 1298-1314.

[120] Liu Y, Du Y W, Li H, et al. Some second-order θ schemes combined with finite element method for nonlinear fractional Cable equation [J]. Numer. Algor., 2019, 80: 533-555.

[121] Cao Y, Yin B L, Liu Y, et al. Crank-Nicolson WSGI difference scheme with finite element method for multi-dimensional time-fractional wave problem [J]. Comput. Appl. Math., 2018, 37: 5126-5145.

[122] Wang Y Y, Yan Y Y, Yan Y B, et al. Higher order time stepping methods for subdiffusion problems based on weighted and shifted Grünwald-Letnikov formulae with nonsmooth data [J]. J. Sci. Comput., 2020, 83(3): 40.

[123] Feng L B, Turner I, Perré P, et al. An investigation of nonlinear time-fractional anomalous diffusion models for simulating transport processes in heterogeneous binary media [J]. Commun. Nonlinear Sci. Numer. Simulat., 2021, 92: 105454.

[124] 王金凤. 非线性时间分数阶偏微分方程的几类混合有限元算法分析[D] 呼和浩特：内蒙古大学博士学位论文，2018.

[125] 杨益宁. 几类非线性发展型偏微分方程的混合有限元方法研究[D]. 呼和浩特：内蒙古大学博士学位论文，2023.

[126] Gao G H, Sun H W, Sun Z Z. Stability and convergence of finite difference schemes foraclass of time-fractional sub-diffusion equations based oncertain superconvergence [J]. J. Comput. Phys., 2015, 280: 510-528.

[127] Wang Y J, Liu Y, Li H, et al. Finite element method combined with second-order time discrete scheme for nonlinear fractional Cable equation [J]. Eur. Phys. J. Plus, 2016, 131(3): 61.

[128] Liu N, Liu Y, Li H, et al. Time second-order finite difference/finite element algorithm for nonlinear time-fractional diffusion problem with fourth-order derivative term [J]. Comput. Math. Appl., 2018, 75(10): 3521-3536.

[129] Alikhanov A A. A new difference scheme for the time fractional diffusion equation [J]. J. Comput. Phys., 2015, 280: 424-438.

[130] Sun H, Sun Z Z, Gao G H. Some temporal second order difference schemes for fractional wave equations [J]. Numer. Meth. Part. Differ. Equ., 2016, 32(3): 970-1001.

[131] Yan Y G, Sun Z Z, Zhang J W. Fast evaluation of the Caputo fractional derivative and its applications to fractional diffusion equations: a second-order scheme [J]. Commun. Comput. Phys., 2017, 22(4): 1028-1048.

[132] Liao H L, Tang T, Zhou T. A second-order and nonuniform time-stepping

maximum-principle preserving scheme for time-fractional Allen-Cahn equations [J]. J. Comput. Phys., 2020, 414: 109473.

[133] Du R L, Sun Z Z, Wang H. Temporal second-order finite difference schemes for variable-order time-fractional wave equations [J]. SIAM J. Numer. Anal., 2022, 60: 104-132.

[134] Chen A, Li C P. An alternating direction Galerkin method for a time-fractional partial differential equations with damping in two space dimenstions [J]. Adv. Differ. Equ., 2017: 356.

[135] Zhang P, Pu H. A second-order compact difference scheme for the fourth-order fractional sub-diffusion equation [J]. Numer. Algor., 2017, 76(2): 573-598.

[136] Hou Y, Wen C, Li H. A MFE method combined with $L1$-approximation for a nonlinear time-fractional coupled diffusion system [J]. Int. J. Model. Simulat. Sci. Comput. 2017, 8(1): 1750012.

[137] Liu Y, Yin B L, Li H, et al. The unified theory of shifted convolution quadrature for fractional calculus [J]. J. Sci. Comput., 2021, 89: 18.

[138] Yin B L, Liu Y, Li H. A class of shifted high-order numerical methods for the fractional mobile/immobile transport equations [J]. Appl. Math. Comput., 2020, 368: 124799.

[139] Yin B L, Liu Y, Li H. Necessity of introducing non-integer shifted parameters by constructing high accuracy finite difference algorithms for a two-sided space-fractional advection-diffusion model [J]. Appl. Math. Lett., 2020, 105: 106347.

[140] Yin B L, Liu Y, Li H, et al. A class of efficient time-stepping methods for multi-term time-fractional reaction-diffusion-wave equations [J]. Appl. Numer. Math., 2021, 165: 56-82.

[141] Yin B L, Liu Y, Li H, et al. Efficient shifted fractional trapezoidal rule for sub-diffusion problems with nonsmooth solutions on uniform meshes[J]. BIT Numer. Math., 2022, 62(2): 631-666.

[142] Ren H R, Liu Y, Yin B L, et al. Finite element algorithm with a second-order shifted composite numerical integral formula for a nonlinear time fractional wave equation [J]. Numer. Meth. Part. Differ. Equ., 2023. https://doi.org/10.1002/num.23066.

[143] Ding H F，Li C P，Yi Q. A new second-order midpoint approximation formula for Riemann-Liouville derivative: algorithm and its application [J]. IMA J. Appl. Math.，2017，82(5)：909-944.

[144] Zeng F H，Li C P. A new Crank-Nicolson finite element method for the time-fractional subdiffusion equation [J]. Appl. Numer. Math.，2017，121：82-95.

[145] Wheeler M F. A priori L^2-error estimates for Galerkin approximations to parabolic differential equations [J]. SIAM J. Numer. Anal.，1973，10(4)：723-749.

[146] Pani A K. An H^1-Galerkin mixed finite element methods for parabolic partial differential equations [J]. SIAM J. Numer. Anal.，1998，35：712-727.

[147] Pani A K，Fairweather G. H^1-Galerkin mixed finite element methods for parabolic partial integro-differential equations [J]. IMA J. Numer. Anal.，2002，22：231-252.

[148] Pani A K，Sinha R K，Otta A K. An H^1-Galerkin mixed method for second order hyperbolic equations [J]. Int. J. Numer. Anal. Model.，2004，1(2)：111-130.

[149] Guo L，Chen H Z. H^1-Galerkin mixed finite element method for the Sobolev equation [J]. J. Syst. Sci. Math. Sci.，2006，26(3)：301-314.

[150] Guo L，Chen H Z. H^1-Galerkin mixed finite element method for the regularized long wave equation [J]. Computing，2006，77(2)：205-221.

[151] Liu Y，Li H. H^1-Galerkin Mixed finite element methods for pseudo-hyperbolic equations [J]. Appl. Math. Comput.，2009，212(2)：446-457.

[152] Liu Y，Li H，Wang J F. Error estimates of H^1-Galerkin mixed finite element method for Schr ödinger equation [J]. Appl. Math. J. Chinese Univ.，2009，24(1)：83-89.

[153] Zhou Z J. An H^1-Galerkin mixed finite element method for a class of heat transport equations [J]. Appl. Math. Model.，2010，34：2414-2425.

[154] Chen H Z，Wang H. An optimal-order error estimate on an H^1-Galerkin mixed method for a nonlinear parabolic equation in porous medium flow [J]. Numer. Meth. Part. Differ. Equ.，2010，26(1)：188-205.

[155] 刘洋，李宏，何斯日古楞. 伪双曲型积分-微分方程的 H^1-Galerkin 混合元法误差估计 [J]. 高等学校计算数学学报，2010，32(1)：1-20.

[156] 刘洋，李宏，何斯日古楞，等. 四阶抛物偏微分方程的 H^1-Galerkin 混合元方法及数值模拟 [J]. 计算数学，2012，34(3)：259-274.

[157] 石东洋，唐启立，董晓靖. 强阻尼波动方程的 H^1-Galerkin 混合有限元超收敛分析 [J]. 计算数学，2012，34(3)：317-328.

[158] Shi D Y，Tang Q L. Nonconforming H^1-Galerkin mixed finite element method for strongly damped wave equations [J]. Numer. Funct. Anal. Optim.，2013，32(12)：1348-1369.

[159] Liu Y，Li H，Du Y W，et al. Explicit multistep mixed finite element method for RLW equation [J]. Abstr. Appl. Anal.，2013：768976.

[160] Liu Y，Li H，He S，et al. A new mixed scheme based on variation of constants for Sobolev equation with nonlinear convection term [J]. Appl. Math. J. Chinese Univ.，2013，28(2)：158-172.

[161] Sun T J，Ma K Y. Domain decomposition procedures combined with H^1-Galerkin mixed finite element method for parabolic equation [J]. J. Comput. Appl. Math.，2014，267：33-48.

[162] Wang J F，Zhao M，Zhang M，et al. Numerical analysis of H^1-Galerkin mixed finite element method for time fractional Telegraph equation [J]. Sci. World J.，2014：371413.

[163] Liu Y，Du Y W，Li H，et al. An H^1-Galerkin mixed finite element method for time fractional reaction-diffusion equation [J]. J. Appl. Math. Comput.，2015，47：103-117.

[164] Dutykh D，Dias F. Viscous potential free-surface flows in a fluid layer of finite depth [J]. C. R. Math.，2007，345(2)：113-118.

[165] Chen M. Decay of solutions to a water wave model with a nonlocal viscous dispersive term [J]. Discrete Contin. Dyn. Syst.，2010，27(4)：1473.

[166] Dumont S，Duval J B. Numerical investigation of the decay rate of solutions to models for water waves with nonlocal viscosity [J]. Int. J. Numer. Anal. Model.，2013，10(2)：333-349.

[167] Zhang J，Xu C J. Finite difference/spectral approximations to a water wave model with a nonlocal viscous term [J]. Appl. Math. Model.，2014，38(19)：4912-4925.

[168] Liu Y，Yu Z D，Li H，et al. Time two-mesh algorithm combined with finite element method for time fractional water wave model [J]. Int. J. Heat Mass Transf.，2018，120：1132-1145.

[169] Wang N，Wang J F，Liu Y，et al. Local discontinuous Galerkin method for a nonlocal viscous water wave model [J]. Appl. Numer. Math.，2023，192：431-453.

[170] Chen M，Dumont S，Goubet O. Decay of solutions to a viscous asymptotical model for water waves: Kakutani-Matsuuchi model [J]. Nonlinear Anal.，2012，75：2883-2896.

[171] Li C，Zhao S. Efficient numerical schemes for fractional water wave models [J]. Comput. Math. Appl.，2016，71：238-254.

[172] Liu W K，Liu Y，Li H. Time difference physics-informed neural network for fractional water wave models [J]. Results Appl. Math.，2023，17：100347.

[173] Benjamin T B，Bona J L，Mahony J J. Model equations for long waves in nonlinear dispersive systems [J]. Philos. Trans. R. Soc. London，Ser. A Math. Phys. Sci.，1972，272(1220)：47-78.

[174] Shi Z G，Zhao Y M，Liu F，et al. High accuracy analysis of an H^1-Galerkin mixed finite element method for two-dimensional time fractional diffusion equations [J]. Comput. Math. Appl.，2017，74(8)：1903-1914.

[175] Atangana A，Kilicman A. Analytical solutions of the space-time fractional derivative of advection dispersion equation [J]. Math. Probl. Eng.，2013，Art. 853127.

[176] Bhrawy A H，Baleanu D. A spectral Legendre-Gauss-Lobatto collocation method for a space-fractional advection diffusion equations with variable coefficients [J]. Rep. Math. Phys.，2013，72(2)：219-233.

[177] Chen M H，Deng W H. A second-order numerical method for two-dimensional two-sided space fractional convection diffusion equation [J]. Appl. Math. Model.，2014，38(13)：3244-3259.

[178] Cui M R. A high-order compact exponential scheme for the fractional convection-diffusion equation [J]. J. Comput. Appl. Math.，2014，255：404-416.

[179] Feng L B，Zhuang P，Liu F，et al. High-order numerical methods for the Riesz space fractional advection-dispersion equations [J]. arXiv preprint arXiv:2020，2003. 13923.

[180] Meerschaert M M，Tadjeran C. Finite difference approximations for fractional advection-dispersion flow equations [J]. J. Comput. Appl. Math.，2004，172(1)：

65-77.

[181] Momani S. An algorithm for solving the fractional convection-diffusion equation with nonlinear source term [J]. Commun. Nonlinear Sci. Numer. Simulat., 2007, 12: 1283-1290.

[182] Gao G H, Sun H W. Three-point combined compact difference schemes for time-fractional advection-diffusion equations with smooth solutions [J]. J. Comput. Phys., 2015, 298: 520-538.

[183] Li H F, Cao J X, Li C P. High-order approximation to Caputo derivatives and Caputo-type advection-diffusion equations (III) [J]. J. Comput. Appl. Math., 2016, 299: 159-175.

[184] Liu F, Zhuang P, Anh V, et al. Stability and convergence of the difference methods for the space-time fractional advection-diffusion equation [J]. Appl. Math. Comput., 2007, 191: 12-20.

[185] Qu W, Lei S L, Vong S W. Circulant and skew-circulant splitting iteration for fractional advection-diffusion equations [J]. Int. J. Comput. Math., 2014, 91: 2232-2242.

[186] Roop J P. Computational aspects of FEM approximation of fractional advection dispersion equations on bounded domains in $\mathbb{R}^2$ [J]. J. Comput. Appl. Math., 2006, 193(1): 243-268.

[187] Saadatmandi A, Dehghan M, Azizi M R. The Sinc-Legendre collocation method for a class of fractional convection-diffusion equations with variable coefficients [J]. Commun. Nonlinear Sci. Numer. Simulat., 2012, 17: 4125-4136.

[188] Sousa E. Finite difference approximations for a fractional advection diffusion problem [J]. J. Comput. Phys., 2009, 228: 4038-4054.

[189] Shen S, Liu F, Anh V, et al. A characteristic difference method for the variable-order fractional advection-diffusion equation [J]. J. Appl. Math. Comput., 2013, 42: 371-386.

[190] Shen S, Liu F, Anh V. Numerical approximations and solution techniques for the space-time Riesz-Caputo fractional advection-diffusion equation [J]. Numer. Algor., 2011, 56: 383-404.

[191] Su L J, Wang W Q, Wang H. A characteristic difference method for the transient

fractional convection-diffusion equations [J]. Appl. Numer. Math., 2011, 61: 946-960.

[192] Wang K X, Wang H. A fast characteristic finite difference method for fractional advection-diffusion equations [J]. Adv. Water Res., 2011, 34(7): 810-816.

[193] Wang Y M, Wang T. Error analysis of a high-order compact ADI method for two-dimensional fractional convection-subdiffusion equations [J]. Calcolo, 2016, 53(3): 301-330.

[194] Zhang H, Liu F, Phanikumar M S, et al. A novel numerical method for the time variable fractional order mobile-immobile advection-dispersion model [J]. Comput. Math. Appl., 2013, 66: 693-701.

[195] Zhao Y, Bu W, Huang J, et al. Finite element method for two-dimensional space-fractional advection-dispersion equations [J]. Appl. Math. Comput., 2015, 257: 553-565.

[196] Zheng Y Y, Li C P, Zhao Z G. A note on the finite element method for the space-fractional advection diffusion equation [J]. Comput. Math. Appl., 2010, 59(5): 1718-1726.

[197] Zhuang P, Liu F, Anh V, et al. Numerical methods for the variable-order fractional advection diffusion equation with a nonlinear source term [J]. SIAM J. Numer. Anal., 2009, 47: 1760-1781.

[198] Hejazi H, Moroney T, Liu F. Stability and convergence of a finite volume method for the space fractional advection-dispersion equation [J]. J. Comput. Appl. Math., 2014, 255: 684-697.

[199] Luchko Y. Fractional wave equation and damped waves [J]. J. Math. Phys., 2013, 54(3): 031505.

[200] Fan W P, Liu F, Jiang X, et al. A novel unstructured mesh finite element method for solving the time-space fractional wave equation on a two-dimensional irregular convex domain [J]. Fract. Calc. Appl. Anal., 2017, 20(2): 352-383.

[201] Li L M, Xu D, Luo M. Alternating direction implicit Galerkin finite element method for the two-dimensional fractional diffusion-wave equation [J]. J. Comput. Phys., 2013, 255: 471-485.

[202] Li M, Huang C M. ADI Galerkin FEMs for the 2D nonlinear time-space fractional

diffusion-wave equation [J]. Int. J. Model. Simulat. Sci. Comput., 2017, 8(03): 1750025.

[203] Mustapha K, McLean W. Superconvergence of a discontinuous Galerkin method for fractional diffusion and wave equations [J]. SIAM J. Numer. Anal., 2013, 51(1): 491-515.

[204] Zhao Z G, Li C P. Fractional difference/finite element approximations for the time-space fractional telegraph equation [J]. Appl. Math. Comput., 2012, 219(6): 2975-2988.

[205] Feng L, Liu F, Turner I. Finite difference/finite element method for a novel 2D multi-term time-fractional mixed sub-diffusion and diffusion-wave equation on convex domains [J]. Commun. Nonlinear Sci. Numer. Simulat., 2019, 70: 354-371.

[206] Ren J, Long X, Mao S, et al. Superconvergence of finite element approximations for the fractional diffusion-wave equation [J]. J. Sci. Comput., 2017, 72(3): 917-935.

[207] McLean W, Mustapha K. A second-order accurate numerical method for a fractional wave equation [J]. Numer. Math., 2007, 105(3): 481-510.

[208] Ren J, Sun Z. Numerical algorithm with high spatial accuracy for the fractional diffusion-wave equation with Neumann boundary conditions [J]. J. Sci. Comput., 2013, 56(2): 381-408.

[209] Liu F, Meerschaert M M, McGough R, et al. Numerical methods for solving the multi-term time-fractional wave-diffusion equation [J]. Fract. Calc. Appl. Anal., 2013, 16(1): 9-25.

[210] Quintana-Murillo J, Yuste S B. A finite difference method with non-uniform timesteps for fractional diffusion and diffusion-wave equations [J]. Eur. Phys. J. Spec. Top., 2013, 222(8): 1987-1998.

[211] Chen M H, Deng W H. A second-order accurate numerical method for the space-time tempered fractional diffusion-wave equation [J]. Appl. Math. Lett., 2017, 68: 87-93.

[212] Huang J, Tang Y, Vézquez L, et al. Two finite difference schemes for time fractional diffusion-wave equation [J]. Numer. Algor., 2013, 64(4): 707-720.

[213] Ding H F. A high-order numerical algorithm for two-dimensional time-space

tempered fractional diffusion-wave equation [J]. Appl. Numer. Math., 2019, 135: 30-46.

[214] Zeng F H. Second-order stable finite difference schemes for the time-fractional diffusion-wave equation [J]. J. Sci. Comput., 2015, 65: 411-430.

[215] Jian H Y, Huang T Z, Gu X M, et al. Fast second-order implicit difference schemes for time distributed-order and Riesz space fractional diffusion-wave equations [J]. Comput. Math. Appl., 2021, 94: 136-154.

[216] Shen J Y, Gu X M. Two finite difference methods based on an H2N2 interpolation for two-dimensional time fractional mixed diffusion and diffusion-wave equations [J]. Discrete Contin. Dyn. Syst. Ser. B, 2022, 27(2): 1179-1207.

[217] Luo Z D, Wang H. A highly efficient reduced-order extrapolated finite difference algorithm for time-space tempered fractional diffusion-wave equation [J]. Appl. Math. Lett., 2020, 102: 106090.

[218] Wu L F, Pan Y Y, Yang X Z. An efficient alternating segment parallel finite difference method for multi-term time fractional diffusion-wave equation [J]. Comput. Appl. Math., 2021, 40(2): 67.

[219] Chen A, Li C P. Numerical solution of fractional diffusion-wave equation [J]. Numer. Funct. Anal. Opt., 2016, 37(1): 19-39.

[220] Dehghan M, Abbaszadeh M, Mohebbi A. Analysis of a meshless method for the time fractional diffusion-wave equation [J]. Numer. Algor., 2016, 73(2): 445-476.

[221] Hosseini V R, Shivanian E, Chen W. Local radial point interpolation(MLRPI) method for solving time fractional diffusion-wave equation with damping [J]. J. Comput. Phys., 2016, 312: 307-332.

[222] Heydari M H, Hooshmandasl M R, Ghaini F M, et al. Wavelets method for the time fractional diffusion-wave equation [J]. Phys. Lett. A, 2015, 379(3): 71-76.

[223] Yang Y, Chen Y, Huang Y, Wei H. Spectral collocation method for the time-fractional diffusion-wave equation and convergence analysis [J]. Comput. Math. Appl., 2017, 73(6): 1218-1232.

[224] Guo S, Mei L, Zhang Z, et al. A linearized finite difference/spectral-Galerkin scheme for three-dimensional distributed-order time-space fractional nonlinear

reaction-diffusion-wave equation: Numerical simulations of Gordon-type solitons [J]. Comput. Phys. Commun., 2020, 252: 107144.

[225] Zhang H, Jiang X Y. Unconditionally convergent numerical method for the two-dimensional nonlinear time fractional diffusion-wave equation, [J]. Appl. Numer. Math., 2019, 146: 1-12.

[226] Dahaghin M S, Hassani H. A new optimization method for a class of time fractional convection-diffusion-wave equations with variable coefficients [J]. Eur. Phys. J. Plus, 2017, 132(3): 130.

[227] Atangana A. On the stability and convergence of the time-fractional variable order telegraph equation [J]. J. Comput. Phys., 2015, 293: 104-114.

[228] Zheng X C, Wang H. Wellposedness and regularity of a nonlinear variable-order fractional wave equation [J]. Appl. Math. Lett., 2019, 95: 29-35.

[229] Xu J C. A novel two-grid method for semilinear elliptic equations [J]. SIAM J. Sci. Comput., 1994, 15: 231-237.

[230] Xu J C. Two-grid discretization techniques for linear and nonlinear PDEs [J]. SIAM J. Numer. Anal., 1996, 33: 1759-1777.

[231] Wu L, Allen M B. A two grid method for mixed finite element solution of reaction-diffusion equations [J]. Numer. Meth. Part. Differ. Equ., 1999, 15: 317-332.

[232] Chen Y P, Huang Y Q, Yu D H. A two-grid method for expanded mixed finite-element solution of semilinear reaction-diffusion equations [J]. Int. J. Numer. Meth. Eng., 2003, 57(2): 193-209.

[233] Chen L P, Chen Y P. Two-grid method for nonlinear reaction-diffusion equations by mixed finite element methods [J]. J. Sci. Comput., 2011, 49: 383-401.

[234] Xu J C, Zhou A H. A two-grid discretization scheme for eigenvalue problems [J]. Math. Comput., 2001, 70(233): 17-25.

[235] Weng Z F, Zhai S Y, Feng X L. An improved two-grid finite element method for the Steklov eigenvalue problem [J]. Appl. Math. Model., 2015, 39(10): 2962-2972.

[236] Bajpai S, Nataraj N. On a two-grid finite element scheme combined with Crank-Nicolson method for the equations of motion arising in the Kelvin-Voigt model [J]. Comput. Math. Appl., 2014, 68(12): 2277-2291.

[237] Shi D Y，Liu Q. An efficient nonconforming finite element two-grid method for Allen-Cahn equation [J]. Appl. Math. Lett.，2019，98：374-380.

[238] Tan Z J，Li K，Chen Y P. A fully discrete two-grid finite element method for nonlinear hyperbolic integro-differential equation [J]. Appl. Math. Comput.，2022，413：126596.

[239] Hou T L，Liu C M，Dai C L，et al. Two-grid algorithm of H^1-Galerkin mixed finite element methods for semilinear parabolic integro-differential equations [J]. J. Comput. Math.，2022，40(5)：671-689.

[240] Liu W，Rui H X，Hu F Z. A two-grid algorithm for expanded mixed finite element approximations of semi-linear elliptic equations [J]. Comput. Math. Appl.，2013，66：392-402.

[241] Shi D Y，Yang H J. Unconditional optimal error estimates of a two-grid method for semilinear parabolic equation [J]. Appl. Math. Comput.，2017，310：40-47.

[242] Dawson C N，Wheeler M F. Two-grid methods for mixed finite element approximations of nonlinear parabolic equations [J]. Contemp. Math.，1994，180：191-203.

[243] Zhong L Q，Shu S，Wang J X，et al. Two-grid methods for time-harmonic Maxwell equations [J]. Numer. Linear Algebra Appl.，2013，20(1)：93-111.

[244] Yan J L，Zhang Q，Zhu L，et al. Two-grid methods for finite volume element approximations of nonlinear Sobolev equations [J]. Numer. Funct. Anal. Optim.，2016，37(3)：391-414.

[245] Liu Y，Du Y W，Li H，et al. A two-grid mixed finite element method for a nonlinear fourth-order reaction-diffusion problem with time-fractional derivative [J]. Comput. Math. Appl.，2015，70(10)：2474-2492.

[246] Chen C J，Liu H，Zheng X C，et al. A two-grid MMOC finite element method for nonlinear variable-order time-fractional mobile/immobile advection-diffusion equations [J]. Comput. Math. Appl.，2020，79(9)：2771-2783.

[247] Li X L，Rui H X. A two-grid block-centered finite difference method for the nonlinear time-fractional parabolic equation [J]. J. Sci. Comput.，2017，72(2)：863-891.

[248] Li Q F，Chen Y P，Huang Y Q，Wang Y. Two-grid methods for nonlinear time

fractional diffusion equations by $L1$-Galerkin FEM [J]. Math. Comput. Simulat., 2021, 185: 436-451.

[249] Fang Z C, Du R X, Li H, et al. A two-grid mixed finite volume element method for nonlinear time fractional reaction-diffusion equations [J]. AIMS Math., 2022, 7(2): 1941-1970.

[250] Ladijzenskaia O. The mathematical theory of viscous incompressible fluid [M]. Gordon and Breach, 1969.

[251] Liu Y, Wang J F, Li H, et al. A new splitting H^1-Galerkin mixed method for pseudo-hyperbolic equations [J]. Int. J. Math. Comput. Sci., 2011, 5(3): 413-418.

[252] 王金凤，刘洋，李宏，等. Sobolev方程的基于H^1-Galerkin混合方法的新分裂格式[J]. 高等学校计算数学学报，2014，36(1)：32-48.

[253] 常晓慧，李宏，何斯日古楞. Sobolev方程的H^1-Galerkin时空混合有限元分裂格式[J]. 高校应用数学学报，2020，35(4)：470-486.

[254] Liu J C, Li H, Liu Y. Crank-Nicolson finite element scheme and modified reduced-order scheme for fractional Sobolev equation [J]. Numer. Func. Anal. Optim., 2018, 39(15): 1635-1655.

[255] Wang J F, Yin B L, Liu Y, et al. Mixed finite element algorithm for a nonlinear time fractional wave model [J]. Math. Comput. Simulat., 2021, 188: 60-76.

[256] Liu Y, Fang Z C, Li H, et al. A mixed finite element method for a time-fractional fourth-order partial differential equation [J]. Appl. Math. Comput., 2014, 243: 703-717.

[257] Liu Y, Du Y W, Li H, et al. Finite difference/finite element method for a nonlinear time-fractional fourth-order reaction-diffusion problem [J]. Comput. Math. Appl., 2015, 70(4): 573-591.

[258] Ji C C, Sun Z Z, Hao Z P. Numerical algorithms with high spatial accuracy for the fourth-order fractional sub-diffusion equations with the first Dirichlet boundary conditions [J]. J. Sci. Comput., 2016, 66(3): 1148-1174.

[259] Guo L, Wang Z B, Vong S W. Fully discrete local discontinuous Galerkin methods for some time-fractional fourth-order problems [J]. Int. J. Comput. Math., 2016, 93(10): 1665-1682.

[260] Du Y W，Liu Y，Li H，et al. Local discontinuous Galerkin method for a nonlinear time-fractional fourth-order partial differential equation [J]. J. Comput. Phys.，2017，344：108-126.

[261] Tariq H，Akram G. Quintic spline technique for time fractional fourth-order partial differential equation [J]. Numer. Meth. Part. Differ. Equ.，2017，33（2）：445-466.

[262] Yang X H，Zhang H X，Xu D. Orthogonal spline collocation method for the fourth-order diffusion system [J]. Comput. Math. Appl.，2018，75（9）：3172-3185.

[263] Ran M H，Zhang C J. New compact difference scheme for solving the fourth-order time fractional sub-diffusion equation of the distributed order [J]. Appl. Numer. Math.，2018，129：58-70.

[264] Hu X L，Zhang L M. On finite difference methods for fourth-order fractional diffusion-wave and subdiffusion systems [J]. Appl. Math. Comput.，2012，218（9）：5019-5034.

[265] Li X H，Patricia J Y Wong. An efficient numerical treatment of fourth-order fractional diffusion-wave problems [J]. Numer. Meth. Part. Differ. Equ.，2018，34（4）：1324-1347.

[266] Wang J R，Liu Y，Wen C，et al. Efficient numerical algorithm with the second-order time accuracy for a two-dimensional nonlinear fourth-order fractional wave equation [J]. Results Appl. Math.，2022，14：100264.

[267] Wang D，Liu Y，Li H，et al. Second-order time stepping scheme combined with a mixed element method for a 2D nonlinear fourth-order fractional integro-differential equations [J]. Fractal Fract.，2022，6：201.

[268] Grasselli M，Pierre M. A splitting method for the Cahn-Hilliard equation with inertial term [J]. Math. Model. Meth. Appl. Sci.，2010，20（08）：1363-1390.